U0192725

MONEY WALKS

普通家庭十年一千倍理财实录

会走路的财富

贝版（Bayfamily）著

中国经济出版社
CHINA ECONOMIC PUBLISHING HOUSE
·北京·

图书在版编目（CIP）数据

会走路的财富：普通家庭十年一千倍理财实录/贝版著．--北京：中国经济出版社，2023.1

ISBN 978-7-5136-6341-0

Ⅰ.①会… Ⅱ.①贝… Ⅲ.①家庭管理-财务管理 Ⅳ.①TS976.15

中国版本图书馆 CIP 数据核字（2020）第 180286 号

策划编辑 崔姜薇
责任编辑 张 博
责任印制 马小宾
封面设计 任燕飞装帧设计工作室

出版发行 中国经济出版社
印 刷 者 河北宝昌佳彩印刷有限公司
经 销 者 各地新华书店
开　　本 710mm×1000mm 1/16
印　　张 23.5
字　　数 330 千字
版　　次 2023 年 1 月第 1 版
印　　次 2023 年 1 月第 1 次
定　　价 88.00 元
广告经营许可证 京西工商广字第 8179 号

中国经济出版社 **网址** www.economyph.com **社址** 北京市东城区安定门外大街 58 号 **邮编** 100011
本版图书如存在印装质量问题，请与本社销售中心联系调换（联系电话：010-57512564）

献给我的家人

To My Family

前言 

PREFACE

每一代人都有记录属于自己这一代人故事的义务。这本书也是分享我这一代人的故事，或者更严格地说，是我和钱的故事。

钱跟我们的生活息息相关，生活中有很大一部分时间我们都在想和做与钱有关的事情。不但是我们个体在想钱的事情，各种组织机构也都在想钱的事情。可我们又非常羞于谈钱，我们不愿意告诉他人我们有多少钱，我们也不愿意告诉他人我们是怎么挣钱的。大多数关于钱的信息是封闭的孤岛。虽然我们往往在暗地里互相攀比，猜测他人的挣钱手段，但是我们不愿意讲自己是怎样投资理财，也不愿意讲自己是怎么消费的，更不会讲自己在钱上犯过的一些愚蠢的错误。

钱对于我们那么重要，但是我们关于钱的知识又是那么缺乏。大部分人没有系统地学习过理财。孩子在长大成人离开家之前，父母往往也没有好好教育他们应该如何管理金钱，如何投资。

我们这代人所接受的教育，其中有大量的常识性错误。这些错误让我们对社会经济现象失去了正确判断，如绝大多数股票市场中的散户是看不懂上市公司财务报表的。

所以，我想突破一下这个禁忌，用钱作为主题讲一下我们这代人的故事。讲一讲我和我家庭的经历，以及我投资理财的过程和心得体会。

市面上的财富故事，大都是讲特别有钱的人，要么是华尔街精英，要么是硅谷新贵。这些故事看着热闹，可是和我们普通人没有多大关系。我的故事是关于一个普通人，一个在美国的普通中产阶级家庭的财富故事。我的生活和你的生活很接近，我的故事是看得见、摸得着的。

这本书的主要内容是叙述一个20世纪90年代后期赴美的中国留学生，一穷二白，从口袋里只有200美元，一步步迈入美国中产阶级，通过投资理财最后拥有1000万美元财富的故事。在这本书里，我会以10倍作为节点，将自己财富的增长进行清晰的记录。投资的具体金额和内容也会一一列举，让你身临其境，尽可能详细地了解整个过程的每一个细节。

写这本书的时候，我尽量避免使用一些抽象的概念。投资不复杂，其实就是遵守一些基本原则和计划，并持之以恒。我除了每年记账外，还会每年做总结，把写下的心得体会公开发表在投资理财博客上。我把这些心得体会一字不动地附在本书中，算是最原始的史料。彼时博客文章中所作的判断，特别是一厢情愿的设想，现在看来也许是荒谬和错误的，但我还是尊重事实，即使自相矛盾，我也真实地把它们呈现在这本书里。

写这本书的时候我已年近半百，经过人生的中点，开始渐渐走下巅峰。所以，我的故事只是自己前半生的故事，差不多是20岁到50岁的故事，后面的故事还是现在进行时。如果后半辈子实现了我的计划，那么80岁时我将接着给大家讲成功和失败的经验教训。

没有人是神仙，能够做到神机妙算，我也不是。我们能做的就是控制风险的同时，获得最大的收益。我把自己的故事讲给你听，包括我曾经正确的和错误的观点，重要的是史料真实。投资的正确与否需要大家自行判断，我从来不敢标榜自己是百分之百正确的，事实上我也不是。如果有什么比普通人稍稍好一点的话，也许就是我试图把握住大的政治和经济趋势，而这一点已经足够为我带来充足的财富。

另外一个让我写这本书的动力是，我想把我们这个时代的故事记录下来给后人看。人生是否快乐，除了智商、情商之外就是财商。也许这本书可以帮助我们华人的下一代，提高他们的财商。因为我觉得自身财商的提高有来自他人的贡献，包括直接或者间接地受到了我母亲和父亲的影响，特别是刚到美国的时候，一下飞机就牢牢记住了同学老宣给我念叨的美国华人理财真经。

和我同时代来到美国的中国人，从严格意义上说，大部分是经济移民。我们来到美利坚这块土地上，是为了生活得更好，通俗地讲就是为了挣更多的钱。这并没有什么可耻和不能承认的。也许后来在美国的生活渐渐改变了我们的这个初衷，但20世纪90年代出国的大部分中国人，只是想改善自己的生活。

将我和钱的故事记录下来，将让我们有机会回忆那些初衷，让这些感受变得更加真切。把我们这代人的故事记录下来，给后人看，看我们是怎样在这片美利坚的土地上努力耕耘并创造财富的。

在0到1万美元这部分，第一章首先介绍的是我的家庭背景和成长环境。有的人擅长理财，有的人不擅长理财，其实很大一部分原因取决于他们青少年时代的生长环境。我介绍一下自己的家庭背景和小时候的经历，也许可以告诉大家如何教育孩子，提高他们的财商。第二章是讲20世纪90年代我出国前后的故事。我在大学的时候是怎样管理和使用钱的，还有我出国前后那个阶段，钱是从哪里来的。这些经历会让很多20世纪90年代出国的人产生共鸣。因为那个时候谁家的生活都不富裕，出国是一件很不容易的事情。无论是考GRE、准备TOEFL，还是申请美国大学，哪一样不需要钱呢？20世纪90年代你可以看到很多中国人一下飞机，就直奔中餐馆打工挣钱，因为他们到美国的时候已经是负债累累了。我在来美国两年左右实现了从0到第一个1万美元的积累。所以，第三章是我在美国读书时候的财务状况。读书的时候，我的收入还是非常有限的，只有奖学金，且非常不稳定，有今天没明天，这个学期有经费，下个学期也许就没有了。我会介绍自己是怎样安全地度过了2000年互联网泡沫，并顺利找到工作的。我毕业的时候没有贷款，还稍有积蓄。

从1万到10万美元是在工作两年后实现的。第四章描述的是开始工作的时候我是怎样安排自己的开支，怎样储蓄，以及在美国的一线城市买到自己第一个住房的。

从10万到100万美元是在工作后第六年完成的。第五章介绍的是这段故事，我是怎样实现在通俗意义上的“美国梦”的。我完全不会讲自己工作方面的事情，因为那些事情虽然占据了我大量的时间，但不是本书的主题，主题还是围绕着钱和财富管理。

“美国梦”简单来说就是有自己的住房，有稳定的工作，进入中产阶级，有两个孩子，夫妻和睦，前院有草地，后院有狼狗，银行有存款，公司有股票，平时有班上，假期有假度。“美国梦”实现以后，投资理财就变得复杂了起来，不再是简单的存钱，需要考虑各种投资。在硅谷还要考虑去什么样的公司工作才可能有股票期权，有了股票期权需要考虑何时卖出最佳等问题。一环套一环，日子越来越复杂。

当你满足了这些基本的生活需求之后，就开始考虑进行投资理财，首先需要解决的问题就是为什么要投资理财？想清楚为什么这样做，才会制定目标；有了目标，才会有计划；有了计划，才会想到如何提升自己的执行力。

第六、七、八章介绍了我投资最重要的原则，概括起来就是“会走路的财富”。钱是会移动的，你要做的事情就是在移动中把钱拿到自己篮子里。这个“拿钱”有两种可行的方法，一种是懒人投资法，一种是勤快人投资法。你需要因地制宜，根据自己的特点，制定相应的策略。

第九、十、十一章，我把自己从投资理财目标的制定、思路的形成到踌躇犹豫、痛苦与挣扎的全过程都原汁原味地呈现给读者。

我给自己定的目标是用十年的时间积累1000万美元的财富。这个目标当时听起来有些疯狂。为了督促自己更好地实现这个目标，我干脆把这个目标发在文学城的投资理财论坛上。那个时候投资理财论坛刚刚成立，我有幸成为版主。我一直相信的一句话就是：如果一个人想做成一件事情，上帝都会来帮你。为了让上帝来帮我，我干脆把自己的计划公之于众，这样给自己一定的压力，督促自己。

1000万美元的这个目标，我用了十一年半的时间实现了，我自己也没想到可以实现。这个阶段，我每年都会对自己的财务做一个比较全面的记录。第十二章到第十六章是我的财富从100万美元增长到1000

万美元的真实记录。我尽可能地回忆自己的每一次交易，争取做到时间和金额都准确。我还记录了每次交易的心路历程、遇到的现实问题和意外。

人心的欲望是没有止境的，我也免不了这个俗气。在制订 1000 万美元计划的时候，我曾经写过一个承诺，到 1000 万美元之后我不再投资理财，只是把它用于购买股票指数基金。可惜我现在又改变主意了，主要原因是我觉得投资这件事情本身太有趣、太精彩了。人生大部分时间都平淡且无趣，精彩的事情不进行下去，实在有负生命。

不是因为我贪图更多的钱财，我知道自己可以使用的财富非常有限。如果我能拥有更多的财富，最终的实际消费者也不是我。我只是好奇普通家庭理财投资的极限到底在哪里，所以给自己提出了一个更高的目标。那就是给自己的资产后面再加一个 0，我想看看可不可以实现 1 亿美元这个目标。当然我不会为了这个目标冒险，实现不了也没有什么关系，日子照样过。

你也可以说我这本书是一个关于很多个 0 的故事。我的财富从 0 到 10 美元，从 10 美元到 100 美元，从 100 美元到 1000 美元，也许很多人早已忘记他们拥有第一个 1000 美元的感觉，但我的起点是那样的低，大部分人已经完全忘却的事情，我回忆起来却历历在目。

从 1 万美元变成 10 万美元，这个时候没有投资，只是简单地存钱。10 万美元之后才是投资的开始。从 10 万美元到 100 万美元靠思路。从 100 万美元到 1000 万美元，需要顽强的毅力和执行力。今天我走在迈向 1 亿美元财富的道路上，我还不知道需要哪些特质，目前还无法总结。

我想强调的是，我写这本书不是想让其他人效仿我的经历。人生就一次，没有必要去效仿他人。每个人的条件和环境与后来人都不一样，所以你没有办法做到简单效仿。我自己酷爱历史，所以知道在敦煌石窟出土的文字材料，最精彩的不是那些经书，而是凡夫俗子的家庭账目，希望我记下的账目也会对后人有帮助。

钱是生活的一部分，但不是全部。为了突出重点，这本书只是记录了在我的生命和生活中与钱有关的内容。人生不只一面，我们还有事业、有爱情、有理想、有亲情、有友情、有人生思考。这些内容其实占据了我头脑的更大部分，希望读者不要因为这本书是关于钱的故事，就错误地认为我的生活全都是为了钱而奔劳。

我在这本书里面插入了当年写的相关博客文章。我的博客中大约一半的文章和这个“回忆录”的章节内容不符，我就没有摘录过来，感兴趣的人可以去网上阅读。我的网络博客上也保留了当年大家的评论，我没有修改附在这本书里的博客文章，只有一个目的：这是一本记录历史的书。投资领域做“事后诸葛亮”是很容易的，做事前诸葛亮却是无比的困难。对趋势的判断哪怕只差一天、一小时，甚至一秒都是天壤之别。我把真实记录的博客文章录入本书就是这个目的，因为几乎所有的博客文章都是预测当时的未来。大家可以看到我哪些预见是对的，哪些是错的。100%正确的预测是不可能的，关键是大趋势的判断是否正确。

最后，我写这本书是抱着一颗感恩的心。一个人闷头做一件事情，其实挺困难的，在过去十几年里，如果没有网友的支持，没有把目标公布出来之后网友给我的心理压力，我恐怕很难实现自己的投资目标。我每次写文章分享出去，都会收到一些反馈。有的网友会问我一些问题，有时会给我一个提醒，给我一些灵感。我这本书是给网友和投资理财论坛的一个回馈。我用这本书来纪念我们曾经在文学城投资理财论坛上一起走过的十几年岁月。

目录 

CONTENTS

第十五章　从 100 万美元到 1000 万美元（二）——抄底！抄底！

第十六章　在美国做房东

第一章

节俭是一种美德

0~10000美元

在你年轻的时候，每一次挫折和失败都是好的，都是有益的。经历了贫困生活的人，才会格外珍惜储蓄与财富带来的生存自由。连炒股这样的经历最好也是在你最穷的时候开始的。

01 赴美

1997 年的时候我二十多岁，只身跨越万里，带着一个一只手就可以拎起来的旅行箱和 200 美元来到了美国。我几乎是两手空空，除了几件衣服和几本我喜欢的书，什么都没有带。口袋里 10 张薄薄的 20 美元的票子就是我全部的财产。

我在美国没有一个亲人，甚至没有一个熟悉的朋友。只有几个大学同学和高中同学在离我数千英里以外的地方求学。我要去的美国城市，是中西部不知名的小城，当时还没有普及互联网，在我能拿到的很多美国地图上甚至找不到这个城市的位置。

收到录取通知书的喜悦之后，就是过签证“鬼门关”的忐忑不安。等这一切都尘埃落定，当时最让我焦虑的事情就是找一个住的地方。美国的主要大学当时都有一个叫作“中国学生学者联谊会”的机构，负责每一年新生的接待工作，包括临时住宿和接机。我那一年非常不巧，学生会主席忙着谈恋爱，没顾上我们这些新生。我联系了她好几次，给她发了数封邮件，都没有收到回应。

不过经历过领事馆签证的惊涛骇浪之后，其他事情都不是那么让人紧张得心惊肉跳了。签证被叫作“鬼门关”的原因是你的命运完全不在你的手里，你数年的努力和无数的心血，完全可能在签证官电石火光的一瞬间就付之东流。找一个住的地方不是问题，大不了先露宿街头，反正是夏天，难道还能冻死不成，我只能这样安慰自己。

安慰的话虽然可以自己对自己说，但是问题还是需要自己动手解决的。中国学生和学者联谊会的主席联系不上。我只能从一个电邮清单（Email List）上的招租广告里找信息，然后给学校周围每一个登招租广告的人打电话。因为我当时还身在中国，没有办法看房子，付押金。打了一圈电话下来，没有一个人愿意把房子租给我，更不要说有人到机场来接我了。后来好不容易找到一个可以说中国话的人，我像抓到救命稻草一样，赶紧问他：从机场到学校怎么走？坐出租车行不行？对方告诉我出租车大概需要60美元，那几乎是我当时全部资产的三分之一。我又问：旅店一个晚上需要多少钱？他告诉我，需要80美元左右。我一边和他说话，一边紧张地看着手表上的秒针。当时的国际长途电话费是每分钟20元人民币，我只预付了5分钟的长途电话费，很快我预付的一百块钱就花完了，什么结果都没有。

没有时间去问更多的问题，就必须挂电话了。我得到的信息就是，我的全部财产只够我下飞机后，坐出租车到大学城，吃一顿麦当劳，找个旅店住一个晚上，然后第二天就会像流浪汉一样被甩到大街上。20世纪90年代大多数中国人是在一片欢天喜地的气氛中赴美的，而我临近出发，几乎是完全陷入了绝望。

我没有地方可以借到更多的钱，因为大多数中国人还没有富裕起来。我也不喜欢找人借钱的感觉。美国大学申请费和购买机票的费用，几乎花光了我所有的积蓄。当时中国实行严格的外汇管制，即使借到了钱，除了冒风险上黑市之外，我也没有其他办法兑换更多的美元。

就在完全绝望的时候，上天为我开启了一扇小小的窗口。我看到有人在电邮清单上发了一个小广告，说他在找两个房客共享一个公寓。邮件刚刚发出来不久，我飞快地跑到邮局赶紧打电话。

因为共同的背景，所以聊了几句以后彼此就很信任。只用了两分钟的时间，我们就沟通好了。他没有找我要押金，就确定下来把公寓租给我。就在马上要挂电话的时候，我有些怯生生，不好意思地问他，能否到机场来接我。他犹豫了一下，但还是爽快地答应了我。阿弥TOEFL，一切都安排妥当。只要有人来接我，就像找到亲人一样，即使是陌生的同学也不好意思把我扔到大街上饿肚子，我不再像前几天那样紧张和焦虑了。

很多从欧洲到美国的移民最先看到的是自由女神像。一些年之后，我在纽约的自由女神像上读到艾玛·拉撒路（Emma Lazarus）的诗《新巨人》（*The New Colossus*），它这样写道：把你们拥挤土地上的不幸的“人渣”，穷困潦倒而渴望自由呼吸的芸芸众生，连同那些无家可归四处漂泊的人们送来，我高举明灯守候在这金色的大门！（Give me your tired，your poor，Your huddled masses yearning to breathe free，The wretched refuse of your teeming shore. Send these，the homeless，tempest-tost to me，I lift my lamp beside the golden door!）

我第一次读到这些话的时候，觉得它们直击人心。没有亲身经历贫穷和移民痛苦的人很难感受到这样的诗篇有多么打动人。美国历史上的绝大多数移民，在旧大陆或者自己生长的国家日子过得都不是那么好，都是为了更好的生活、更多的财富、更多的机会，或者是更多的人生自由才来到美国的。

欧洲人回忆美国的移民史想到的是自由女神像。在众多的小说和回忆录里，亚洲来的移民第一眼看到的是金门大桥。而我第一次看到的美洲大陆是阿拉斯加的大雪山。其实20世纪60年代后，大部分中国、韩国、日本移民第一眼看到的美洲都是阿拉斯加的大雪山，因为这些国家的飞机都是从白令海峡到美洲大陆，不过似乎鲜有人提起这件事情。

爱上一片土地和一个国家，往往是从那个地方的地貌开始的。当时飞机有些颠簸，把我从睡梦中摇醒。我通过舷窗往外一看，是绵延无际的、一片一片的大雪山。当时我的心情忐忑不安。在这片土地上，我一无所有，语言不通，举目无亲，我不知道什么样的命运在等待着我。

02　节俭之弹性理论

当时我不知道的是，虽然我一无所有，但是我从旧大陆上带来了一些美好而重要的习惯。节俭是一种美德，在富裕的家庭和国家里往往被忽视。人们把节俭和小气、抠门等负面词汇混为一谈。我虽然一无所有，但是我年轻好学、勤劳、有野心，我还有从小父母与家庭给我的节俭的美德。这一切都帮助了我，让我能够在这片新大陆上的生活有一个顺利的开始。

在花钱和管理财富上，人们很少从书本上获得经验。大家最直接的老师就是父母和亲戚。我也不例外，我几乎所有节俭的习惯，都是从母亲那里获得的。我出生在20世纪70年代初的中国，虽然我比20世纪60年代出生的人稍稍运气好一点，没有经历过严重的饥荒，但是20世纪70年代末和整个20世纪80年代中国还是相对贫穷的。我的父母是经历过解放战争和20世纪60年代饥荒的人，他们一生勤劳节俭，并以此为荣。总的来说，那代人整体上要比我们这代人节俭得多。

节俭还有一个非常有趣的时代特点，那就是几乎每个成年人，都认为他们节俭的程度是刚刚好的，既不奢侈，也不过于吝啬。我在童年的时候观察到这一现象，就是节俭程度的弹性之大，它来自对比我的奶奶、我的父亲和我的母亲的花钱习惯。

我奶奶几乎是我这辈子见过的最节俭的人。她是跨越中国旧社会的死亡线的人，所以一生都是极度节俭的。一碗米都要先煮一下，再蒸了吃。这样既有粥喝，又有干饭。她一生大产小产生育八次，每次坐月子的时候，给自己最好的待遇也就是在稀饭上撒一点干虾皮。

我的父亲是军官出身。他高中毕业后，20世纪50年代初上军校。中国军人在20世纪50年代到80年代的待遇都很好。因为他是军校出身的大学生，在20世纪60年代末就是县团级干部。当普通工人的工资只有30~40元的时候，他的工资已经是120元人民币（合48美元）[①]。在我奶奶眼里，我父亲是一个浪费的人。我奶奶会因为我父亲在街边的馄饨摊上吃了一碗面，而没有回家吃饭，抱怨上好几年，说他浪费了钱。

在我眼里，母亲是一个非常节俭的人，可是她在我父亲眼里，却是一个浪费的人。因为只要我母亲管家，她总是会把钱拿来给我们小孩子买好吃的，或者买布料做衣服。我父亲觉得他每个月这么高的工资，但是结余

---

① 人民币兑美元按照当时官方汇率计算。

不多，所以对此颇有意见。像很多男性一样，他对家庭内部很苛刻，但是对外比较慷慨。省下来的钱，他用来资助自己几个穷困的亲戚和一位战友。在他看来，钱需要用在刀刃上，而不是用在每天吃喝用度的零星支出上。牙缝里面的钱，要省总是能省出来的。他曾经几次剥夺我母亲管家的权力，自己来负责每一项柴米油盐的支出。每次他管钱，一到月底都能有所结余。

我妈妈每次吵不过他的时候就说钱是用来花的，不是用来存的。这可能是因为她知道存下来的钱，也不完全属于自己的小家。

母亲从来不浪费一分钱，按照我的标准看，她简直是个一分钱能掰两半用的人。从我有记忆开始，我从来没有见过她给自己买过什么像样的衣服，一切衣服都是她自己做的。但是母亲在我父亲眼里，就是一个花钱如流水的大小姐，这主要因为我母亲小时候家境不错，成长环境使然。母亲每周都要买肉吃，每年都要给孩子做新衣服，而这些在我父亲看来都是可有可无的。我母亲从来没有和奶奶直接争吵过，但是总和我说，奶奶是从旧社会生死线上走过来的人，都新中国成立了，日子不应该再那么苦，每周买点肉吃也不是什么大不了的罪过。

而我在母亲眼里那简直就是一个奢侈、虚荣的阔少爷。她无法接受我在一件衣服没有穿破之前，就把它丢弃；也无法接受任何一块布匹，没有经历衣服到抹布、抹布再到拖布这样的循环就被丢弃掉。她总是和我唠叨，皮鞋需要好好保养，应该可以穿 20 年，埋怨我两三年就换一双皮鞋。

金钱几乎是所有家庭永远不变的主旋律，家庭几乎每一个决策都和金钱有关。而事后人们记忆中的只是一个个事件，完全不再记得金钱和费用花销本身。比如，大家都记得 20 年前的某次家庭旅行，记得旅行中发生的趣事和看到的风景，但是旅行的开支完全被遗忘了。我的少年时代关于钱的记忆就是这些纷纷扰扰的吵闹。

从我奶奶、我父亲、我母亲和我的消费对比中，你可以看到花钱是个非常有弹性的事情，怎么样其实都可以过日子。

节俭是一种美德。童年有贫穷的经历也不是什么坏事。俗话说，穷人的孩子早当家。应该说我的家庭在我小的时候，相对于中国的大部分家庭并不贫穷。他们之所以有这些金钱上的争吵，是因为中国整体相对贫穷。

中国有一句话叫“由俭入奢易，由奢入俭难”。因为我们小时候相对贫穷，后来赶上中国经济发展的奇迹，这让我们这代人经历了财富数量级快速增长的过程。虽然这种增长原因之一是我们起点很低。

有时我会想，对于我来说这可能是一件幸运的事情。我甚至觉得，纵观人类财富增长历史，地球上几乎找不到像我们这样幸运的一代人。

相对发达国家的同代人，他们一生都没有经历过我们这样几何指数一样的财富增长。有时我看自己的孩子，我知道他们一生也不会有这样快速的财富增长的过程。财富给人带来的快乐，并不是依靠绝对数量，而是变化的多少。如果一个穷人，每一天每一年都可以比前一天前一年更富有，那他的精神面貌是快乐的，对未来是充满希望的。如果是一个富家子弟或者亿万富翁，每天看到他的财富缩水，日子一天不如一天，那即使他的绝对财富依旧很多，他的心情也是沮丧的。

我们这代中国人现在拥有的是小的时候不曾梦想的财富，因为我们赶上了改革开放和财富的快速增长，所以我们的精神面貌一直是快乐的。

我就读的中学是我家乡城市里最好的中学。20 世纪 80 年代中期的时候，一个美国中学生夏令营到我们这所中学访问。学校组织我们一部分学生和他们联谊了两周。中美两国的孩子在一起上课、打篮球、去公园游览。联谊的最后一个环节是与自己的搭档小伙伴互赠礼物。我们中国学生送的都是当地的土特产。因为是盛夏，我送的是一瓶风油精，美国小搭档没有从美国带什么礼物，他就送了一张 20 美元的钞票给我。

20 美元在当时可是稀缺品，大部分中国人见都没有见过美元。我妈妈后来用这 20 美元去友谊商店买了一瓶洋酒，过年的时候家里开荤。

与我搭档的这位美国小伙伴，我后来再也没有见过。我之后会时常想起他，虽然他成长在一个美国中产阶级家庭，但是他的幸福感肯定不如我强烈，因为他生下来就在一个中产阶级家庭，很小的时候就可以任意支配 20 美元。我小的时候，从来没想到自己也可以成为美国中产阶级家庭，而现在变成了美国中产阶级的我，自然是更加开心和快乐的。

03　除了你，没人会在意你的钱

现在我人到中年，很多时候喜欢到童年和少年时代寻找自己性格上的根源。如果我和其他孩子有什么不同的话，就是我不太喜欢说话，我更喜欢观察和暗暗地寻找事物背后的原因。

在小的时候我对财富没有什么概念。与贫穷和富有的第一次接触，是在小学二年级的时候，我陪妈妈给她一个工友送衣服。那个工友当时是一个临时工，住在农村，家里很穷。母亲把我的一条穿旧的裤子连同其他一些衣服送给他们家。

我们到了他家，一个老爷爷笑呵呵地迎接我们，然后转身对一个跟我差不多大的孩子说："黑蛋你终于可以出门玩儿了。"我开始没明白他是什么意思，难道农村的孩子不能出门玩耍吗？难道比我们城里人还不自由？后来才知道，原来他们家是真的穷，穷到没有裤子穿。这个和我几乎年纪相仿的男孩子，只能一丝不挂地待在家里，来个客人就裹在被子里躲着。

对于孩子来说，也许这只是一件好玩的事情，并没有让我感觉到有钱和没钱有多么大的影响。没有裤子这件事对我来说也只是格外新鲜。我甚至觉得他们家的日子好极了，因为他们每天都可以吃我喜欢吃的地瓜。地瓜甜甜的，比大米好吃。事实上是因为他们没有粮食吃，只能吃地瓜。长期吃地瓜的人会缺少蛋白质，干活没有力气，也容易便秘。

当时还处在"文化大革命"的晚期，城乡接合部的农民在"割资本主义尾巴"的重压下生活，他们不可以把自己的农产品拿到市场上进行自由交换，即使是他们的自留地里生产出来的。所以，他们没有钱去购买工厂里生产出来的轻工产品，自然也就没有衣服穿。

我母亲把我们已经是补丁加补丁的衣服送给了他们，换来了一麻袋地瓜背回了家。我觉得我们既帮助了别人，又获得了我爱吃的东西，非常高兴。那是我第一次接触到比我们更加贫困的人。老爷爷和我们聊天的时候，不停地用方言唠叨一句，"没钱干啥事也不行"。这是我第一次知道钱

的重要性。

在童年时期，金钱对我来说就像打游戏的游戏币一样，它们只是一些叮叮当当的物体，觉得好玩有趣。20 世纪 70 年代末，我父亲从部队调动到地方工作，举家搬迁。那时我小学三年级，最后一天，我的小伙伴们送我。我们在一个满是水果摊的街上，痛痛快快地吃了一个下午。那个时候没有冰激凌这样的好东西，能够敞开肚子吃的就是山梨和葡萄。我拿出了我所有的零钱，对同学们说，大家吃多少都行。很多年以后，我的一个小伙伴回忆说，那个时候觉得我像个有钱的大财主。我口袋里全是 5 毛钱（合 20 美分）的大票。

母亲从小就给我们一个猪娃娃储蓄罐，让我们把钱存在盒子里。每次我们想吃冰棍儿的时候，她就会对我们说，你把买冰棍儿的钱省下来，以后银行给你利息，你就可以买更多的冰棍儿。

于是我就特别积极地把钱存到我的猪娃娃储蓄罐里去。那个时候家里相对宽裕，随时可以在各个角落找到一分两分的零钱。我的猪娃娃储蓄罐，最后存了二块多钱的样子，晃起来，沙沙作响，里面有很多硬币。

有一天母亲跟我说，把猪娃娃储蓄罐的钱都拿出来，交给她代为保管，她可以帮我换成一张纸币。当时我的梦想就是买一套《孙悟空大闹天宫》的小人书。那套小人书上下两册彩色印刷，每册是二毛钱，一共需要四毛钱。我在小伙伴那里看到过，可惜他太小气，生怕我们把他的书弄脏了，只能他自己翻着给我们看，不让我们自己翻。虽然我攒够了足够多的零钱，但是我却买不到这套书了，因为书店没有货。每次放学路上，我都去书店那边绕一下看看新书来了没有。

母亲不知道我存钱的小算盘。她把我存的零钱都拿走了，说回头换整钱给我。当然你想象一下就知道零钱交给大人的后果是什么。我再也没有见到我那些一年多辛辛苦苦攒出来的硬币，也没看到我母亲许诺给我的整钱纸币。小人书来了，当我想要我存的钱的时候，母亲对我说："你小孩哪有钱？你储蓄罐里的钱不都是我掉在家里的硬币吗？"那时我七岁，不记得我是否反驳了她。这个事情给我深刻的教训就是钱不能交给任何人，连最爱你的妈妈都不行。

除了你，没人比你更在意你的钱。

04 贫困的生活

上面说的都是童年的一些关于钱的零星记忆。我真正感觉到缺钱给我带来的不快是在我父亲去世之后。20 世纪 80 年代初，正值中国改革开放初期，一切都是生机勃勃，我们家也满心期待地准备新生活的开始。父亲被提升担任科研所主任，开始学英语，准备公派出国进修。不过，噩运降临，他突然生病去世了。

他去世之后，我们家的收入一下子减少了 2/3，家道中落。我也开始意识到拮据给人带来的不快。20 世纪 70 年代末，我父亲的工资是 120 元人民币，我母亲的工资是 60 元（合 24 美元）。我们子女三个，一家五口，虽然说不上富裕但当时是供给制，住房和水电费都不要钱，父亲也不在家里吃饭，所以我家基本上可以有个相对体面的生活。差不多每周都有肉吃，每年都有新衣服换，亲戚人情来往不至于太拮据。我们家按照当时现代化的标准，“三转两扭一咔嚓”，除了照相机都配齐了。不生活在那个年代的人可能对“三转两扭一咔嚓”不熟悉。“三转”指的是自行车、手表和缝纫机；“两扭”指的是电视机和收音机；“一咔嚓”指的是照相机。这是 20 世纪 70 年代富裕家庭的标配。进入 20 世纪 80 年代，人们才开始追求洗衣机、冰箱、彩电三大件。

父亲的突然去世，让我们家失去了 2/3 的收入。我母亲只是一名普通的工人，在 20 世纪 80 年代初，仅凭她一个人 60 元人民币的月工资要养活三个孩子是很困难的。一夜之间，我们从一个普通的干部家庭落入低收入家庭。

最让我难堪的是初中二年级上学报到，母亲没有给我一分钱。那个时候一个学期的学杂费是 5 元（合 2 美元）。母亲说我们家庭困难，你需要向学校老师申请补助，看看能不能免掉学杂费。

我觉得申请补助是一件非常尴尬且没有面子的事情，就一再拒绝我妈妈，和她磨了好几天。我说自己可以一年不吃肉，一年不买衣服，可不可以不要让我当着那么多同学的面，向老师申请贫困补助。

母亲把我狠狠地训了一通，说我怎么那么没有出息，没有胆子，在家一条龙，出门一条虫，死要面子，连申请贫困补助这样的事情都不敢提出，一辈子还有什么用?

我急得要哭出来。那年我 13 岁，我和她磨了很久的嘴皮子，说了无数个理由，可是最后她还是一分钱也没有给我，我带着沮丧的心情去上学。一路上其他的小伙伴打打闹闹，叽叽喳喳地说着假期里的逸闻趣事，而我却为了申请补助这件事情，心事重重，在任何人面前都没精打采，上学路上整个天空都是阴暗的。

开学报到的时候，班主任坐在讲台上。学生们围着她，把手上的钱递给她办理注册手续。我觉得我不可能当着那么多同学的面，跟老师说申请贫困补助的事，就在座位上默默地坐着，等待着。

可是台上的同学们办完手续之后并没有散去，他们或者在黑板上写写画画，或者围绕着讲台，在老师身边说着其他的事情。那时我多么希望老师能够说："办完手续的同学可以回家了。"

可是没有。大家手续一个一个都办好了，没办手续的同学只剩下最后几个了。我已经没有什么退路，我的心跳开始加速，我一遍遍地演练自己一会儿应该怎么对老师说。终于除了我以外，最后一个同学也办好了。老师平视了一下教室，大声地问："还有哪个同学没有办手续?"

我怯生生地举起手，全班同学都看着我。

老师不屑地说："咦，那你怎么不上来办手续啊?"她的口气里似乎带着火气，让我更加紧张和难堪。

我像挤牙膏一样小声地说："我想申请学校贫困补助。"

我的声音是那么的轻，可能只有蚊子能听得见，但是我觉得全班同学好像都在竖着耳朵听，他们把每一个字都听得清清楚楚，他们虽然没有发出令我害怕的哄笑，整体态度还算友好，但是我感觉到他们都带着可怜同情的目光看着我。他们中间有我一起玩耍的小伙伴，也有我偷偷喜欢的漂亮女同学。我不需要任何人来同情我，我是一个男子汉，我也不喜欢别人同情和可怜我。

班主任老师是一位中年女教师。我当时和她不熟悉，不过她应该是一位好老师。她很快就感觉到了我的窘迫，她让同学们通通坐好，对我说“你放学之后到我办公室来一趟”，算是化解了当时的尴尬。

这是我人生中第一次经历因金钱带来的窘迫，当众承认自己没钱带来的尴尬与难堪。这也是我后来一直保持存钱习惯的原因。我不喜欢借钱，不喜欢求人，也不喜欢别人的施舍与同情。

当然现在想想，也许是那个时候我自己过于敏感。人在少年的时候，觉得自己是世界的中心，全世界都在关注自己。也许当时我的同学们忙着嬉笑吵闹，根本没人留意我和班主任的对话。

05　饿肚子的高中

母亲很艰难地把我们拉扯大。20 世纪 80 年代中期，一个普通工人养活一家四口，是一件非常困难的事情。我们几乎不买任何衣服，整个高中时代，我一直穿父亲留下来的旧军装。大部分新衣服是母亲买布自己做的。她的手很巧，总是能给我们做一些款式新颖、价格又便宜的衣服。因为家庭不宽裕，让我对花钱的事情格外敏感。现在我都不知道她是怎样神奇地做到用 60 元（合 24 美元）一个月的工资养活四个人的。

1985 年上高中的时候，我选择了住校，当时一个月的住宿费和伙食费是 9 元人民币。伙食标准每天大概是 4 毛钱的样子。米饭是充裕的，青菜也很充足，早饭的粥也是敞开供应的，但是荤菜非常稀缺，要是哪天晚饭吃馄饨，大家都会眉飞色舞地庆祝一番。有的时候晚饭唯一的荤菜是一根香肠，八个学生分。我没有记错，就是一根巴掌长的香肠，切成薄薄的几片，供八个青春期正在长身体的大小伙子分着吃。

改革开放的第一个十年，人民生活水平有了很大的提高，大部分人已经不再饿肚子了。虽然我生长的城市在中国属于富裕地区，称得上鱼米之乡，但是整个高中时代，我几乎都是在饥饿中度过的，主要原因是我家当时在城市里属于低收入家庭。在高中，一方面，有高考的压力；另一方面，对我来说更大的困难是应对饥饿的煎熬。那个时候我很怕上体育课，如果体育课是1000米或者1500米的长跑，那么饥饿感就会很强烈地折磨我一整天。

一般上午上完两节课之后，我的肚子就开始咕咕叫了。学校有校办工厂的面包可以买，大概是两毛钱一个，我舍不得买。当然可能是我过于好强和体贴我母亲了，也许家庭经济状况没有那么紧张，两毛钱的面包还是买得起的，我要是和母亲要求，她应该会给我一些零花钱。但是我在父亲去世之后，就给自己定了一个原则，就是坚决不主动找母亲要一分钱，除非她想到给我。这个原则从13岁那次申请贫困补助事件之后持续了一辈子，包括我上大学期间。

当时我有严重的营养不良，在我的印象中，高二和高三期间，一周我只有一次大便，通常是在周六回家吃到一些好东西之后，才有大便。我没有便秘和其他的毛病，是因为身体在成长，学校伙食太差，肠胃系统需要榨取食物中的每一点养分。

一方面是饥饿，另一方面是需要忍受寒冷。南方的冬天没有什么取暖措施，所以教室宿舍和外面一样的冷。冬天的时候，教室里面的温度也就5℃左右。我一开始穿的是父亲留下来的一件军用棉大衣。但是到了20世纪80年代中期之后，大家已经不再穿军用棉大衣了，市面上开始流行起了各种防寒服和皮夹克。高中一年级的时候，我还可以穿着军用棉大衣。到了高二和高三，因为军用棉大衣严重落伍，我也不好意思穿了。

春、夏、秋这三个季节都不要紧。天气不冷的时候，我一般穿一件父亲留下来的旧军装，那种带口袋的、可以区分出军官和士兵的旧军装。冬天我里面穿件毛衣，在上面套一件棉背心，然后在棉背心外面套一个母亲上班穿的蓝袍子工作服。那个工作服很多老师上课也穿，因为老师的衣服经常会被粉笔灰弄脏，所以他们上课时喜欢穿一件这样的罩衣。有好几次我走进教室，同学们把我误认为老师。

那样穿衣服，形象上勉勉强强说得过去，但是胳膊没有棉衣保护会冷。经常是晚自习的时候，整个胳膊越来越冷，手冻僵，写字越来越慢，直到几乎完全写不出字。我只能跑出教室，摇晃摇晃胳膊，热热身，再回来上晚自习。

我从来没有告诉过母亲自己饿肚子和受冻的事情，因为我不想给她增加任何负担和烦恼。高三的时候，母亲给我买了一件皮夹克，算是有了一件像样的过冬衣服。但是这件皮夹克是人造革做的，不透气，穿了几小时之后，用手一摸里面会有一层凝结的水汽，我也就不再穿了。当然这些事情我也没有告诉母亲。

其他同学会因为学校伙食太差，带奶粉和麦乳精到宿舍里，晚上睡觉前补充一下营养。我从来没有享受过这样的奢侈品，因为我不会找母亲主动提出。有一次周六下午放学，我等公共汽车回家。记得那是一个冬天，风很冷，公共汽车站前有个阿姨，支了一个煤球炉，在卖油炸萝卜丝饼。这是南方常见的街头零食，就是拿萝卜丝裹着面，在油里炸成一个团。

饥饿和寒冷，让我瑟瑟发抖。油炸中的萝卜丝饼带着热气，散发着芳香。我犹豫再三，还是没舍得买 5 分钱（2 美分）的萝卜丝饼。因为买了这个萝卜丝饼，我就有可能要找母亲要钱。

找别人要钱是件令人羞耻的事情。在我 13 岁以后的一生中从来没有找母亲要过钱。包括后来上大学，如果她记得给我钱，我就会拿着，如果她不记得给我钱，或者出于某种原因没有按时寄给我钱，我也绝对不会找她要的。

我说这些只是描述一下在青少年的时候，我的起点有多么低，一个两美分不到的萝卜丝饼我都不舍得买。但是回首看来，青少年时代贫穷的生活对我来说是有益的。首先，让我学会要未雨绸缪，知道手上需要存一些钱；其次，这些经历教会我独立，凡事不求人；最后，经历了物质生活的稀缺，你才会珍惜物质财富，而不会轻易浪费它们。即使今天不为了金钱本身而节省，我也会想，每一件商品生产皆不易，动用了大量的社会资源和自然资源，在没有物尽其用之前，你又何必把它们送进垃圾箱呢。

人往往在经历过最艰苦的生活之后，才会变得无所畏惧。贫穷没有什么可怕的，因为再艰苦也不过如此，所以经历贫穷之后，你反而可以大胆地去做自己想做的事情，而不必生活在各种担心和恐惧中。

每个人的性格大部分是天生的，由遗传决定，但是我觉得在投资理财和花钱习惯上，后天的经历对一个人影响可能更大。节俭是一种美德，我非常感谢上天让我拥有这种美德。如果认真回想，并不是我的基因里有这种美德，可能只是碰巧在我少年的时候，生活相对艰苦导致的。中国虽然曾经很穷，但是我们这代人中，大部分人没有我这样的生活经历。

节俭在我后来的生活里渐渐变成一种习惯。比如，我很少浪费食物，尽量不摄入超过我身体需要之外的热量。在我看来，浪费肉类食品简直是一种暴殄天物的行为。那些动物为你付出了它们的生命，而你却把它们扔进了垃圾箱。一件衣服，比如生产一件最简单的圆领T恤衫，所需棉花耗费的水资源就是2.7吨。人类对地球的环境已经造成那么大的伤害，我们有什么理由浪费那些物质财富呢?

我从来不介意别人发现我有节俭的习惯，也许是少年时的经历让我变得特立独行，我也不喜欢用那些外在的东西来宣示和表达自己。更多的时候，我在意的是我自己怎样看自己。人的一生最好是在给社会和地球造成最小负担的前提下，给自己创造最大的快乐和自由。在这样的价值观下，你会更深刻地感觉到节俭是一种美德。

第二章

存 1/3 的收入

01　上大学

我有一个信条，那就是你永远都可以存 1/3 的钱，也就是说，你每个月都可以把 1/3 的收入存下来作为储蓄，以备不时之需。

这个道理并不复杂，因为有很多比你收入低 1/3 的人，他们一样活得好好的，他们的生活质量并不比你差多少。既然他们可以活得好好的，那你就当自己的收入比现在的实际收入少了 1/3，这样不就可以把 1/3 的钱存下来了吗？

我上大学的时候，家里的经济条件稍微有了一些改善。一方面，因为兄弟姐妹中的老大工作了；另一方面，随着改革开放，中国也变得相对富裕了，工资都有所增长。

我上大学的时候每个月的生活费是 50 元人民币（合 12 美元）。我母亲会轮流着把工资寄给我和我哥。那个时候我和我哥都在大学里，母亲要靠她一个人的工资，养活我们两个大学生。当时她一个月大概挣 150 元的样子，她会把收入的 2/3 拿出来供我们上大学，这个月给我哥寄 100 元，下个月给我寄 100 元。

如果你看到这个数字，你就会知道为什么今天的美国中产阶级家庭大学生喊穷，申请高额学生贷款是件矫情的事情。如果精打细算的话，大部分家庭根本不需要贷款。因为我在美国还从来没有见过一个家庭，把他们一年收入的 2/3 拿出来支付他们孩子的大学学费和生活费。

我当时的伙食标准是每个月 30 元人民币（合 7 美元），我给自己制订的用钱计划是这样的：每个月我有 50 元收入，吃饭花去 30 元，20 元我可以存下来以备急需和购买一些书籍与杂物。我的伙食标准是每天 1 元人民币（合 25 美分），当时就是早饭两毛钱，午饭和晚饭各 4 毛钱。两毛钱可以买一碗稀饭，加上一个馒头和咸菜。4 毛钱的伙食标准就是 4 两米饭，再加上一个炒菜。

然而当时我同寝室的几个同学开学一个月就花了 300 元人民币，在我看来真是不近人情的败家子。其实他们父母的收入并不高，有的甚至是从农村很穷的地方来的。当时在中国，没有多少家庭是富裕家庭。高消费的同学还喜欢在其他同学面前炫耀自己是怎么写信编理由找父母要钱的。

这样的行为我当然觉得非常不齿，我从来不找母亲要钱，她不寄来我也不会找她要。不过，母亲总是会按时隔月把钱寄来。我印象中第一学期结束的时候，北方的大学给我们这些南方来的学生发了一笔 15 元人民币（合 2 美元）的冬装补助费，这是给我们南方籍学生买冬天棉衣的钱。

我拿了这笔冬装补助到百货大楼里给母亲买了一件灯芯绒面的棉袄。第一学期寒假的时候，我把棉袄带回家。我说这不是我从伙食费里省出来的，这是学校额外发给我的冬装补助。我有棉袄，所以我给您买了一件新衣服，我母亲非常高兴，那一年我 17 岁。

我买的这件衣服母亲几乎没有穿过。我不知道是衣服不合身，还是她舍不得穿，反正她一直保留着。这件事情也说明人和人之间的快乐与绝对的金钱数量没有关系。今天哪怕我用 2 万美元给我的孩子买一辆车，都不会换来我当年用 15 元人民币给我母亲买件衣服带来的爱与快乐。

在人与人交往的时候，情感的快乐来自百分比，即相对财富，也就是你愿意把自己所有财富中的多少比例与他人分享，而不是绝对数量。大家彼此交换的是对方在自己心中的分量。你给对方的花销是雪中送炭，还是锦上添花？你是倾其所有，还是只拔一根汗毛？

我在整个大学期间从来没有想过出国的事情。当时留学国外对于我来说是一件不可能实现的事情。因为准备 GRE、TOEFL 考试，上辅导班的费用不菲。此外，出国的申请费也是一笔大的开支。

当时我和其他同学聊起了留学的事情，经过估算发现，出国前期全部费用预算大约是 1 万元人民币（合 1250 美元），这还不保证你能够申请到学校的奖学金。即使你拿到了录取通知，申请到了学校奖学金，还不见得大使馆会给你签证。所以，这 1 万元人民币投资，很有可能完全打水漂。

当时 1 万元人民币对于一个月只有 50 元生活费的我来说是天文数字。我需要 200 个月，也就是将近 20 年不吃不喝才能省到这笔钱。

02　“会走路的财富”

不过我一直是爱学习的好孩子，功课对于我来说从来不是一件难事。如果在饥饿状态下都能考前几名，肚子能吃饱的情况下学习有什么难的呢？可惜当时的大学学风并不好。因为对于大多数毕业生而言，学习成绩好与不好，对于未来没有什么区别，因为未来前途取决于毕业分配。毕业分配一方面取决于你的籍贯，你从哪里来，就可以回到哪里去；另一方面取决于你和班主任的关系。如果你和班主任的关系好，可以留在北京、上海这样的大城市。如果你和班主任关系不好，可能被发配到边疆省份。

我大学毕业的时候，还有国家指令性计划，就是你必须去国家需要的地方工作。国家需要大学生去的地方往往都是一些边疆省份，而这个时候学习好反而成了把你送到边疆省份的借口。

这样三番五次下来，没有人愿意好好学习。既然毕业工作是包分配的，而命运又跟学习无关，大学生们主要忙的就变成了跳舞、谈恋爱和打麻将。

我不这么想，我觉得学习更多的知识总是有用的。功课对我来说从来不是一件困难的事情。所以，我一直是一个好好学习的好学生。当然更主要的原因是，我感觉知识本身非常有趣，大学的图书馆给我提供了学习知识的便利。当大家忙着跳舞、打麻将的时候，我把大部分时间都花在图书馆里，看各种闲书。

当时大学图书馆的书非常有限，不是我读的理工科的书，借阅数量要受到严格的限制，一周一本。在当时的环境下，大学并不想给学生们更大自由发挥的空间，而是要把学生们培养成只懂专业的技术人员，能够像螺丝钉一样，为祖国工作。

不过当时我还是看到一本对我后来投资理财非常有用的书。那是一本梁晓声的小说，小说的情节我已经全忘了。当时他提了一个说法，就是“钱是会走路的”。他用自己家的经历来描述财富会转移的现象：即使你把钱压在箱子里，换成金银首饰放在保险柜里，都挡不住钱会像长脚一样走来走去。一个人的财富会走到另外一个人的口袋里。

我在当时没有意识到这本小说对我的影响。连这本小说的名字我也想不起来了，我只记得小说人物的对话里，有“钱是会走路的”的讨论。十几年之后，我把这个“会走路的财富”的概念在房地产、股票市场上应用了起来，获得了不错的成果。

可见你每读一本书（包括此书），都会对你有影响，只是你不知道它们的影响什么时候会产生，以及这些影响会有多大。每一份知识都是有用的，而辛勤劳动获得知识的人，终将获得回报。

03　研究生的经济账

大学毕业之后我选择攻读研究生。一方面是因为我对知识本身非常渴望，另一方面是因为中国在 20 世纪 80 年代末实在没有什么像样的工作给大学毕业生。那些年的大原则是把大学毕业生通通下放到基层，让他们在基层一层层地锻炼，而不是直接把他们分配到中央的各直属机关。

读研究生的时候，我的经济状况有了进一步的好转。那个时候，母亲除了自己有一份工资收入之外，还开了一个小小的门市部，通过这个门市部经营一些烟酒糖茶、生活日用品的小买卖。门市部是很小的买卖，业务很清淡。有时半天营业额只有 10 元钱，一个中午等不到一个顾客。

但是母亲还是舍不得回家睡午觉，她宁愿趴在柜台上打瞌睡，也不放过任何一笔生意，挣任何一毛钱。其实当时家庭已经没有什么负担，我们几个子女都大学毕业了。可是经历过贫困和拮据之后，母亲不舍得失去挣任何一分钱的机会。

读研究生的时候，国家给我们的补助是每个月 70 多元人民币（合 10 美元）。另外，当时还有每个城市户口居民的粮油补助，每个月 20 多元（合 2.5 美元）。两笔钱加在一起，我一个月有固定的 100 元收入。

还是老办法，我会把 30 元存下来，花 70 元。随着物价上涨，我每天的伙食费标准也提到了 2 元。就是早饭 4 毛钱，晚饭和午饭各自 1 元不到的样子。这个时候，我不再有饥饿的感觉了，原因是一方面身体已经完全长成了；另一方面伙食的确比以前好了很多，有油水了。

还有，我那个时候也有外快可以挣。我在读研究生的时候，可以帮着自己的导师做一些现场测试的工作。每次测试工作之后，甲方单位都会发放一些劳务费给我们。干一天活儿，每次差不多能挣一两百元人民币的样子。

于是在第一个学期结束寒假回家的时候，我居然存了 1000 元人民币（合 125 美元）。那是我第一次拥有 1000 元。那时候 100 元新版人民币刚出来不久，取代了 10 元的“大团结”。我把 10 张 100 元人民币，数来数去开心极了。

有了这 1000 元垫底，我有了一定的安全感，生活不至于那么拮据，我开始买更多的书。印象最深的是，我经常去福州路外文书店去买影印的书，因为当时原版书籍价格太贵，大家根本买不起，影印的书就变成我们普通读书人睁眼看世界的途径。

影印的英文书中，我读得最多的是《读者文摘》。今天看来简单的通俗读物，在当时却给我打开了另一扇门，让我看到了不同的世界。这个世界，这片美利坚的新大陆，对我来说既好奇又向往。但是我还是不知道怎样才能进入那个世界。我买了一张美国地图，挂在寝室的墙上。同学们问我：“你要出国吗?”我摇摇头说：“不是不是，我只是好奇想看看另外一个世界都有哪些城市。哪些州。哪些山川与河流。”

04　股市初探

我这 1000 元并没有用来直接消费。因为中国那个时候发生了另外一件事情，就是成立了股票交易市场。中国股票交易市场一开始是很清淡的，几乎没有什么人购买股票。政府靠着各种各样的摊派，指派国家干部和工作人员必须买，才把股票发行出去。这个局面从深圳股票市场成立之后发生了改变。几个深圳人拿着旅行箱，提着现金到上海股票交易市场开始大肆购买“老八股”，掀起了上海股市的第一波狂飙与泡沫。

我当时在上海读研究生，所以经历了这一轮疯狂泡沫的每一个细节。当时每个人都在眉飞色舞地谈论股票。我有个同学从家里拿来几万元人民币，开始炒股。我每天都会到他寝室里，去请教他一些炒股的经验。

应该说当时大家对证券市场是一无所知的，人们总是凭借过去的趋势去猜测未来。这是和我们经过漫长进化形成的思维方式相关的。一个猎人在一个地方打到一头鹿，他就会相信，大概率以后还会有一头鹿在那里出现。于是他就会一遍一遍地到那个地方。另外一个猎人，如果用一个陷阱获得了一个猎物，那他就会一遍又一遍地尝试用同样的陷阱，试图获得下一个猎物。炒股的人也不例外，看见股票一路高涨，就会觉得未来也会一路高涨。

我当时拥有的对股票一点儿知识，就是来自茅盾写的小说《子夜》。我都不知道，小说中的老板到底是怎样炒股把自己炒破产的，因为小说里没有交代。小说里只是提到他把自己的女儿送给股票大亨，期待得到一些内线消息。

1987 年美国发生股灾的时候，我在中国也关注到这个新闻。当时我最疑惑的就是，股市到底是怎么消灭财富的？股票下跌，凭什么财富就消失了呢？股票不是和赌场一样，是互相买卖筹码的地方吗？有人挣钱，有人赔钱，无非就是从一个口袋转到了另一个口袋，是个零和游戏。凭什么就说股票下跌了，社会的财富消失了呢？应该社会的总财富没有改变才对。

对于这个问题，当时我百思不得其解。应该说，1987 年的时候，我问遍了所有我当时认识的成年人，没有一个人能给我一个令人信服的答案。直到十几年之后我到了美国，学习了证券和经济学之后，才知道股票下跌的的确确是凭空消灭了财富。

因为早期进入股市的人都挣了钱，所以吸引着更多的人进入股市。我那个同学从家乡借了几万元炒股，很快就挣到了几十万元，然后又从家乡搬来了更多的钱炒股。在当时几十万对我来说就是天文数字。那个时代快速变化的财富数字让我有些头晕目眩。因为在记忆中，仅仅是几年前，我还为 5 分钱而犯愁。

于是我想能不能用我这 1000 元也挣上几万元？我每天研究《上海证券报》，寻找股市黑马。20 世纪 90 年代初，股票盛行之时，过去几十年都不用的术语又被翻了出来。我知道什么叫作“踩空”？什么叫作“多头”？什么叫作“空头”？什么叫作“割肉”？什么叫作“抬轿子”？

每天中午 12 点广播股评的时候，股评人总是把股市评论得像两军交战一样热闹。寝室里一群人围着一个十波段收音机听股评，感觉就像听评书。比如，股评专家会说今天几点几分的时候，多头入场，红军打败绿军。评书听着精彩，几乎所有的人都不会去看一个公司的财务报表，因为也看不懂，大家基本上都是跟风和凭想象用真金白银去赌博。

这个现象几十年后在美国依然如此。你会发现很多没有受过任何训练的人，甚至连一家公司的财务报表也看不懂的人，从来没有管理过公司也不知道公司是怎么运作的人，每天追涨杀跌，把股市当赌场，认为自己可以通过炒股而挣钱。

后来，我在美国读到一本书，叫作 *Market Wizard*。这是一本访谈类书籍，作者访谈了十几个短线炒股和炒期货挣钱的人，让他们总结自己金融投资的经验。这本畅销书有一条给试图通过短线炒股挣钱的新手的忠告。这个忠告就是：“如果你热爱炒股和短线投资，最好在你很穷的时候开始炒。”反正有很大概率血本无归，因为你很穷，你不可能损失很多，但可以积累很好的经验。

我当时没有读这本书，并不知道炒股到底是怎么回事。我只是看着别人挣钱，自己也想挣钱。我兴趣盎然地去证券市场开了户，证券市场里人山人海，挤都挤不进去。里面的人就把钱当手纸一样，都是一摞一摞地放在柜台上。

我怯生生地拿出我那微不足道的 1000 元，10 张票子，递给柜台上的工作人员，让他们帮我开一个账户。工作人员轻蔑地看了我一眼，似乎在

说“这点钱你还好意思拿出来炒股?”

不过当时我的脸皮已经不是13岁的时候那么薄了。我心里想着，“别瞧不起人，还不一定最后谁挣钱呢?”当时交易大厅里头有一个大屏幕，所有人都对着这个大屏幕，像傻瓜一样昂着头看价格变化。我开户那天，大盘指数刚刚下跌了5%左右。根据以前的经验，每一次的回档都意味着下一轮更猛烈的上涨。

站在我边上的是一个看上去很老到的中年人。我就和他套近乎，问他是看涨还是看跌。他说他不确定。我还不屑地跟他说：“这有什么不确定的，你看看之前十几次，每一次下跌5%～10%，后面马上就会再涨个30%～50%。既然历史是这样，未来也应该这样啊，有什么道理让未来突然变得跟以前不一样了呢?”我的神奇理论一下子让他愣住了。

我接着说：“这道理就像黄浦江的水。你看黄浦江的浪，打过来退下去再打过来，退下去。如果过去半年一直是这样，当然就会永远这样了。”那个中年人笑而不语，他只是说：“不一定，不确定。”

我带着满腔的自信离开了他。开户的当天，我全仓杀入，买进氯碱化工。氯碱化工是一家什么企业其实我一无所知，我只知道当下对生产生活物资需求大，而生产这些物资，都需要大量的化工原材料。这些原材料不会像洗衣机、冰箱这些东西，大家都喜欢买进口货，而必须是国产的，所以买氯碱化工肯定不会错。

我的另外一个同学，也是抱着朴素的心态买股票。他买入的是轮胎股票。他每天跟我们吹他的英明决策。他说你看看我们中国汽车普及率这么低，以后要变成发达国家大概有多少汽车需求量？又要生产多少轮胎呀？发动机要进口，轮胎肯定要国产，所以买轮胎股票肯定不会错。

今天看来这些想法幼稚而可笑。即使化工行业、汽车行业都要发展，也不见得就轮得上你中意的那家公司获得发展。经营一家公司有各种各样的风险，公司的未来取决于政策、团队、市场、金融各方面的综合因素。你两眼一抹黑凭什么就肯定这家公司是有希望的呢？即使这家公司会发展，你又怎么知道当下的估价是合理的呢？

我有的时候看网友们炒股，感觉大部分人也是抱着和我们当时一样的信息框架在炒股。只是题材换了一下，名词换了一下。大家觉得电动汽车有希望，所以就买入特斯拉，大家觉得人工智能和 VR 是未来，就买入相应的“独角兽”。

股市最神奇的一件事情就是，当你买入某只股票后，它就开始下跌了。你买之前它永远是在上涨，好像一切都是针对你来的。

我买入的氯碱化工也不例外。在后面很长时间里，我都是坚定的持有者，不愿意卖出割肉。因为每一分钱都是我辛辛苦苦挣来的血汗钱，我怎么舍得割肉呢？不割肉的后果就是越陷越深，从 1000 元跌到 900 元，然后变为 800 元，最后只值 500 元人民币。

当后面更严重的股灾发生的时候，价格继续下跌，我已经懒得再去看它的价格到底是多少了。我的第一次股票经历基本上就是这样，非常符合炒股经典案例。首先是信心满满入场，觉得自己明天就可以翻番挣钱；然后是安慰自己，这只是市场小的波动，还会涨回来的；接着是否认现实，不再看市场价格；最后惨跌超过 50%之后，就开始找外部原因，是谁害了我，都是证券公司的错，压根儿就不应该有什么股市，都是骗子。

我倒没有那么愤世嫉俗，不过我和所有被套牢的人一样，就是我从来没有把我的亏损告诉任何人。我不能告诉我的母亲，那样会让她心脏病发作。我不能告诉我的女朋友，那样会被她严重地鄙视。我甚至不想告诉我炒股的同学，因为他们也总是报喜不报忧。股市里只有胜利者，没有失败者。因为只有胜利者会夸夸其谈，失败者都默默无语。

05　培养费

我的第一笔证券投资就这样打了水漂，给我最大的好处就是用不太大的代价买了一个深刻的教训。那代价今天看来不大，但在当时也是我一年的积蓄，所以留在心理上的烙印还是很深刻的。既然一夜暴富的梦想没有实现，我还是老老实实存钱过日子吧。我依旧把 1/3 的收入储存起来。钱就像水库里的水，只要河流不干涸，就会慢慢存起来。很快我的“水库”

又有了1000元人民币。

研究生毕业之后，我依然没有出国的想法。这1000元存款也帮我实现了比较平稳的毕业过渡。很多人一毕业就需要找亲友借钱安顿生活。因为从毕业离校到第一个月的工资发下来还有一段空当。我没有这样的问题。我用存款把房子租好，把家用的必需品买好，开始我的第一份工作和独立的生活。

20世纪90年代中期的中国是一个收入飞快增长的时期。我大学毕业的时候，大部分人的工资是100元人民币。等到我研究生毕业的时候，大部分人的工资已经超过1000元了。我第一份工作的基本工资是1500元，加上奖金和一些绩效的提成，每个月有2000~3000元的收入。

不过我依旧保持习惯，把1/3的钱存起来。我并不知道存钱是为了什么，我并没有打算结婚，也没有打算买房子买车。只是那个时候存钱已经变成了我生活中的一种常态和习惯。手上稍微有一点钱，会让我感到安全一点，避免突然有什么额外支出，就要去找人借钱的尴尬。

当时上海的房价对我来说还是天文数字。我印象中，徐家汇当时的房子价格在5000元/平方米，所以我工作一个月不吃不喝也只能买半个平方米。如果想买一套100平方米的住房，那需要不吃不喝300个月。这是一件不可能的事情，既然不可能，我也不用多想。当时每个月的生活费大约在1000元，租房大概是300元，吃饭300元，还有300元左右的零用开支。

一个偶然的机会，一位大学老师问我，愿不愿意去新加坡留学。我说我没有考GRE，也没有考TOEFL，不过我英语还不错，如果不用考试就可以出国去看一看当然是好的。那位老师很快帮我联系了大学，新加坡的这所大学给我的奖学金是每个月1500新元。我还是很高兴的，因为折算下来每个月大概有9000元人民币。

实话实说，回想我们这代人出国，并没有那么多高尚的理由，只是好奇心驱使我们去看更广阔的世界、去接触新的知识。但对于20世纪90年代出国的人而言，他们出国主要还是考虑经济因素。不客气地说，我们都是经济移民。这其实没有什么好遮掩的，我们可以坦诚地告诉自己的下一代，当年出国就是为了更好地生活。美国或者其他发达国家工资收入更高，生活环境更好，所以在我们年轻的时候，选择了出国这一条路。当然也不排除还有一些其他方面的原因。经济因素是一个非常朴素、简单的出国理由。如果没有经济差异的因素，20 世纪八九十年代的中国不会出现那么疯狂的出国热。

出国留学第一大困难就是钱。因为我刚毕业不久，所以要交给国家教委“教育培养费”。我读了四年本科、两年半研究生，所以我总共要退还 15000 元人民币的教育培养费。更为不幸的是，我毕业参加工作的时候，学校已经向我的工作单位收取了 15000 元的培养费。

大学找工作单位要培养费，当时并不是一个明文规定的合法的事情。可是很多大学都这么做，特别是热门紧俏专业，不然学校不给毕业生转人事关系。我毕业后仅仅工作了半年，单位领导当然不愿意了。单位领导说，我要走可以，但至少要把培养费退给单位。

我于是找到学校，说要出国，单位不同意我走，我走的话必须把学校收的培养费退给单位。学校当然抹下脸对我说，培养费我们只收不退。

我说自己只被培养了一遍，你们不可以这样不讲道理。国家教委找我收一笔教育培养费，你们大学又找我收一笔培养费。毕竟我只被培养了一遍，凭什么两边都找我收这笔钱。

当然，你和领导是说不通的。每个人只是按照流程办事，完全不讲道理。我不敢得罪工作单位的领导。因为我得罪了他，他不同意我出国，我一点办法都没有。我的所有人事关系都扣在他手上，他不出介绍信，我办不成护照。

但是我不怕得罪大学毕业生分配办公室的人，因为我已经毕业了。既然他们不讲理，我也只能耍无赖。于是我开始软磨硬泡，每天毕业办公室的人上班我也就跟着上班。我就坐在毕业办公室主管的对面跟她聊天。可能对方是个老太太，我是个小伙子，所以她并不是特别反感和我聊天，没有用暴力驱赶我。于是我们就聊家常，从天气到养生，再到各种八卦。有时毕业生进来要办事，还以为我是工作人员。再往后，我干脆帮她干点儿活，什么复印跑腿的事情，我就帮她代劳了。这样一来二去，我和她建立了比较好的沟通基础。她至少不是冷冰冰的公事公办，会从我的角度，考虑我的难处。

另外，学校的这笔收费的确不合理。软磨硬泡的第二周，她终于受不了了，决定向她的主管领导去请示一下。请示的时候她还帮我美言了几句。所以，主管领导就留下一句话，说你把国家教委的教育培养费的收据给我们，我们就把这笔培养费退回你原单位。

这件事情基本上得到了比较好的解决。当然也给我上了一课，我学到了两个经验。一是没有办不成的事情，主要看你有多大的决心。大部分人内心深处是讲道理的，人心都是肉长的。你用时间和感情，会激发他们的同情心。二是性别在我们工作和生活中的微妙作用。如果当时办事的人不是个老太太，而是一个大叔，估计他几句话就会和我吵起来，然后让保安把我架出去。

异性之间的沟通在我们生活中有很多隐藏的不为人知的力量。为此，我后来还专门写了一篇博文，见第十五章，因为博客的内容放到那里更贴切。平时生活中我们可以多留意用两性的微妙力量来帮助自己。俗话说“男女搭配，干活不累”，差不多就是这个意思。

06　赴美准备

用奖金和绩效提成买机票来到新加坡的时候，我几乎又身无分文了。我是在一片夜色中进入新加坡，当时感觉国外好极了，热带植被很茂密，空气很清新。

不过一开始办入学又不顺利。新加坡大学的学生注册办公室需要我的大学成绩单，我给他毕业证书原件，他说不行，要看到英文版的成绩单。否则办不了入学手续。无法入学，我就没有办法拿到奖学金，而我几乎是两手空空来到新加坡的。钱又开始变成一件让我犯愁的事情。

我只能赶紧打电话给国内大学同学，请他去帮我办成绩单。当时的电话费很贵，对方几乎没有机会回应我，我就在一片慌乱中把我的需求说完了。因为手上没钱，我只能硬着头皮找师兄借钱。因为生活费还是需要的，住宿费也是需要的，我总不能不吃饭。

借钱的滋味不好受，这样又给我上了一课，就是一定要存钱。年轻的时候你觉得做很多事情都很难。因为你在不停地变动，每一个官僚机构，每一个部门，处处给你找各种麻烦，设各种各样的门槛。而你可以动用的资源又非常有限。你的收入很低，又老搬家，你需要应对各种不确定带来的额外开支。不过好在当时年轻，朝气蓬勃，充满精力。一切烦恼睡了一觉之后，都会烟消云散，自己永远对未来充满美好的期望。

隔了两个月，终于办好入学手续。我拿到奖学金，还了借款，生活安定下来之后，我发现大家都在忙着申请美国的大学。我的同学，特别是从中国来的同学，大部分是申请美国没有成功而选择到新加坡的。这点和我很不一样，我从来没有想过去美国。

不过既然大家都在准备申请美国的大学，我也不可避免地被卷入这个旋涡中。于是我也开始准备 GRE 和 TOEFL。这个时候的我，财力比以前稍强，可以负担得起这些考试的基本费用。我的考试成绩还是非常理想的，GRE 和 TOEFL 几乎都考了满分。考试成绩出来的时候，师兄对我说，你应该请人吃饭庆祝一下才对。我没心情庆祝，倒是有些懊悔，早知道 GRE 这么容易，我应该本科就准备出国了，不至于绕这么大一个圈子，浪费了这么多年的时间。其实当时在中国，我相信有很多英语比我更好的人、更聪明的人，出于经济上的原因，没有办法选择出国这条路。

印象中我在新加坡的生活费差不多是 1000 新元（合 600 美元）一个月。其中 400 新元用来租房，剩下来的是吃饭和零用。存下来的钱，几乎全部用来准备申请美国的大学。当时对我来说，每个大学的申请费用都不低。另外邮寄材料需要一些钱，我去当地的银行办美元银行本票，附在申请材料上一起寄往美国。这些银行本票当时如果在中国办是非常困难的，而且手续费昂贵，在新加坡相对容易一些。

我在新加坡没有待很久，等我拿到美国大学的录取通知书和签证之后，我就退学离开了新加坡，回到中国。我陪母亲生活了一个月的时间，然后就准备行装，赶往美国了。母亲这个时候已经退休，退休金不高，所以她的生活还像以前一样节省。我看她用的还是一个双缸洗衣机，就是要把衣服洗完之后从这个缸里拎出来，放到另外一个缸里去甩干。于是我给她买了一台新的全自动洗衣机，花了1600元人民币，算是我高中毕业离家之后给她买的第一件大的家用电器。

我另外零零星星地买了一些东西，准备我的出国行囊。当时有人出国甚至在行李里面带上烧饭的锅、炒菜的铲子。我倒是没有那么夸张，只是给自己准备了一个小小的旅行箱。母亲陪我去买了一身西装，那个时候可能国外的电影看多了，总觉得欧美发达国家每天都在穿西装。当时全套的西装是1500元，算是母亲送给我出国的礼物。

等我买好机票，收拾完行装之后，几乎再次一贫如洗，囊中空空。我口袋里只有200美元，就踏上了去美国的航班。可是我没有什么紧张和担心的。虽然我现在一穷二白，但是不要紧，我年轻，有精力，有自律的习惯和艰苦奋斗的精神。因为当时我读过的几乎所有的故事都告诉我，美国是一片激励人奋发向上的自由土地，只要你聪明且勤劳就能干出一番事业。我要到这片新的土地上生长、生活、生儿育女，大展宏图，开创自己未来的人生。

当时我完全没意识到，其实我自己身上非常有价值的一点，就是已经养成的良好消费习惯，以及在贫穷生活经历中形成的节俭勤劳的美德。

第三章

从 0 到 1 万美元

01 老中的理财经

到机场来接我的同学是一个姓宣的北京人。他父母是北京某大学的老师，家境不错。老宣人晒得黑黑的，猛地一看，挺有美国华侨的范儿。我看到他的时候就想，是不是过几年自己也会变得和他一样黑。当时是互联网泡沫渐渐形成的时候，高科技产业正如日中天。他一边开车，一边意气风发地跟我说他在美国的好日子。

老宣比我早两年来到美国，但已经开上了自己的新车。这还不是他的第一辆车，而是他的第二辆车。车还是小意思，关键是他马上就计算机工程专业硕士毕业了，现在在一个叫作 Lucent 的网络公司实习。一面挣着 Lucent 的工资，一面在学校上学。而且他毕业后不用找工作，Lucent 原则上已经录用了他，年薪 6 万美元。

说完这些，他吹着口哨说自己还没想好是否去 Lucent 工作，因为就业市场实在太好了。他最近几次去外州面试工作，应聘单位都是专门派加长的林肯 Limousine[①] 到机场来接他。那个时候不是你找工作的问题，而是高科技公司抢着招人的问题。Limousine 这样的词汇对我来说还是一个新鲜名词，听他解释之后我才大概想明白。20 世纪 90 年代的上海，我似乎只在“台湾城”的门口见过 Limousine。当时我还好奇，这么长的车，底盘是怎么靠应力处理做到的。

从机场到学校的路很长，要一个多小时。老宣讲完他的美好生活，就开始给我上第一节美国理财课。应该说这几十分钟的理财课让我获益匪

---

① Limousine：即豪华轿车，通常由专职司机驾驶，用于重要接待场合。

浅。几十年后的今天，当我回忆往事的时候，我除了非常感谢他在我绝望之际来接我之外，还有就是他给我上的几十分钟的理财课。这个理财课让我后来没有犯财务管理的错误。我也不知道他的这些经验是从哪里来的，可能是一代一代的中国学生口口相传下来的。他的理财经，每一条简直都是金科玉律，值得背诵下来，代代相传。

老宣语重心长地告诉我，在美国管理个人财务，一定要做好这五件事：

第一，要积攒自己的信用记录，保持并提高自己的信用分数。我需要尽快去办一个信用卡，然后每个月按时付账单。我问："我没有信用分数怎么能办理信用卡?"他说，你可以在自己的开户银行申请。开户银行看你每个月有固定收入之后，通常会批复给你一张小额度的信用卡。最开始可能只有 500 美元或者 1000 美元的信用额度。你用了一阵子之后，按时付款，银行就会慢慢帮你提高信用额。再过一两年，当你的信用分数超过 700 分之后，你就需要找一张容许你额外取现（Cash Back）或者其他福利更好的信用卡。然后你保持只用这一张，不要开更多的信用卡。信用卡一定要按时满额付清，不要欠款。一旦欠款就会利滚利，越滚越多。不要让银行赚走哪怕一分钱。如果哪天实在忘了按时付款，记得赶紧打电话给银行解释，不要留下不良记录。

第二，买车最好买一辆五年新的日本二手车。他告诉我，美国没有车是不行的，没有车就像人没有腿，你会寸步难行。五年新的二手车有几个好处：首先，它们比较可靠，所以维修成本比较低；其次，因为是五年新的车，所以你不用买全保的保险，只需要买第三方责任险，所以你的保险会便宜一半。此外，日本车一般比较省油，欧洲车虽然质量更好，可是系统太复杂，维修成本比较高。美国车安全性能也许更好，结实抗撞，但是车重油耗高也容易坏。买日系二手车最重要的好处还有一条，就是这些车很保值。你开几年之后，折旧相对比较慢，残值会比较高。

听到这里，我忍不住问他，你为啥开新车呢？他不好意思地笑笑，说这不是生活好了吗？她太太今年已经在高科技公司上班了。两个人一起工作，加一起两个月的收入就可以买一辆新车。自己就想享受一下。因为日本车残值高，所以自己上一辆二手车开了两年，卖出的时候，也只比当初买入的价格折旧了 1000 美元。

第三，他告诉我美国各种人工费用很高，所以自己手脚要勤快，能自己做的事情不要请别人做。比如修车、换机油、换刹车片、换汽车电池这些事。房子虽然是租的，房屋维修按理应该房东负责，但是小损坏最好自己去修理，这样房东会在房租上给你一些优惠。比如下水道堵了，马桶坏了，门把手坏了，这些尽量自己修，然后给房东报备。每年涨房租的时候，房东会记得优良房客的好处。

第四，美国金融体系发达，购买什么你都可以贷款。卖家愿意给你贷款，这样让你能够买得起。贷款让一笔大的消费，分散成每个月的支出。这样看起来，好像每月的费用没有增加多少。事实上，这是非常坑人的。因为这些贷款造成了超前消费，让你消费了你本来应该无力消费的东西。最好的策略就是，除了房贷不要有车贷和任何的消费贷款。永远做到现金买车，贷款买房。除了房贷，其他什么贷款，无论是信用卡贷款，还是消费贷款和学生贷款，都不要有。

第五，美国最赚钱的行业就是律师和医生，所以有事没事，千万离律师和医生远一点，不要陷入各种官司和不良生活习惯。美国是一个你可以找法庭告任何人，任何人也可以告你的国家。大家告来告去，其实很难得到什么好处，最后肥了的都是律师。身体是革命的本钱，一旦生病，各种费用都会比较高，所以平时要保持健康的饮食和积极锻炼身体。

我当时刚从飞机上下来，还在倒时差，对美国的生活更是两眼一抹黑，听他的话似懂非懂。但是他严肃认真语重心长的样子，让我几乎是用背诵的方式记住了他的谆谆教诲。他不介意跑了这么远的路来接我一个陌生人，可见是一个热心肠的好人。好人的建议多记住点应该不会有错。

后面老宣又絮絮叨叨地说了其他很多事情。有一条我记得是他说美国是一个资本主义国家，所以最重要的就是拥有资本。他还举了一个例子，让我印象深刻。他说："我拿了个 Lucent 的录用函（job offer），每年 6 万美元，咱们可能感觉不错。可是那些在微软工作的工程师们，压根儿不在乎他们的工资收入是多少，工作收入只是他们的零花钱，他们财富的大头是股票。高科技公司都会给员工一些股票。你到美国，一定要学会怎么投资。不能只存钱，股票市场才是财富增长的地方。”

我几年前有过中国股市的深刻教训，还处于谈股色变的阶段，对他这句话有些将信将疑，权且听一听。应该说，他的五条理财真经都是非常有用的，条条经典。我后来在美国看到很多人不会过日子，无论是中国人还是美国人，很多时候就是违背了上面五条真经中的一条或者多条。

比如开一个五年新的日本二手车，是一个典型的苦哈哈的中产阶级，一点都不酷，也不拉风。所以你可以看到，很多年轻人，他们没有什么钱，却超前消费去买宝马、甲壳虫这样的车。其实最后受伤害的是他们自己口袋里的钱和生活的自由。美国低收入人群尤其喜欢开性价比差的车。汽车厂商花了那么多钱做广告，就是为了让你产生错觉，似乎某些品牌的汽车代表着一种文化、一种个性、一种社会阶层。

其实汽车只是一个代步工具，作为代步工具最重要的是性价比。性价比可以用公里油耗、安全测评、折旧率等指标体现出来。汽车其实和个性文化没有关系。就好像香烟，香烟只是一种害你上瘾的东西，你关心的是里面让你欲仙欲死的尼古丁含量。可是万宝路的广告宣传让你感觉要做有个性的西部牛仔，就应该抽万宝路。类似的例子实在太多，无论是女人用的挎包，还是男人喝的啤酒，商家都通过宣传让你把单纯的消费和某种文化特征联系到一起。其实喝啤酒只会让你肚子变大，和英俊潇洒毫不相干。消费者大多数时候，都是被诱惑驱赶的羊群。要克服这个问题，最好的办法就是独立思考。要特立独行，不要跟着媒体宣传随波逐流。

在中国，特别是在城市生活的中产阶级是可以“负担起”（afford）四体不勤的生活习惯，因为中国的人工费很便宜。可是很多华人，即使是男生，也把这种四体不勤的生活习惯带到了美国，仿佛他们生下来到这个世界上就变成了五星级饭店里的客人，从来不肯动手修理自己的车和房子，这些都增加了自己的生活成本。

老宣这一路上给我讲的理财真经，之后我再也没有从其他地方听到过。总的来说，英美文化里对钱相关的事情是很隐私的。大家既不谈如何花钱，也不谈彼此各自挣了多少钱，更不要说大家都是怎么管理自己的钱了。这位老宣那些经验之谈应该是之前的老中告诉他的。可是之前老中的经验之谈又是从哪里来的呢？也许是我们生活在美国的华人，无论是中国台湾人还是中国香港人，从 20 世纪六七十年代一路积累下的，代代相传的生活经验。

我非常感谢这些不知名的前辈们。这几条简单的道理，比书本上那些长篇累牍的大知识要实用和重要得多。美国是一个民族的大熔炉，全世界的人民纷至沓来。有的族裔经济上相对成功，有的族裔经济上一直相对困难，这往往和他们的文化有关。大部分勤劳、节俭的民族日子都不错，好吃懒做，超前消费，不擅长未雨绸缪的民族过得都不咋的。再具体一点，就是在花钱和财富管理这些事情上，日子过得好坏和能否遵循老宣的这些简单的生活道理有一定的关系。

02　穷学生的日子

经过老宣同志的一番鼓励，我对自己的就业前途和生活远景充满信心。那个时候正是互联网泡沫的最高峰，只要一工作，就有一份像样的工资可以挣。6 万美元的年薪，当时在我眼里那已经是很高的工资，比当时中国人的年收入差不多高了 20 倍，按照老宣的说法，也只是零用钱而已。通过公司的股票或者期权，还有更多财富可以挣。榜样的力量是无穷的，当时大量的中国人转入了高科技领域工作，因为我们中国人的数理化基础比较好。哪怕是个拉小提琴的文科生，捡起编程的课程学学就会了。后来知道，连李安这样的大牌导演，在年轻的时候，也一再犹豫过是否转行写程序。

未来很美好，可眼下的生活还是很骨感。仰望星空的同时，每天都需要脚踩大地。钱的问题是当时我面临的非常实际的问题。我带来的 200 美元，在买了一些基本的生活用品、锅碗瓢盆、床铺枕头之后，基本所剩无几。老宣很帮忙，看得出我刚从国内来没有什么钱，所以没找我要第一个月的房租和押金。公寓是分租（sublease）给我的，所以本质上是他帮我付了押金和第一个月的房租。他说："不着急，等你们奖学金发下来之后再还我。"我还和他客气了一番。他说："没事的，我们中国人都是这样帮忙过来的，以后你再这样帮助其他人就可以了。"

可即使这样，我第一个月的生活费也只剩下不到50美元了。男子汉大丈夫，找别人借钱是一件很羞愧的事情。我得想办法，坚持把第一个月熬过去。很快有其他的中国同学，周末的时候带我们去超市买菜。这个城市中国人不多，只有50多个，大家都很热情地互相帮助。大家在超市和学校见到一个中国人都会亲切地打招呼，聊上几句。早来的一些中国留学生，特别是已经有了车的那些高年级同学，会主动带新生去购物和办理一些手续。当时我们经过半小时的车程，去一家华人开的亚洲超市买一些食物。

转了一大圈，我除了豆腐、大米和一些比较便宜的没什么肉的大骨头之外，其他什么都没有买。连50美分一瓶的酱油，我都没舍得买。我想有盐就应该够了，因为手上的钱实在不够了。

第一个月生活的窘迫，真是节省到每一分钱。当时手机还没有普及，大家用得最多的是投币电话。投币电话每打一次要25美分，正好是一个25美分硬币（quarter）。我给另外一个中国学生打电话，约他带我去移民局办理社会安全号码。我对美国的电话系统还不熟悉。四声长声之后，电话留言机录音一跳出来，我的25美分"咯噔"一下就不见了。我这样打了两次电话，也没找到他本人，我的一瓶酱油就没有了，让我心疼了好一阵子。那个投币电话硬币坠落的"咯噔"声和后来第一次去拉斯韦加斯听到的老虎机的硬币声一样，都让人难以忘记。之后，我学会了听到长声三声，对方还没接，我就赶紧挂电话的技巧。

应该说，20世纪90年代末是中国留学生在美国生活习惯转折的一个分水岭。在我之前来的中国留学生，无论是有学校奖学金资助的，还是没有学校资助的，都清一色地去餐馆打工。哪怕你有全奖，周末也会抑制不住到餐馆打工的欲望。因为那时的中国并不富裕，在餐馆打工一天挣的钱就顶国内一个月的工资。

所以，无论是学富五车的访问学者、博士后，还是初出茅庐的高中毕业生，到了美国，第一件事就是找中餐馆打工。他们需要攒钱，给国内的亲戚朋友们购买冰箱、洗衣机这些家电产品。也是因为海外华人能够买这些东西，国内那些有海外关系的人才会变得有面子。

而20世纪90年代末我来美国的时候，开始渐渐出现有奖学金资助的学生不再打工的情景，我自己就从来没有去餐馆打过一天工。主要原因是国内变得富裕了一些，中美两地收入差异没有那么大了，家用电器也基本国产化了，大家不再需要海外亲戚购买这些东西。

当时我虽然觉得自己很穷，但是现在回想一下，比同时期看上去比我富裕的美国学生可能要稍好一些。尽管我身无分文，但是我也没有欠下任何学生贷款。很多看起来比我潇洒有钱的美国学生，读本科的时候已经欠了一屁股债。而我连国内大学的培养费都靠自己的力量还清了，恩怨两断。我可以骄傲地说我所有的学费都是自己挣的。不过，当时我对美国学生的经济状况，特别是他们的负债情况不了解，觉得自己是美国社会最底层的赤贫阶层。其实一文不名的我，比欠了几万美元的人更富有。

觉得自己是赤贫阶层的心态，可能对以后都有很大的帮助。在美国你能看到很多中低收入阶层的普通人，却忙着买LV包和进口车来装饰自己，以显示自己的身份。比如在湾区，中位数的家庭年薪收入在15万美元左右。可是很多年收入不足10万美元的家庭，却非要把自己装饰得像富裕的中产阶级家庭一样，生怕被他人看不起。

那个接我的老宣，后来熟悉起来之后，和我说了他刚到美国时的悲惨故事。他来美国的时候，什么资助都没有，是按照F2探亲签证跟着他爱人一起来的。到美国之后，他很快就申请到了学校的入学资格。不过每学期需要攒钱缴学费，因为作为外国人，没人给他贷款。一个大男人，当然不能忍受靠老婆的奖学金资助过日子的生活，所以他就一头扎进了中餐馆，从勤杂工（Busboy）到服务生（Waiter）昏天黑地地干了起来。每天累得回到家里一动都不想动，脚肿得鞋子都穿不进去。

有一个下雪天，他从中餐馆下了班回家。因为天黑路滑，他一个跟头扎在雪堆里，半天爬不起来。他说他几乎在雪堆里哭了有十几分钟，觉得自己干脆一头撞死算了。因为以前他在国内的时候，无论怎么样也是城市的中产阶级家庭出身，父母都是北京名牌大学的教授，没有吃过这样的苦。听他描述他曾经的艰苦，我觉得我那50美分一瓶酱油的拮据，根本不是什么事儿。前途是光明的，眼下这些困难都不是事儿。

我在美国头半年的生活用品，相当一部分来自救世军（Salvation Army）。我的第一辆自行车是和另外一个同学一起买的。半新的两辆自行车加在一起10美元。有了自行车，我们就可以去逛庭院出售（Yard Sale）。吃饭的碗、台灯、厨房用品、镜框、笔记本、滑冰鞋这些东西似乎都是用1美元、2美元从庭院出售和救世军买来的。有些东西用了十几年都还没有坏。

我喜欢逛庭院出售和救世军的习惯持续了很多年。即使后来我的家庭收入一年有15万美元，但到周末的时候，我还是喜欢去庭院出售上看看，当然那个时候已经很少在庭院出售买东西了。一方面是去怀旧，更多的时候，是提醒自己少买东西。看一些老人去世之后整家销售（Estate Sale）的时候，你经常会感慨一个人的一生怎么可以积攒那么多完全无用的东西，成为堆积成山的破烂。这个时候就会不断提醒和告诫自己，除非是真正有用的东西，尽量不要轻易购买东西，否则最后你的家就会变成一个堆满破烂的大仓库。

这个习惯在我写这本书的时候又被加强了一下。我给自己立下一个约束：就是每买进一样东西，无论是什么东西，家里必须扔掉一个同样大小的东西。比如我买进一件衣服，必须清理出去一件衣服。买进一件家具，家里也要清理出去一件家具。这样一方面可以保持家里宽敞和轻松的生活环境，另一方面可以抑制自己的“冲动型”消费。很多消费如果仔细分析，其实都是因为你在享受购买和拥有的那一刻心情，而需求本身是被想象出来的。女士们，你们真的需要那么多鞋、那么多衣服吗？男士们，你们真的需要那么多电子设备吗？厨房真的需要那么多用具吗？仔细看看，你们家里有多少东西是你十几年都没有碰一下的？

03 奖学金生死线

来美的第一学期，我担任一门本科专业课的助教TA（Teaching Assitant)。可能是我 GRE 和 TOEFL 分数比较高,让学校觉得我即使没有美国的生活经历,也可以胜任这个角色。我的导师是一个叫迈克(Michael)的中年人,他一个典型的美国人,一个热情开朗充满阳光的人。不过他对自己的工作却不是特别努力,工作虽然一丝不苟,但是按时下班回家,一到周末连影子你都找不到。

可是我对自己的口语不甚满意。我怕辜负他对我的期待,所以工作得格外努力。每次上答疑课,我都会把所有的作业在黑板上讲解一遍完整的过程。其他助教的答疑课,总是零零星星地来几个学生。我的答疑课经常来十几个学生,有时甚至超过一半。因为跟着我做作业,比他们自己做作业要快一点。

那个时候还没有流行用 PPT 讲课。每次上课之前,我都会先到教室,问一下迈克是否有什么公式需要提前写在黑板上。其实我也知道他并不介意自己一边上课一边写那些公式。但是我想额外的认真态度总是好的。每次下课之后我都会在教室里多逗留一段时间,直到最后一个同学走。这样有什么问题我可以迅速帮他们解答。也许是我的努力和用心,同学们对我的评价一直很好,迈克对我的工作也很满意。

这样努力是因为我想把这份工作做好。每个人大多数时候都渴望获得周围人对自己的认可,而这些认可又会促进他进一步努力工作和额外的付出。一旦进入正反馈,一切都变得顺利而容易。

但是我这些努力最开始的动力,并不完全源自对学习的热爱,在很大程度上是财务带来的压力。我不得不把这个工作做好,因为我需要建立属于自己的良好口碑。学校给我的助教位置,只支持我一年。第二年,我必须得找到一个研究助理 RA(Research Assistant)的工作。有了资助,才能支付我的学费和生活费。如果失去了学校的资助,我就没有钱注册足够多的学分,就没有办法保持自己合法的 F1 留学身份,我就不得不退学。

在美国退学和在中国退学可不一样。因为我是学生签证身份,一旦退学就必须离开美国。所以找到研究助理的工作对于其他美国人而言,可能是改善经济状况,可有可无。对我却是生死攸关,必须全力以赴的重要事情。

迈克在第二学期一开学，告诉我另外一个学院有一个研究助理的位置在招人，我毫不犹豫就决定去申请这个位置。很多博士生在申请研究助理的时候，会想着和他们的研究兴趣是否一致，以及研究助理的工作是否能对他们博士论文有所帮助。我没有这样的奢侈想法，因为研究助理和全额资助对我来说是像呼吸一样重要的，一口气都不能断。

那天导师面试的时候，很多学生都是拿着自己的简历去应聘的。我去之前，把这个教授要做的研究内容弄明白之后，花了一个星期的时间，把整个实验室的改造方案用图纸画了出来，然后把实验室改造实施计划、预算、日期安排打印出来装订好。面试的时候，几句话介绍完我自己，我就把这些材料在她桌子上一放。

这位教授几乎没有问我任何简历上的问题，而是花了一个多小时和我讨论我写的实验方案。面试结束出来之后，我知道这个工作自己肯定拿到了。

学习对我来说从来不是一件难的事情。这其实非常感谢在中国大学里打下的基础。虽然我上大学的时候，本科生的学风并不好，但是中国大学理工科的分科往往比较早，大四的时候理工科学生都会被安排上本专业分支领域里很深的课程。这些课程的深度往往相当于美国研究生的课程。等到读研究生的时候，因为中国的硕士研究生是两年半的学制，所以论文深度比美国一年制的硕士要深很多，相当于小半个博士的论文。有了这些基础，对我来说，写一个实验方案非常轻松。美国的博士生课程也很容易，大部分是我很熟悉的内容。

到美国的第二学期，我选了四门课，同时还要兼职一份助教和研究助理的工作。助教和研究助理的工作，从理论上讲都是每周 20 个小时，但是按照移民局的规定，我的兼职工作每周不能超过 20 个小时。所以那份研究助理的工作，我干脆就没要钱。我和聘任我的教授说，我先免费帮她做，以后正式转成研究助理了再说。

我几乎每天都泡在实验室里。从早上 8 点一直到晚上 11 点。每次晚上我到工程学院大楼里的时候，我发现大楼里剩下的几乎都是中国学生。中国学生从中学开始就有晚自习的习惯。其实这个习惯很好，这样让我们每天有三个四小时的完整工作时间，分别是上午 4 个小时、下午 4 个小时和晚上 4 个小时。似乎其他国家的留学生或者美国学生没有像我们这样的作息表。

我做的这份研究助理工作，涉及整个实验室的改造。第一件事情，就是把原有的实验室一分为二，要修一面 4 米长、3 米高的墙。我没有去请外面的承包商（Contractor）来修这面墙，因为我觉得这是锻炼自己动手能力的一个好机会。我雇美国同学开车去商店直接买来了大张的石膏板（Drywall），然后从安装桩子和梁开始，打上龙骨，然后把石膏板安装在龙骨之上。

那个时候还没有油管（YouTube）这样的东西。我去图书馆借了一本如何装修的书，也咨询了美国同学，之后就开始自己摸索着干了起来。美国同学普遍动手能力比中国学生要强。因为他们从小家庭的居住环境，让他们有修房子和修汽车的经验。中国学生多半是在高层公寓里出生，他们对很多装修工具都不熟悉，甚至从来没有见过。

这个经验其实对我后来自己装修房子有很大的帮助。年轻的时候多吃些苦，多学习一些东西，肯定不是件坏事。虽然那个时候我还没有想到，自己以后会投资房地产。只是觉得到了美国这样的新环境，不会的东西我应该学一下。实验室的改建涉及墙、吊顶、架空地板、通风空调系统。经历过这样一个大的装修之后，我最大的收获就是以后不再害怕任何和房屋装修有关的事情了。美国的房屋多半是木质结构，大部分装修其实是简单的木工活，公差精度要求不高。只要弄懂它们基本的建造机理，房屋装修都是可以 DIY，凭一己之力去完成的。

我花了半个学期的时间改造实验室。装完墙后我去改装通风空调系统，安装过滤器和控制元器件。虽然那半个学期，我没有因为这些劳动有额外收入，但我觉得自己的收获很多。更重要的是，我和自己未来的导师建立了信任和默契。别人解决不了的问题，失败的实验，最后总是让我出面去解决。也是因为这些信任，我一直有比较稳定的研究助理收入。她经费再紧张，也总是保证我的资助充足。在整个博士工作期间，我不用再担心钱的问题。

人都是善良和有同情心的。年轻的时候不要太在意一时的得失，如果有机会让别人欠你一些人情，肯定是件好事。我们俗话里经常说“先做人再做事”，基本上就是这个道理。

04 外快

我当时一个月的奖学金大概是1200美元。扣除基本的房租水电和饭钱之后，我每个月可以节省下500美元。我用的家具都是其他毕业同学转卖或者免费给我的。那些床垫、电视和家具，其实看着都挺好的。我没有奢侈的一个人住，而是和其他几个中国学生生活在一起，分担房租，这样生活也充满乐趣。

差不多过了10个月之后，我存了4000多美元，有足够的钱去买自己的第一辆汽车。买车的时候，汽车店里的人总是会问你：每个月可以负担多少钱？比如你说如果每个月有200美元的预算，他们会帮你反算过来，你应该买什么样价位的车。这种不看总价，只看每个月月供的买车方式是车行最容易做手脚的赚钱方式。

这时候我想起来老宣在我一下飞机的时候给我的劝告——那五条理财真经。买车不要贷款，我才不上汽车店销售员的当呢。我有多少钱，每个月有多少预算关你什么事？所以我理都没有理他的话。我就是要现金买车，而且我有多少现金也不告诉你。用这个办法，我买了一辆自己的车，一辆五年新的本田思域（Honda Civic）。和我同时期来的同学，也有贷款买新车的。我印象里有个女生存了两年的钱加上贷款，买了一辆甲壳虫新车，只是因为她喜欢甲壳虫车的外形。

车对我来说只是获得更大自由的工具。那些所谓的车型、形象宣传、操控感、百公里加速度，我觉得都是商家的阴谋诡计。其实大家都知道，你的收入情况是怎么样的。你的生活品位可以通过各种方式表达和投射出来，比如你的言行举止、你的着装、你的谈吐。大家其实不会因为你开一辆甲壳虫或者宝马，而觉得你更像淑女和绅士。你也没有必要通过这些东西来自我表达，那只会说明你是多么不自信。

这就是我自己的性格特点，我不是特别喜欢表面浮夸的东西，我喜欢实实在在的真相。我也不介意别人如何看我。我更介意的是，自己如何评价自己。那些生活在别人目光里的人，在我看来，都是随波逐流、人云亦云的傻瓜。生命只有一次，为什么不做一个特立独行的人呢？

有了自己的车，我迅速地提高了自己的生活质量。一方面，我不用再靠别人帮忙去买菜；另一方面，我也可以帮助别人。通过帮助别人，让自己认识更多的人，扩大自己的交际圈。因为能开车了，通过这些交际圈，我可以兼职挣一些外快。

印象最深的是一个录音的兼职外快。有一个中国台湾人在写一本给美国人和其他西方国家人用的、学中文的教材。他在找一个有标准普通话发音的人，录制教材中的中文对白。看到广告，我立刻打电话过去。我告诉他，我的中文很标准，因为我刚来美国不久，还没有被美式中文发音污染。现在想想，这个“美式中文发音”实在是我为了证明自己独一无二，捏造出来的。第一代中国人移民，哪里有什么“美式中文发音”。那个台湾人问我：“你是北京人吗？”

我说：“不是北京人，但是北京人的普通话其实并不标准，他们有很重的儿化音，相当一部分儿化音是多余的。另外，他们说话的夸张腔调和油滑语气，也不应该是中文教材使用的标准发音模式。”

我在中国的北方和南方生活了几乎一模一样多的时间，所以我的口音里几乎听不出任何方言的痕迹。如果我和东北人相处一阵子，我说话就会稍稍带着一点东北腔。如果和河南人待一起，我就会被他们带着说河南腔。和寝室的南方人话说多了，有的时候就 L 和 N 的音不分，我有时也会跟着有些混淆。总之，我的语音才是正宗的普通话，融合各地方言特点。

可能是我说的道理打动了他，也可能是我电话里的普通话听上去还比较标准。台湾普通话虽然也标准，但是他们总是不可避免地带着一些台湾腔。于是他同意我去他录音棚里去试音，一个小时 15 美元。

我对每小时 15 美元的收入并不是特别在意，只要有钱挣就可以。我觉得到了一个新的地方，就应该尽可能地去探索这个地方，尽可能地接触更多的人，了解可能的一切机会。录音持续了一个多月，我挣了一笔不大不小的外快，大约500美元的样子。我也学习到了一些新东西，比如我知道在录音的时候，如何控制自己的语气和语速，如何控制呼吸，如何用主观意志控制自己，做到不带任何一点儿地方口音。当然最重要的是有这段经历之后，我对自己的声音更加自信了。大部分人第一次听自己的声音都会觉得很奇怪，甚至担心有些难听和自卑。我则没有这些问题。另外，想到教材里我的声音能够被众多的中文学习者反复聆听和模仿，这本身难道不就已经足够让人快乐了吗？

05 实习

我用了一年半的时间，以几乎是全A的成绩修完了所有博士毕业需要的课程。好像只有一门课是A-。我在想，其中很大的原因，可能不单是自己基础比较好，还有自己花的时间比其他同学多。和我同时期来的也有中东和泰国的学生。泰国在亚洲经济危机之前，经济如日中天，很多泰国的有钱人把他们的子女送到美国来读书。

其中有几个泰国同学和我关系不错，他们基础也很好，人也很聪明，但是他们似乎没有我这样用功。我觉得很大的原因是，当时我相对贫穷。因为贫穷，所以没有安全感；因为没有安全感，所以需要格外努力。

我和很多中国学生一样，是没有退路的，我们并不打算毕业之后回到中国。我们需要良好的成绩和口碑帮助我们在美国找到工作。而那些富裕国家来的人，他们读书只是为了镀金。

外国富裕家庭来美国留学的人，他们的体验往往只侧重书本的知识，并没有融入这种全新的生活方式。我这里是不带任何种族和地域偏见的。因为在我当时的同学中，还有一个是中国台湾来的留学生。他也是地地道道的中国人，他家里给他在台湾安排好了未来，他读博士的时候，家里已经帮他在台湾大学里基本谋好了教职，所以他只需要拿到博士毕业证，回去之后就有一份稳定体面的工作。读书的时候我看他也不是很努力，每天忙着和自己的太太过过小日子，只是到学校里上上课、交交作业走流程毕业。

一个人一旦树立了一种固定的口碑和人设，那他就会努力地去维持这种口碑和人设。我在我们专业的圈子里，不知怎么的，稀里糊涂就变成了中国来的学霸，所以我就会更加努力地去证明自己是个学霸。实验室搞不定的事情，大家都会来找我。复杂和有难度的作业，大家都找我来对答案再上交。

因为我预期其他同学会来找我对答案，所以我就必须第一个把作业做好。这逼得我没有拖沓的习惯，每次作业布置下来，我总是努力当日完成。我当时的一个座右铭就是“今日事，今日毕”。因为实验室有搞不定的事情，大家习惯了都会来找我，所以我对实验室所有的硬件和软件，比任何人都更加熟悉。

一个人是很难在孤独中做成某件事情，或者成为某一种人的。目标的实现往往都是他所处的环境与自身在互动的过程中渐渐达成的。如果你有某个目标，成败的关键是能否给自己制造这样的一个环境。我大约是在这个时候明白了这个道理。这个道理也是让我后来在开始制订自己10年1000万美元理财计划的时候，决定先营造这样一个环境和期待氛围，然后在这样一个环境和氛围中，推着自己一步步去实现这个目标。

换一句话说，就是闷声做不了大事。如果要实现某个理想和目标，最好的办法就是先把这些理想和目标公布出来。因为只有公布出来的目标和理想，你才会感受到周围人的压力。也因为这些压力，会让你更加努力地去实现这些目标与理想。

我的助教第二年就结束了。因为我有比较好的口碑，当一个挺不错的咨询公司来我们专业招聘实习生（Intern）的时候，迈克极力推荐了我。当时办公室十几个学生一起去竞争这个实习生职位。最后拿到了录用函（Job Offer）的只有我一个。当然，在美国要出去工作，没有车是不可能的。也是亏得我第一年攒了些钱，买了一辆车，让自己有了这方面的自由。

有了这个Intern的工作，我的收入进一步提高了。我读书的时候有两份工作可以挣钱，一份是学校给我的一周20小时的研究助理工作，一份是每周20小时的实习生工作。移民局在F1签证的规定里，明确说明全职读书的学生每周工作最多不能超过20小时，但是有一个课程训练（CT，Curriculum Training）例外。课程训练的许可申请批下来之后，我就去公司上班了。

当然，我也得感谢自己的导师，这方面她并没有限制我。她还是从教书育人的角度出发，认为去工业界工作一下，对我来说是件好事。再说，她交给我的工作都可以完成，所以她并没有什么道理反对我每周去咨询公司工作两天。

工作内容对我来说其实一点儿都不难。不过那个时候我第一次比较深度地接触到美国中产阶级的生活，对他们的财务状况有所了解之后，感到有些吃惊。总的来说，就是美国的中产阶级比我想象的要穷很多。

我在咨询公司的工作搭档是一个叫作大卫（David）的美国人。他这个人和他的名字一样，都是美国最普通、最不起眼的。他有些憨厚，稍微有些胖，老老实实地工作，老老实实地交税，老老实实地谈女友、结婚生孩子。他们的思维很淳朴，一辈子生活在他们从小长大的地方，从来没有到其他地方生活过，也不知道其他地方的世界到底是怎么运行的。他们的大体印象就是美国最先进，其他地方不是战乱就是贫穷。大卫每天只是上上班，下班之后去跟朋友们约会一下，周末去教堂祈祷一下，然后去山里头消耗一些时间，每年争取出去度假一次。他并没有什么太高的理想，也没有什么远大的抱负，也不关心世界有哪些变化，只想过平静简单的生活。

大卫和我关系很好，第一次拿到工资单的时候，我看不懂，因为觉得东扣西扣的，似乎比我原来预期的少了不少钱，于是就向他请教。他详细地给我解释了一遍每个扣除项：联邦税、州税、失业保险、社保、健保（Medicare）、延税退休计划（401K）[1]。听我抱怨美国的税太多，他就把自

---

① 401K，也称401K条款，401K计划始于美国20世纪80年代初，是一种由雇员、雇主共同缴费建立起来的完全基金式的养老保险制度。

己的工资单拿出来给我看他交了多少税，还和我一起进行对比分析。大部分美国人是比较注重隐私的，不愿让别人看到他们挣到多少钱，但是大卫人很憨厚，他似乎不是特别介意。

我看到他当时的工资大概是一个月 4000 美元的样子。他本科毕业就工作，年薪大概是 5 万美元。在各种七七八八的退休保险、社会安全税和联邦税扣下来之后，他每个月到手的钱只有不到 2500 美元。

而我因为是做两份工，一个是学校的研究助理，另一个是在企业的工作。我每个月净到手的收入竟然比他还要高一些。我没问他每个月可以存多少钱，但我看得出他基本上是一个月光族（Live Paycheck by Paycheck）。因为那些账简单一算就知道。他租的公寓，一个月就要 1200 美元。他要支付各种生活费和汽车贷款，还要出去玩，我估计他平时一分钱也省不下来。而我却可以省挺多的钱，每个月我可以存 1500~2000 美元，因为我在学校的收入不需要扣除各种社会保险和养老费。

你的收入再高，如果每个月没有结余，那就好比你在一条大河里游泳，河水流量再大，你再辛苦地划臂，也是白忙活一场，什么都不属于你。相反，即使你收入低，但是如果你能控制自己的支出，能有结余，哪怕是条小溪，只要有水坝，就一定会有一池子属于你的水。

在银行电子支付还不发达的时候，你的财务流水至少还能在银行稍作停留，让你享受一下挥手书写支票的快感。银行电子支付发达之后，银行只是给你一个账单，你那些辛辛苦苦挣来的钱进来转瞬就又出去了，好像你不曾拥有过那些钱一样。

那个时候，我还和大卫争论了一下，退休金和社会保险的必要性。我说这是一个没有道理的荒唐事情。社会保险等于我年轻的时候，每个月挣的钱交给政府，然后指望老的时候政府来养我。干吗不能变成我每个月存钱，我老的时候我自己养自己不就行了。经过政府这一道手续，效率肯定低，难免有大锅饭式的浪费。

401K 也是一件荒唐的事。我为什么要把钱交给公司指定管理的计划里，然后按照基金公司的规定去买股票。为什么我不能自己存钱自己管理。我从小就知道把钱交给别人管是一件很危险的事情。我的猪娃娃存钱罐里的钱，交给我妈妈去管，之后就再也没有看到那笔钱的影子。连亲妈都靠不住，那些职业经理人怎么可能靠得住？这世上，可能没有人比你对自己的钱更加上心了。

大卫跟我说，那万一有的人不存钱怎么办呢？年轻的时候不存钱，老了之后政府总不能让他们流落街头。我就跟他反着说，我说因为政府告诉大家，政府不会让大家流落街头，大家有了这样的期待，所以他们自然就不会存钱。要是政府明天就告诉大家，你们各管各的，没钱了自己饿死活该，估计每个人都会兢兢业业地把自己照顾得好好的。

他说以前也是这样的，后来大家发现不行，所以才变成现在这个样子。然后我们讨论了很多大萧条和社保基金起源的事情。一个好的社会需要给每一个人最基本的保障，让每个公民都有安全感，知道在最糟糕的情况下仍然有饭吃，有地方可以睡觉，也许这些可以作为社保存在的理由。只是我不知道401K存在的道理是什么。他也讲不出来，到底是什么样的经济危机促进了401K的生成？为什么不让人们自己管好401K，而是一定要通过公司指定的投资基金？

大卫是月光族还是能存钱下来我管不着。反正我当时既不用扣401K，我在学校的收入也不用扣社会安全税和Medicare，所以我的钱包鼓鼓的，不像他每个月要吃光用尽，然后将来可怜巴巴地看着账单等政府给他养老，或者等基金经理给他好的投资回报。我要把钱捏在自己的手里，也要把自己的命运捏在自己的手里。

另外，我也对大卫深深地同情。他是一个特别朴素、认真工作的人。可是这样的制度，让他根本没有办法去做任何的主动投资，发挥自己的聪明才智。往好了说，他是大河里整日奔忙的游泳健将；往差里说，他像骡子和马一样，每个月辛辛苦苦周而复始地工作。工作了一年，手头却一无所获，搞不好还要倒欠信用卡公司一笔债。很多美国人圣诞节买礼物的钱，要到来年2月份才还得清。一方面，自己信用卡上以15%的利息还着学生贷款；另一方面，自己存401K，然后指望基金经理能认真负责地给自己7%的投资回报。政府还煞有介事地说自己的政策好，为中产阶级谋求了福利。

问题是这样年复一年地工作，因为你没有存款，所以你永远处在各种风险之下。年终的时候，大老板开会，还专门强调，我们的公司兴旺发达，大家不用担心失业，我们还会继续雇用更多的人，不会解雇任何人。难道不失业，就是努力工作的最高追求吗？这样永远没有存款，吃光用尽，一眼望不到头的日子可不是我万里迢迢到美国来想要的。

我在中国的时候，虽然收入低，但是大家从来不用担心失业的风险。至少年轻的大学生是随时可以找到工作的。大部分企业都是扩张、扩张，再扩张，中国好像没有哪个公司认为自己只要不用裁员就是一个好公司了。美国公司不会裁员的夸耀还是经济繁荣的时候公司 CEO 说的话，经济萧条的时候，岂不是更惨。

美国中产阶级的生活其实比我们想象的要苦。只是他们中间的大多数从来没有和低税的地区，比如中国香港、新加坡、日本、中国台湾做过比较。他们沉重的经济负担，并不是来自工作，而是政府通过各种名目轻易地就拿走了他们三分之一以上的收入造成的。而且你挣得越多，政府拿走得就越多。

中国那个时候还没有社会保险，个税也不严格，也是一个低税的国家。你挣的每一分钱都是你自己的。相比之下，我似乎觉得后者更好一些。可是我这个道理，没有办法说服任何一个美国人。也许是美国社会整体经济更发达，说起这个话题的时候，他们总是天然地觉得，美国的制度要比落后的亚洲发展中国家先进很多。

每次和人讨论这个问题，进行辩论的时候，我就说，如果觉得这样的制度好，为什么不给人民一个自由的选择。一种是你交纳社保，老了让政府来养你。另一种是选择今天我什么费用都不交，以后我也自己管自己。我相信用脚投票的时候，绝大多数的人会选择后者。

我是经历过包产到户之前“大锅饭”时代的人。“大锅饭”的时候，一切听上去都很不错，往往都是拍着胸脯大包大揽，其实最终什么也包不了，既无法保证你能有病看得起医生，也无法保证你孩子有裤子穿。单干户的生产积极性显然比“大锅饭”更有效。不过这些道理，永远和美国人说不清，渐渐地我也就放弃了。我觉得他们大多数人抱着一种天然的信仰，就是他们现在这个制度应该是比较好的，至少比当时落后的中国好。

别人的事情我管不了，我自己的财富增长得很快让我很开心。我在这家公司做了大半年实习生之后，手上差不多有了 1 万美元。那是我第一次拥有 1 万美元，按照当时的汇率，折合 8 万多元人民币。我看着银行里的存款，着实激动了一番。手上有粮，心中不慌，有了基本的储蓄，生活才稍稍有些安全感。手上一分钱都没有的人，一个风吹草动，生活就会给你颜色看。

现在我不用特别担心下个学期我没有奖学金资助了。以前没有资助，就没有办法付学费，没有足够多的学分（Credit Point)，我就不能保持合法的学生身份。现在不一样了，实在不行，我也是可以自己付学费的。

当然并不是所有的事情都一帆风顺。学习本身不是一件难事，我自己的博士论文也进展顺利，实验室大大小小的事情我都可以搞定，可是我唯一搞不定的就是我的英语。有人有语言的天分，有人没有。很不幸，我就属于后者，我的英文写作一直不是很好。这件事情困扰了我很多年，包括今天，我在写这本书的时候，为了更好地表达，我只能拿中文写作。

当然，也可能是我给自己找借口。每个人的内心都是自己永远正确，我也不能例外。我的理由就是我没见过一个中文和英文都能写得很好的人，除了极个别的语言大师，比如林语堂、梁实秋这样的人。似乎一个人脑子里能够承载的语言能力，只有这么多。如果你中文很好，你的英文总是会弱一些。你的英语听说可以很好，但是可能写作不太好。英语写作能力很强的人，中文肯定写不好，不会有那种流动感，语言本身也会干巴巴的。两种语言总是顾此失彼，一个人只能擅长用一种语言来写作。

我在用英文写作的时候，我的注意力会关注在语法和结构上，写作的灵感就会顿时失去。灵感这东西有时候是非常微妙的，用键盘写作和用纸笔写作，灵感都会不一样。所以，我用英文写作的时候，写出来的东西总是像数学公式一样干巴巴的。

我用了两年半的时间完成了博士论文的绝大部分内容。可是其间我几乎用了一年半的时间写我的博士论文。怎么写都是不对头，只能复述干巴巴的结果，没有思如泉涌的感觉。这让我很痛苦，我的导师对我也颇有怨言。她帮我改过我写的期刊论文，但是这次明确对我说，不会花时间帮我改我的大论文。大论文是我唯一署名的作品，无论是内容还是语言本身的问题，都需要我自己去解决。

我没有办法，只好辞去实习工作，开始了漫长的撰写论文的努力。英文写作可能是很多中国人在美国难以克服的障碍。我后来工作中的一个白人老板开玩笑说，“你们中国人会写英文文章吗”？（Can Chinese write English?）他这话有些歧视的味道，但的的确确是大实话。他说从来没见过任何一个来自中国大陆的中国人写出一篇好的英文文章。我也没见过具备写中文长篇能力的人能写出一样好的英文文章。我的导师对我很同情。她建议我干脆用中文直接写，然后再翻译。我说不行的，两种语言的思路不一样，不是一个简单翻译的问题。语言中有很多承载信息的描述。但是无论哪种语言，50%以上的内容，其实都是修辞，即使科技类文献也是如此。没有修辞的只有计算机编程语言，可是那样的语言没人愿意看。

因为没有了实习工资，我的收入一下子减少了很多。每个月我只能存 500 美元了，一直到毕业都是这个样子，我也开始寄一些钱给国内的母亲。直到毕业，我自己手头的存款一直保持在 10000~15000 美元。

06　投资宣讲会

当然，我的生活也不是一直惨兮兮的只有存钱和继续存钱。生活有了基本的安定之后，我很快迷上了各种户外活动。冬天最喜欢的就是滑雪。我会买一个雪季的滑雪通票，然后冬天每个周末都去滑雪。夏天的时候，我和老宣经常一起去钓鱼。钓鱼其实是个性价比很高的运动。你买钓鱼证，一年也不用花多少钱，但每周都可以有新鲜的鱼吃。我还经常去周围爬山。有了车，可以去的范围很大，我把周围的国家公园都逛了一遍。

周末的时候，我还喜欢做一件事，就是到市中心去听歌剧。歌剧的门票并不贵，因为不是什么大牌的歌星，只是当地的一些演出。每次门票大概是 5 美元，但是在我听来，一点都不比那些大牌的歌手唱得差。

我有的时候还去救世军（Salvation Army）鼓捣一些旧货，弄得最多的就是密纹唱片。我买了一台二手的旧电唱机，然后去听20世纪60年代一些旧的爵士乐的老唱片。那些唱片往往一张只要10美分，找到好的唱片可以让你听一个晚上，快乐一个周末。

我干的另一件事情就是大量地阅读书籍。周末我喜欢从图书馆借一摞书，然后把自己关在屋子里一口气读完。当地的一家二手书店，也是我经常去逛的地方。大部分二手书籍只要1~2美元一本。这些阅读让我进一步开阔了视野。

我说这些并不是想说自己多么会过日子。其实快乐与否和钱的关系并不是很大。我们大部分的娱乐活动并不需要太多的花费。有钱的时候你可以多花一些钱，钱不多的时候你可以少花一些钱，获得的快乐其实差别并不大。同样一本书，新书可能是20美元，旧书可能是2美元。一本好书就是好书，新书还是旧书，早看还是晚看差别不大。

夏天我还喜欢干一件事情，就是去山里住在一个小木屋（Cabin）里面。当时一个朋友，在山里有一个祖传的小木屋，所以并不需要我们去支付旅馆费用，但是需要我们自己带被褥，走之前打扫干净。Cabin修在山里的一条小溪边上，可以在那里飞钓（Fly Fishing），钓山间溪水中的鳟鱼。

美国有美丽的山河、朴实的人民，你和当地的老百姓几乎所有的接触都是令人愉快的，陌生人会在街上对你微笑打招呼。一开始，我们这些在中国拥挤城市里长大的人，对陌生人打招呼微笑的行为有些不适应，不过我很快就喜欢上了这样淳朴的方式。后来我发现纽约的人民和上海的人民没有什么区别，也是对陌生人一副冷冰冰的脸色。这可能和城市密度有关。乡村的人民总是友善的。

当时我在图书馆里借阅的书籍很少是和经济有关的。除了存钱，我当时对投资理财一窍不通。我们课题组的办公室经常放一份当地的报纸，报纸最后两页，密密麻麻地印着各种股票的价格。我们很多学电子工程和计算机的同学也在兴奋地谈论着各种股票。我对美国所有的股票都一窍不通，报纸上的那些代码对我来说如同天书一样。

但是因为大家对股票的热情很高，中国学生学者联谊会就组织了一次股票投资的专场介绍会。我们那个城市的一个证券基金过来做了一个投资的科普，顺便做一些广告宣传工作。

那次广告宣传工作和我之后看到的所有投资基金的广告宣传基本上都是一个套路。开场白就是告诉你复利有多么重要，如果你每个月投几百元买入股票，连续坚持二三十年，就会获得多么丰厚的回报，然后就鼓励大家购买它们的基金。如果是经营退休保险产品的公司，就开始鼓励大家购买它们的退休保险。

当时来介绍的是两个刚刚工作的年轻人，大概也没有什么经验。反正知道我们都是穷学生，不期待能卖出什么产品，公司就派年轻人来锻炼一下。他们介绍完之后，观众席里有人问：既然股票的大盘指数股这么好，为什么要购买你们的基金？两个年轻人一下子有些答不上来，因为他们的基金压根儿就没有像指数表现得那么好。

他们当时给了一些模棱两可的解释。他们说自己的基金风险控制得更好，还有就是他们基金公司的个别基金是常年能够打败指数股的。听众席里有两种人。一种就是我这样一窍不通的傻瓜，还有一种就是自己已经开始创业的人。我印象中当时一个中国人问他的公司需要达到什么样的规模才能在纳斯达克（NASDAQ）上市？那两个来推销基金的人，显然不知道如何回答这个问题。

当然我也感到很震惊。我刚刚为自己存了 1 万多美元就沾沾自喜，而周围的老中都有公司快上市了。人和人怎么差距这么大呢？因为刚才那个问问题的人来美国也不过才六年。

2000 年之前，到处流传着各种网络泡沫的神话。有些神话是真实的，有些神话是添油加醋、以讹传讹的。当时大家都想去有 IPO 的公司。一个比我早来一年的一个电子工程专业的女生，去了湾区的一家公司。后来大家都说她们公司 IPO 了，她一下子成了百万富翁。我也不知道这个故事是真是假，但是当时我逢人也把这个故事跟着流传一遍，反正都是茶余饭后的娱乐。现在想想可能很多当时人们一夜暴富的传说，都是吃瓜群众一遍遍地夸大其词传出来的，哪来的那么多一夜暴富？

我的专业并不是电子和计算机行业，所以IPO的可能性基本是零。可是我也想早点毕业，赶紧去工作。倒不是我特别渴望过着像大卫那样一眼看不到头的生活，而是我觉得经济要不行了，危机就在眼前，我需要赶紧毕业找工作。

07　找工作

那个时候我每周看《时代周刊》（*Time*）这本杂志。这个习惯我已经坚持了20多年，可谓该杂志的忠实读者。2000年前后有一篇文章，我印象很深刻。那篇文章是某一期的封底文章。文章说这个时候再买网络公司股票的人和参加邪教组织没有什么区别。参加邪教组织的人，他们被完全洗了脑，不会听从朋友和亲戚的任何劝阻，把所有的身家性命，拿去给了邪教。当时网络公司如此高的估价，还相信股票会一涨再涨的人，就和那些参加邪教和传销组织的人一样，已经没有办法再和他们讲道理，只能看着他们自取灭亡了。

这篇文章简直救了我。后来很多年里我一直特别关注《时代周刊》关于经济类的文章评论。《时代周刊》不是一本财经类杂志，所以它不经常写财经方面的评论。不像其他财经类杂志，为了销售额和吸引读者眼球，往往喜欢语不惊人死不休。大家关注什么热点，杂志就追踪什么热点。

《时代周刊》关于大的经济形势的文章，经常需要半年、一年，甚至两年才出一篇，但是每次对大的形势判断都很准。2000年的时候是互联网泡沫的顶峰，我是从这篇文章中学到的。2007年前后，《时代周刊》出过关于房地产泡沫的警示性文章。2012年前后，《时代周刊》出过一篇文章，告诉大家经济会持续繁荣下去。那篇文章还写了一句幽默的话，说这个持续的繁荣千万不要让普通民众和外国人知道，因为那样会招惹很多热钱进入股市，而热钱的进入会导致“泡沫破裂”和经济危机。《时代周刊》因为不是财经类杂志，所以这些年我一直拿《时代周刊》的经济评论，作为自己对大经济形势的判断依据之一。

互联网泡沫在千年虫危机平安渡过之后达到了顶峰。我当时觉得我一定要赶紧毕业。我需要在大萧条降临之前找一份稳定的工作。这个判断是正确的。几乎就差了半年，就业市场就发生了翻天覆地的变化，从满地都是工作到一个面试机会都找不到。

可是我的论文答辩还没有正式结束，就和导师提出，我需要去赶紧工作了，不然后面就再也没有工作的机会了。她似乎很理解我。当我把论文草稿交给她的时候，她就同意我先出去找工作面试，再答辩。所以从这点上来看，我还是非常感谢我在美国一开始遇到的两位导师。他们都不是以自己的利益最大化为目的的。人性是自私的，大家在这点上差别都不是特别大。好人就是在自私的同时还要顾及别人的感受和别人的利益。而那些被冠以坏人称谓的，往往是自己利益最大化，自己的感受最重要，完全无视他人的情感和得失。

08　股票基金

当然在这么巨大的互联网泡沫面前，我也不是没有干傻事。当时我读了厚厚一本中国人写的美国投资理财的书。这是一个在美国的中国留学生自己用中文写的书，自己印刷出售。书名我已经忘记了，这本书介绍了美国的税法以及401K、个人退休账户（IRA）、Roth IRA、养老保险这些退休理财产品。这本书是我对美国各种退休计划的启蒙书，但不是一本好书。它只是介绍了相应的法律条款，并且推崇几乎所有的避税和延税的退休养老计划。书的总体建议就是基金产品大家早买早好，多买多好。

我按照他的建议去当地的一家基金公司开了一个账户。那家公司是在互联网时代赫赫有名的一家基金公司。和富达（Fidelity）这样的百年老店不一样，这个基金公司的口号是“因为专注所以专业”。它们每个基金涵盖的公司数量比传统的基金要少很多，所以在互联网泡沫时代连续保持了十余年的高回报。按照我读的老中写的启蒙读物的建议，各种避税和延税退休理财产品中最好的是Roth IRA。所以，我就去那家基金公司开了一个

Roth IRA 的账号。那天是公司新基金认购，门口人山人海，排队排了半个多小时，才轮到我被接待。

我当时是和我的女友一起去的。前台给我看了一个基金介绍手册。那些基金长长的名字，让我实在无从判断哪个基金更好。我女友更加天真可爱，她说手册上这个基金经理长得蛮帅的，估计比较靠谱。各类基金的说明上，除了基金经理的头像，实在看不出其他任何有用的信息。因为每个都写了一堆花里胡哨的好听的话语，要么就是成长，要么就是平衡，要么就是稳健，要么就是资深业务员，行业历练多年。人和人沟通，如果你没看懂或者没听懂，很多时候是因为表述者不想让你看懂和听懂。投资基金公司就属于这类，喜欢说云山雾罩、似是而非的话。我觉得相信那些基金手册上的话，和依靠基金经理头像帅不帅做挑选依据，估计也差不了多少，所以就听女友的话找了一个最帅的小伙子的基金去投。

女人喜欢帅哥，男人喜欢美女，这是生理的本能。选总统的时候，英俊年轻的男性候选人会得到更多女性的选票。我们第一次选基金的时候，对美国证券市场的了解程度，基本上就是这个水平。我和我女友唯一不同的地方就是，我知道那些基金介绍都是胡说八道的广告宣传，而她却天真地相信。她和我争论说，美国法律监管得很严，和中国股市不一样。

我没有和她说我母亲和我小时候的故事。监管得再严格，也最多只能让人做到形式和流程上守法。当利益取向不一样的时候，你是不可能监管得住一个基金经理的人心的。我和基金经理的利益取向不可能一模一样。他赚佣金，我赚回报。当然我的女友依旧不信，她说那些基金经理也投资自己的基金的，你少用中国那些乱七八糟的例子做比对。我没有什么证据反驳她，只是隐隐约约地觉得不可全信。

我开账号的时候，因为是在 4 月 15 日报税之前，所以可以用前一年和当年的额度。我买了两年的满额，一共 4000 美元。虽然我当时知道股票泡沫严重，经济危机随时会来临，但是我女友说，这些都是职业基金经理，他们会处理好这些事情的，知道如何处理风险的。我刚想反驳，她接着说，你懂的股票知识，比起他们差远了，你才来美国几天，人家都是久经沙场了，百年老店，啥样的经济危机没见过。我觉得她说得有道理，毕竟别人是专业干这个的，而且门口那么多美国人都来买这个基金，难道还会有错？他们是长年生长在这个国家的，知根知底。我们是刚到美国几年的乡巴佬，跟着他们选择应该不会有什么错。

当然我那4000美元的投资结果，大家可想而知。互联网公司泡沫崩溃的时候，每个月寄给我的账单里都显示我的资产逐月缩水。虽然我的钱在缩水，可是他们每个月的管理费照收不误。我想他们都把我的投资弄赔了，我没找他们要补偿就不错了，他们还好意思扣管理费。怎么想都不是一个很地道的事情，可是这道理没有地方说去。我看到我的钱越来越少，越来越少。最后跌至1000美元都不到的时候，我就忍不住进去看了一下基金持有的股票到底是什么，然后发现他们持有的都是那些连我都知道会破产的网络公司。如果考虑风险调整后回报（Risk Adjusted Return）的话，这些基金经理从来没有打败过市场（Beat the Market）。股票泡沫即将来临的时候，他们也不会把钱转成现金来避险，因为跌了算你的，赢了算他的。他们对于股票公司的判断，并不比我们普通人高明到哪里去。

他们这些基金中表现最好的也就是一个被动投资人（Passive Investor），跟着大盘跑。大部分连指数都跑不过。他们主动选择的那几只股票，按照有些书上说的甚至不比一个猴子更高明。所有的基金都会告诉你，需要长期持有，即使下跌，以后还会再涨回来。他们说的是有道理的，不过并不妨碍他们用各种合法的手段包装自己基金的历史回报。

我的这笔投资就是持有时间最长的。因为总额不多，我就好奇最终回报是怎样的，到底他们可以玩什么样的猫腻。我坚持持有了将近20年，没有做任何调整。我发现他们基金的名字老在变。他们会把回报表现（Performance）不好的基金关掉，开一个新的基金。这样这个新的基金，看起来每年的回报（Return）就会更好一些。所以，你可以在市场上看到大量的股票基金宣扬它们过去10年的平均回报（Average Return）都是10%以上。但是等你真的买了，你就会发现根本不是那么回事儿，它们的各种费用也总是模模糊糊搞不清。按照它们基金招募书（Prospectus）上写的历史回报，我怎么也算不出我现在应有的资产。

我的这笔4000美元的投入，在我持有10多年之后才基本“打平”，又过了将近10年，才变成6000美元。冒了这么大的风险，20年成长了50%，远远低于大盘指数。这样的投资回报是令我不满意的。但是这些基金就是利用了人的惰性，大部分人都懒得做出改变，所以我每年都在给他们缴管理费。直到2016年我痛下决心，把基金的钱转出来自己管理。三年之后，我通过自己的投资安排，让这笔钱成长为5万美元。

这笔投资再一次印证了我一直持有的观点：没有人比你更在意你自己的钱，也没有人可以比你更上心地管好你的钱。

09 选工作

2000年买完Roth IRA之后，我口袋里只有1万多美元，没敢再去买投资基金和股票。一方面，我需要这笔钱应付不时之需，因为我马上要毕业找工作；另一方面，我有过投资氯碱化工的教训，知道买股票不是一件轻松简单的事情。美国貌似比中国的系统更复杂，水更深，我不敢贸然投资。

对于高涨的股票市场，最好的应对办法是借这个机会，找一份高收入的稳定工作。所以，我开始大量地投递简历，也拜托我认识的每位教授帮我介绍工作。很快，我就拿到了三个工作录用函（Job Offers）。这三个Offer性质基本相似，都是工程类中我自己的专业方向里偏研究型的工作，一个工作地点在丹佛，一个工作地点在亚特兰大，一个工作地点在旧金山湾区。我应该选择哪份工作呢？我知道这次的选择很重要，因为我已经快30岁了。这次选择的城市应该是我停止漂泊，安定下来生活相当长一段时间的城市，一不小心，就会有天壤之别。相比于中国的毕业分配，此刻的命运至少是掌握在自己手中的，但是此刻我应该选择谁呢？

第四章

从 1 万美元到 10 万美元

10000 美元到 100000 美元

一个人的收入再高，如果不懂得如何存钱，那么他就像一条湍急大河里的游泳者，无论怎样奋力划臂，一切都不属于你。存钱就像修筑水坝一样，你的收入再低，山间的溪流再小，最终你也能拥有一潭属于自己的清泉。

01 大城市？小城市？

大部分毕业生离开大学，选择工作的时候，都和我有一样的困惑——未来应该在怎样的一个城市生活？大体上大家都面临三种选择：

第一种是在美国的纽约、旧金山、洛杉矶、波士顿这样的一线城市。在中国就是在北上广这样的城市。这些城市的特点是工作机会比较多，信息发达，产业集中，未来自己的职场成长空间比较大。但是缺点就是生活成本比较高，挣同样多的钱，扣除生活费用，所剩无几，所以生活品质比较差。生活费用比较高的突出表现就是住房成本比较高。其他像税收、食品、水电费价格都会稍高一些，但不是主要原因。

第二种选择是在小城市。在美国就是离核心城市群比较远的地方，也就是我们中国经常说的三线、四线城市，比如美国的很多大学城。这些地方土地辽阔，住房成本低。同样的收入，扣除住房和生活成本以后，每个月可以存下来的钱更多。

第三种选择就是介于二者之间。美国可以选择的二线城市群，如亚特兰大、迈阿密、丹佛、奥斯汀，这些地方曾经属于兴旺发达的一线城市群，但是现在渐渐走向衰败；或者，可以选择如底特律、芝加哥、圣路易斯等这些地方，这些地方产业相对集中，就业机会相对较多，但生活成本又不像纽约那么高昂。

应该说我的分类没有什么依据，完全是根据自己的印象判断的。如果把读者您家的城市群划错了类别，请不要生气，我举例说明只是为了方便我的表达。

大部分人的选择，并不是从经济角度来考虑。大家选择的原因往往是他们在哪里有亲戚朋友，哪里有社会关系或者自己的男女朋友在哪里就选择哪里。有句话叫作，哪里有爱，哪里就有家。或者有人是选择哪里的风景更好，哪里有更多的室外活动的地方。还有一部分人就是单纯地比较自己 Offer 工资收入的高低，工资高的地方就去，工资低的地方就不去。毕竟很多时候，能找到一份工作就不错了。

我当时的工作机会，基本上就是在三个选择中挑一个。工作内容和公司的前途，其实差别都不是特别大。一份工作是在亚特兰大的一个《财富》500 强上榜公司的研究机构做研究；一份是在旧金山湾区的一个研究机构工作；还有一份工作是在丹佛，那里集中了很多加州外迁出来的产业，也有大量我喜欢的滑雪场。

我像很多人一样，向身边的老师和同学征求意见。大家都会先恭喜你，然后说出一些自己的想法。当时，我听到过五花八门的意见，不过几乎很少有人说应该去旧金山湾区。大家的普遍意见是，湾区生活压力比较大，太艰苦。即使偶尔有谁工作的公司上市了，突然中了头彩一样发了财，那也只限于高科技领域的公司，像我这样做传统工程领域研究的，没有这样的好运。

我那个时候的女友，更倾向于去亚特兰大，因为她在南方生活过，挺喜欢南方的。她觉得那里物价便宜，房子也便宜，生活质量会比较高。当然很多人会说，丹佛也很不错。在丹佛工作就可以享受到高科技产业的繁荣，又可以避免北加州高额的房价和拥挤的交通。

我比较尊重自己导师的意见。不过就像很多美国人一样，他们只会说一些模棱两可的话。她没有告诉我她的具有倾向性的意见，只是把各种利弊都帮我分析了一遍。如果她直接告诉我答案，责任就在她身上了。没有哪个人愿意承担这样的责任——关于你未来发展的责任。

不过，以前我去过一次斯坦福大学，我自己倾向去北加州。人是受周围环境影响的，到了一定阶段，大家的聪明才智都差不多。很多聪明人一生未能做出什么成就，只是他没有处在一个能激发他潜能的环境里。举个例子，我们这代大学生里面，中国科技大学的学生出国比例最高。并不是因为他们英语格外好，而是当我们还懵懵懂懂的时候，中国科技大学的同学们已经开始整班整班地准备 GRE 和 TOEFL 考试，在那种氛围里大部分科大同学顺其自然地被带着出国了。

我那次去斯坦福大学就观察到一个现象。我周围的同学，几乎人人都在讨论创业的事情，好像没有身兼数个创业公司的 CEO，都不好意思和其他人交流。而同样聪明的美国其他大学的中国同学，他们关心的往往只是吃喝玩乐，以及如何平稳毕业并找到工作。我们每个人每天都受到环境的影响，所以我们年轻的时候，应该选择一个对自己有更多正面影响的环境，这也是那么多中国人拼命把孩子送到名校的一个原因。

我自己在新加坡的时候就是如此。因为当时人人都想去美国留学，所以我自然被带着申请去了美国。如果是在之前国内大学的环境里，我可能从来不会想着去美国留学这件事，只是老老实实在一家公司里认真工作而已。

我选择北加州的另外一个原因是那里比较“贵”。是的，也许这和许多人的想法是相反的，他们会选择生活成本比较低的地方去生活。但是一个地方“贵”，说明那里经济发达。在中国，上海、深圳、北京显然比很多二线、三线城市要“贵”。可是一线城市是我们那个时代年轻人削尖脑袋也要留下来的地方。后来的事实也证明，我们那代人留在一线城市的绝大多数人比一毕业就回老家的，在生活和事业上普遍要更好一些。

美国也是一样，有生活梦想和抱负的年轻人，会聚集在纽约这样的大城市。而贪图安逸生活的人会选择在二线、三线城市生活。我到美国可不是贪图安逸生活的，要是图安逸生活，我连上海都不用去，在中国二线城市，娶妻生子，过过小日子就可以了。

在做出决定之前，我还去旧金山湾区看了一圈。因为聘用我的单位希望我过去一下，确保我的确喜欢那里的生活环境。在那里我碰到了我在新加坡的一个同班同学，他在北加州生活了一年，正在打包准备搬往芝加哥。他说，你不要来湾区，湾区可不是什么好地方。你看我待了一年，最后还是决定去芝加哥。我问为什么？他的解释是：湾区的房价太贵，到处堵车。他还跟我算了一笔账，就是他用不到 1/3 的钱就可以在芝加哥买到同样大小的房子，这样他每个月可以有很多结余，生活压力不会那么大。

我觉得他的选择可能适合他，但不适合我，我可能比他更有奋斗精神。房子总是给人住的，你沿着公路开车，两边一眼望不到头的都是房子。这么多房子，为什么就不能有一栋属于我。我四肢健康，精力饱满，不比其他人笨，当这些房子属于我之后，房价高对于我来说就是一件好事。

再说，房子和生活成本只是生命中的一件小事。一个人活在世上总是要有所作为的，既然想有所作为，那就应该到机会最多的地方去，到年轻人集中的地方去。聚集在一线城市的年轻人，今天是北京的北漂，中华人民共和国成立前是上海的左翼青年。无论是丁玲还是鲁迅，如果他们待在老家里，过过小日子，估计他们什么也做不成。

当然人各有志，当着朋友的面不能这么说。每个人都有权力决定自己的命运。我没有权力在别人面前说三道四，把自己的价值观强加到别人身上。再说未来有很多不确定性，谁的选择更好还很难说呢。

02 网络泡沫崩溃

我几乎是在“互联网泡沫”破裂的六个月之前才把自己的工作确定下来的。虽然我还没有拿到正式的毕业证书，但是我已经开始上班。其实大多数人都可以感觉到经济危机即将来临，报纸更是铺天盖地进行各种宣传。虽然股票价格还没有暴跌，但是影响价格的主要因素已经不再是公司盈利状况和经济基本面，而是政府政策。我当时就开玩笑说，美国的股市已经变成了一个政策市。

当时一个典型的例子就是美联储下调利率，股票价格立刻产生反弹。因为银行的基准利率下降，会让股票的估值变高。广播里的新闻报道就是利率下调，引发股票上涨。但是第二天市场似乎才明白过来，发现美联储下调利率预示着经济危机的来临，所以股票价格又转而下跌。连播音员都在开玩笑说，股市到底是希望美联储降息，还是不降息呢？

市场完全变成了一个随政府政策和领导人讲话而动的政策市，每天的价格起伏都很大。个别通信类公司的股票一口气下跌了 80%，然后又涨回到了原来的历史最高点，然后又崩盘下跌到零点。我还记得当时一个评论人说的话，他建议抛售所有的股票，他的原话是这样的："也许未来一片灿烂，也许未来是万丈深渊。但是我这一艘小小的船，承载了我所有的身家性命，我还是老老实实地躲进避风港，等风浪平息了之后再出来。"

今天回想，他当时的评论是对的。虽然我不买股票，但我从来都是通过股票价格的涨跌来判断未来经济前景的。当时在湾区，很多聪明的人都意识到一定要找一份稳定而不是高薪的工作。我去拜访我的另一位同学，正逢他进行电话面试，他说这两天创业（Startup）公司全疯了，给的工资（年薪）一个比一个高，有的是 8 万美元，有的是 9 万美元，有的是 10 万美元。但是这些公司听上去一个比一个烂，他一个也不敢去。因为对于我们外国人而言，丢了工作也就丢了合法身份，在经济危机就要来临的时候，谁也不敢冒这个险。

2001 年初，人们并不能在消费市场上感觉到即将来临的经济危机。我个人的体会是经济萧条的时候，消费市场是最滞后的一个指数。那年年初我在南湾的同学请我去吃饭，商场里人山人海，根本找不到停车位。人们一般都是在失业后，才会开始节约开支，不再在外面吃饭。举一个现实的例子，一个湾区的朋友 2002 年失业之后，为了压缩开支，在汉堡王吃了一个月的饭。

预测经济最好的晴雨表其实是富人在做大宗投资时的所思所想，他们对未来的预测可以反映未来经济的走向。大部分老百姓或者不想那么多，或者是缺乏应有的自律，都是今朝有酒今朝醉。我的行业是传统行业，所以没有太多这方面的顾虑。但我也会想，如果公司的资金有短缺的话，会怎样应对？一个大的公司首先砍掉的是与直接销售无关的研发和市场部门，因为这些并不涉及公司最基本的生命线，反而都是烧钱的部门。所以我想来想去也不知道自己的工作靠谱不靠谱，于是我就查了过去的历史，发现每次危机的时候，我所在行业的这份工作大体还靠谱。

当时我把女友也接到了湾区，她也开始找工作。当时我们犯的一个错误就是，我们彼此都想求一份稳定的工作，所以避开了所有的初创公司，而是集中寻找一些传统行业中的稳定的公司。

她当时拿到的一个工作录用函来自埃隆·马斯克创办的一家公司。当时这家公司正在急剧扩张中，面试的时候公司只有30个人，公司当时还给新招的员工配发股票。这个工作录用函最终被我和女友果断拒绝，现在这家公司的市值最高时已经达到三千亿美元，这是我们一生中错过的最大的一次发财机会。

不过当时市场的前景并不明朗，人们根本无法判断小的初创公司中哪一个会获得成功，哪一个会失败。当我们两个都拿到稳定的长期工作录用函之后，才都长长地出了一口气，似乎再发生什么样的经济危机，都和我们没有关系了。

03 自住房

对于每个搬到湾区工作和生活的人，他们就像去纽约、北京这样的城市的人一样，住房成为首要难题。首先给我下马威的，倒不是房价很贵，而是租房子都很困难。在我之前读书的那个小城市里，租房子是买方市场，选房时我可以挑挑拣拣。到旧金山湾区开始租房子的时候，房东都是一副不可一世的表情。那个时候正是网络经济泡沫的最高峰，每天都有无数的年轻人涌向湾区。

房东的开放参观日（Open House），经常只在周末的一个小时之间，其他时间拒不受理。早一点、晚一点都不行，逾期不候。通常需要申请者带足了材料，现场填表。我这样还没有工资条和工资收入银行流水的人，需要一次性交纳三个月的押金。

房租也比我之前城市的房租，贵了整整一倍。我和我的女友一起合租了一个非常小的公寓，不在湾区的核心地段，这里离我上班地点，有40分钟的车程。租金是一个月1500美元，就是这样的公寓也是我从很多竞争者手中抢着租下来的。我并不想花太多的钱在租房上，因为我想把钱省下来，尽快买自住房。

如果你打开网络，租房还是买房哪个更合算，总是讨论的永恒话题，数不清的理财顾问在这方面发表过意见。那些参与讨论的人，会一笔一笔地跟你算账，然后把房屋的折旧、房租收入、房地产税、维修费各种费用一项项列出来，帮你精确计算，究竟是租房好，还是买房好。

其实你根本不用算，因为算了也是白算。对于纽约、旧金山、洛杉矶这些房价常年持续上涨的地方，租房子永远是一个亏本买卖。因为你付出的所有租金，通通打了水漂。买房子，看上去好像每个月的支出更高一些，但是你付出的每一笔钱，都在帮你逐渐获得这个房子。只要房价 30 年能涨一倍，那么你付出的所有的钱就全部能赚回来了。

事实上，每隔三十年这些大城市房价不是涨一倍，而是涨 5~10 倍，所以你根本不要做那些复杂的算术。那些复杂算术里的各种假设，都不能准确预测未来房价的变化。

这种情形，我又在 2005 年前后在中国看到。当时上海、北京的房价已经开始飞涨，中国的年轻人也同样在计算，到底是买房子好还是租房子好。他们那些计算多半是用静态的计算方法，就是假设房租不涨，房价不涨。只有用静态的计算方法的时候，才可能存在到底租房好还是买房好这样的问题。只要是你用动态计算的，都是毋庸置疑买房更好，因为房租和房价都会上涨。

从投资上来看，买房子的好处是毋庸置疑的。更夸张地说，自住房是政府送给你的福利。买自住房总共有四个主要的好处：

第一，获得了大量政府补贴。你的房地产税和支付的利息可以用来抵税。而租房子，或者其他任何投资行为，都不可能有这样税收上的好处。

第二，你的其他任何投资行为，都不可能获得这么大额、低息、长期的贷款。股票也可以进行杠杆交易，但是为了股票杠杆你支付的利息，远远要比房贷利息高多了。

第三，货币总会慢慢贬值，而不动产是抵御通货膨胀最好的办法之一。一线城市土地紧张，不可能有那么多的新房子盖出来，总量相对稳定，房子又是刚需，可以很好地抵御通货膨胀。

第四，买房子是政府送给你钱。你拿到的是利息5%的30年期贷款。随着通货膨胀，这贷款就跟白送给你一样。你只要看看30年前大家平均收入是多少，就很容易算清楚这笔账。所以，你贷款额越高，就意味着政府送给你的钱越多。房子本身其实也是白送给你，因为只要你拿30年的数据算一下，用30年后房子的增值部分减去30年里你付出的房贷，你会发现，这个差值远远大于0。这相当于30年的实际居住成本是个远远小于0的负数，你并没有为自己的住房花一分钱。

长期来看，购买自住房，无疑是最好的投资。你随便拿出任何一组30年的数据来计算，就会发现购买自住房收益要远远超过股票、黄金，以及任何你能想到的投资方法。

我的这些想法不是凭空而来的。当时我收集了旧金山湾区过去30年的房价和收入数据，并把它们拿出来做了一个详尽的计算，发现没有任何理由会认为未来30年和过去30年会有什么大的不同。当然，在加州还有另外一个越早买自住房越好的原因，就是《13号提案》（*Proposition* 13），这是加州自己制定的一部奇怪的法律。加州的房地产税，并不是根据房价每年的实际增长而调整，根据《13号提案》，房地产税的基数固化在每年最多上涨1%。

这样一来，同样一个社区、同样的房子，不同人支付的房产税甚至会相差十倍。有的房地产税很低，是因为他们在几十年前就买了房子，所以比今天新买的人付出的房地产税要低80%~90%。我当年也是偶尔发现大家付的房地产税有这样巨大的差异，才意识到30年前湾区的房子曾经是多么便宜。

2006年我开始在文学城网站撰写博客的时候，曾把这些数据贴到了我的博客上，用来说明我的观点。长期投资而言，没有什么投资能够胜过自住房。一个简单的数字就可以说明这点，1982年，南湾的中位房价是12.8万美元，平均年工资收入是2万美元；2005年，中位房价是72.6万美元，平均年工资收入是5.8万美元；今天中位房价差不多是120万美元，平均年工资收入是20万美元。

虽然每个人都知道买自住房的重要性，可是很多人往往做不到这一点，尤其是在高房价的城市。这主要有三个原因：

第一，自己消费管理自律性不够，每个月都是吃光用尽，没有办法积攒出首付的钱。有人期待天上掉馅饼，自己突然发一笔横财，然后获得房屋的首付。在中国更是女方期待男方出钱，男方期待爹妈出钱，不寄希望于自己的自力更生。湾区的很多人寄希望公司 IPO 后，股票套现获得首付。公司的 IPO 有很多不确定性。2001 年的股灾就是一个例子，当时有些中国人所在的公司 IPO 后股票没有卖出，可是税却是要每年按照既得价值（Vested Value）去交。如果股票暴跌，你非但没挣到钱，反而欠了一屁股税。

第二，总是期待自己能够找到更低的价格。一厢情愿地认为房价不合理，房价应该下跌，希望自己在下跌的时候再买进。

第三，有些年轻人眼高手低。有些人总觉得自己生来就应该拥有世界上的一切好东西，且并不需要自己付出额外的努力。比如，有的人觉得自己聪明绝顶，名校毕业，到湾区来工作，就是应该拥有这里最好的房子，最高的收入，最优秀的伴侣，最好的家庭。在购买房子这件事情上，他们也会期待自己一步到位。要在最好的学区有一栋拥有大院子的房子，至少是 185 平方米，房子还不能太旧，不能有一丝一毫的缺点。

这样不切实际的幻想，天之骄子的心态，会让他们的购房计划一拖再拖。再配上第二个原因，让一些人不断错过机会。

中国香港人曾对买房的过程进行过总结，他们提出的一个重要概念叫作“上车”。买什么样的房子不重要，买哪个小区的房子也不重要，关键是买和不买。买了，你就上车了。上车你就有机会调整到让自己更满意的房子；如果你没有上车，那么就可能永远被列车抛下。

天下没有十全十美的房子，要么是院子太小，要么是房子太旧，要么是临街太吵。等到真的碰见了一个十全十美的房子，你喜欢的，别人也会喜欢，价格又变得太贵了。当人们不想做一件事情的时候，就会找理由和借口。各种挑剔都会成为你的理由，让你一而再、再而三地错过机会。

有时你会惊叹一个人不想做一件事情的时候扭曲现实的能力。和我同时来到湾区的一个朋友就是这样，他后来搬到得克萨斯州去了。他给出不买房的理由就是自住房不是投资，因为他说自住房里面的钱永远都是看得见摸不着，你永远享受不到自住房里面的钱，因为你一直需要一个地方住。所以你自住房的钱永远不是你自己的钱，你没有必要买贵的自住房。你需要去便宜的地方买个便宜的自住房，为此他充满自豪地和我讲了一圈道理之后，等待我夸赞他的奇思妙想。

按照他这个道理，大家没有必要生活在房价高的地方，所以应该赶紧逃离湾区。我当时反驳说房子的钱是可以抵押再贷款的，你可以用这些钱去投资。另外，你也不会永远住在一个房子里，或者永远生活在一个地方。我们年轻的时候也许在这里生活，年纪大了以后，天知道我们将去哪里生活。他说你在一个地方住久了，老了就不会搬走了。他说的当然有一定的道理，的确大部分人老了之后，就一直生活在他们年轻时待的地方。但是你老了，可以缩减住宅，有很多老人退休后从比较昂贵的好学区，搬到相对便宜的社区。无论如何，说自住房不是真正属于自己的财产的确是比较奇葩的理论，也可能是因为他当时就觉得自己已经很老了，反正他很快就搬走了，没有留下来。

我在中美两国一线城市的年轻人身上都看到过类似的心态问题，包括今天新来到湾区的人，以及今天新从中国内地城市到上海和北京的年轻人。这些不良的心态我会在第十四章进一步说明。我没有这些毛病，我自己的心态也很好，决定要买自己的房子，那就说干就干。不靠天，不靠地，不靠爹妈，只靠自己。买房子，首先要攒首付。

攒钱这件事情，如果是一个人，那很简单，只要自律就好了。我已经一而再、再而三地证明自己能够省下30%的钱，无论自己收入有多么低，都没有任何问题。但那个时候我有一个长期稳定的女友，一个很快将成为我太太的人，我需要说服她和我一起来攒钱。

我太太和我家庭出身不太一样，我小的时候家境不错，少年的时候失去父亲，经济变得非常窘迫，属于是吃过苦的人。我太太的家庭优越，在她过去的生活经历里，从来没有存钱的概念，每个月都是吃光用尽，偶尔还会欠下一点信用卡债务。

每个人不是天生就会理财，前面我说了，大部分人的理财能力往往和他们青少年的生活经历有关。太太在我眼里，是一个花钱大手大脚的人。她去超市买东西从来不看价钱，花钱既不记心账也不记笔账。当然我在她眼里是一个节俭且对自己过于严格的人。

你瞧，在花钱这件事上，我奶奶就是花钱最节俭的一端，我的太太是另外一端。从最节俭到最宽松，依次是我奶奶、我父亲、我母亲、我、我太太。每个人都嘲笑他们的左右两端，或过于大手大脚，或过于节俭，而唯有自己是正确的。最后似乎大家一辈子也都过来了，谁也没饿死，谁也没撑死。人活一世，可能怎样都行，选择自己快乐的方式就好。

我想说花钱这件事情上其实没有谁是谁非。每个人按照自己喜欢和让自己舒适的方式，决定自己的生活。而这些生活方式，都和他们的人生经历和生活环境，以及周围人的影响有关。我们每个人其实不必计较别人怎么看你，因为你不可能让每个人都认同你的价值观，就像我无法让我母亲和我太太都对我的花钱行为满意一样，我只能让自己满意。这个满意其实是跟随自己的目标而定的，如果你为实现一个目标而做出消费选择，那么无论是选择储蓄还是选择“今朝有酒今朝醉”，都可能是合理的。

大户人家往往都有一些家训祖祖辈辈传下来。我太太家曾是大户人家，家训是“凡事量入为出”。这句话听上去没有什么毛病，就是根据自己挣多少钱，指导自己花多少钱，不要超前消费。但在我看来，量入为出，等同于吃光用尽。如果按照量入为出的方法来生活，那到最后就是两手空空。

我自己觉得，一个家庭最好的花钱方式，应该是量出为出，就是你只为你真实需要的东西花钱。我总体的感觉是现代社会人们拥有的物质太多了。很多你购买的东西，在并没有被充分利用之前，就被送进了垃圾桶。

为了买房子，我向我太太建议说把我们两个人一半的收入省下来。当时我的年薪是 7 万美元，我太太的工资和我差不多，我们一年合起来的税前收入是 14 万美元。我的计划是，我们只用一个人的收入，而把另外一个人的工资全部存起来，这样可以尽快攒够我们的首付。手上有钱才有可能去寻找一个合适的时机买入房子；手上没有钱，却说时机不对就永远是一句空话。轻言市场时机不对、房子不合适，都是在给自己的不努力找借口。

总体而言，女性比男性对购买住房有着更多出于本能倾向。我后来在文学城网站上看到大量的小地主都是女性。男性更擅长一些动手的事情，能够更好地打理房子。女性更喜欢房屋投资带来的安全感，而男性似乎更喜欢炒股，获得赌博一样快进快出的刺激感。如果我当时说存钱的目的是投资股票，估计我很难说服她。出于天然的母性，女性更愿意拥有稳定的生活环境和物质保障。攒钱买房子再艰苦，却是一件两个人一拍即合的事情。

04 买多少 401K?

我们把一个人的工资都省下来，但并不意味着我们一年可以存 7 万美元，因为还要交税。税是不能逃的，工薪阶层的税更是无法做好的税收筹划。扣掉税每年能存下来的钱也就是 5 万多美元。如果自己有小生意带来的收入，则可以用各种方式进行税收筹划。

税法是每个美国人的必修课。这么多年以来，我的税表从一开始的两页纸到现在的将近 60 页，我始终坚持亲力亲为整理税表报税。其实，报税是一个很好的锻炼机会，它可以帮你总结一年的财务状况，也可以帮你制订下一个年度的财务计划。最近 10 年我的税表变得越来越复杂，我不得不请会计师帮我报税。但是即使如此，我通常也会自己先填写，然后交给会计师，最后我再对比一下两个人的报税结果。会计师的水平总体比我高，但还是有能够进一步优化的地方。往往在比较之后，我还能找出几个会计师的漏洞。因为会计师的首要目的是不出错，不被税务局审计，并不是使你的税负最小化。还是那句老话，没人比你更加在意你的钱。如果你不在意，没人会在意。

2001 年我刚工作的时候，正赶上小布什当选，他推出了一揽子的减税计划。我兴奋地把他的计划拿来，噼噼啪啪算了一圈。最后发现政客们喊了一圈口号，我一年的税务差距不过一两千美元。才知道这些减税计划，不过是糊弄人的把戏，无法从根本上解决问题。每个政客天天喊减税，但是我们的税赋却总是越来越重，那是因为随着通货膨胀和收入的增加，大家名义上挣的钱越来越多。

美国号称“万税之国”，你的年薪听上去挺高，但是要扣联邦税、社会保险税、医疗保险、401K。除了联邦税，还有州税和州失业保险税。美国的政客们喊喊口号，上嘴皮碰下嘴皮，可以完全不心疼这些税费。老百姓却是一分钱一分钱地过日子，自己的税前收入不少，但是七扣八扣之后，也就所剩无几了。

除了税以外，购买养老金也是收入中扣除的大项。如果 401K 按照全额购买，那么税前工资的一半儿就没有了。

401K 也可以产生一定的投资回报，但是通过把 401K 过去的历史回报记录拿来计算了一下，我马上发现全额购买 401K 是不合算的。当然，美国的股市在长期中是增长的，每年的回报率有 8%～12%，401K 同股市挂钩，也能产生收益。可是同样的钱，如果放在自住房里，按照过去 30 年的历史，回报率要更高。

如果你不擅长数学计算的话，说一些简单的道理你就会明白为什么 401K 不如自住房投资。401K 有税收上的好处，就是无论你投入的钱和增长的钱都是延税的，只是你最后退休提取时需要补税。不过 401K 在税收上的好处，显然不如 Roth IRA。这在投资领域是大家早已达成的共识。也就是你退休前，应该先买足 Roth IRA，再去买 401K。

从税收上来看，自住房和 Roth IRA 没有什么区别。因为自住房投入的部分是税后的钱，但是增值的部分都是免税的。夫妻两人只要在自住房里居住满两年，那么房屋的增值部分都是免税上限的 50 万美元。而且每隔两年就有一个新的 50 万美元免税额。

从这个意义上来说，自住房就相当于一个大额的 Roth IRA，还不受每年额度的限制，还能有低息贷款。当然从来没有人这样解释给大众听。所有的报纸杂志，鼓吹的都是各种各样的理财基金和股票投资计划。因为那些理财投资计划，都有华尔街作为受益者。因为是受益者，所以媒体使劲宣传。信息不会无缘无故地自动到你耳边，就像世界上有那么多品牌的马桶纸，你家用的那个品牌也不会无缘无故地到你家里一样，背后有无数的人进行了精心的策划和推动。购买自住房最大的受益者除了你没有其他人，所以自然没有那么多的鼓动宣传让你先买自住房，再去购买401K。

即使撇开生活质量、投资杠杆、低息贷款等种种好处，总体而言，这三个投资的优先顺序应该是自住房、Roth IRA、401K。不过有些人不是完全明白，也没有做到按照这个优先级去投资。

当然如果你了解各种复杂的退休计划之后，你可能就会对美国政府的整个退休金体系感到绝望和莫名其妙。首先是品种繁多，有401K、IRA。IRA除了刚才说的Roth IRA之外，有传统个人退休金（Traditional IRA），还有转移个人退休金（Roll over IRA）。除了401K之外，还有403B、457A，甚至还有Roth 401K。你凭直觉就会问，怎么搞出这么多名堂？

这些名堂除了增加了税收上的麻烦、报税的复杂程度和政府的管理成本，我实在看不出任何的好处。为什么不能把退休养老这件事情很自然地让给民众自己来控制呢？我们千百万年来，不都是自己管好自己养老的事情嘛。有人以田产来养老，有人生养更多的子女来养老，有人积攒黄金、存金银首饰珠宝来养老。有社保就能够保障最底层民众的基本生活，为什么还要搞出这么多养老的条目？直接把中产阶级的税降下来，让他们自己管好自己的养老，不是更有效率吗？

在我看来，这是华尔街游说政府的结果。因为这些养老方案最终汇集的钱都去了华尔街，每年缴的管理费肥了华尔街的资产管理人。当时我还不知道那些基金里会有那么多黑幕，直到一些年后我在投资银行里工作了一段时间，才明白为什么美国政府会搞出名目繁多的养老金。本质是美国是个利益群体推动政府政策的宪政体制，有利益群体，就会有游说机构，就会推动国会制定法律条文为他们服务，这些法律条文是漫长年代慢慢演化过来的，往往积重难返。

我们是过平平常常日子的小人物，小人物看到社会的不良现象时，只能抱怨几声，写写文章，但不能指望这个社会立刻就会按照我们的意愿而改变。在投资理财这件事情上，最好的办法就是利用现有的规则，最大化你的利益，而不是一味地发牢骚。

我当时的办法就是 401K 只买到公司的配额上限。因为公司有 1∶1 的配套，这些钱如果不好好地利用，非常可惜。配套以上的部分，我都坚决不买。我需要用最快的速度积攒我的自住房首付款。

05　如何存钱?

我太太很快被我存首付款的家庭经济政策折磨得苦不堪言，她跟我抱怨说，太难了，每分钱都要精打细算。在此之前，她是个有多少花多少的人，自从有了预算管理，每花一分钱都要记账，这让她很不适应。

我只能不断地给她画饼充饥，告诉她有了房子的首付就可以有自己的房子、自己的院子。再说我们很快就会有自己的孩子，孩子就可以在自己的院子里玩耍。我会在后院搭一个小孩的游乐场，这样你可以架个躺椅，逗孩子玩。夫妻交流大部分时候靠哄，这和公司 CEO 经常给员工绘制完美发展蓝图，动员打气有异曲同工之妙。有了明确的目标，家庭内部才能同心协力。

压缩开支最好的办法就是记账。记账对人的心理有着一种奇妙的功效，当不需要记账的时候，一笔钱会很容易地花出去。当需要记账的时候，你就会反复想一想，这笔钱是否需要花。每个月把账单重新对一下的时候，你就知道自己每个月开支都用在哪里，也知道未来预算控制的方向是什么。

预算控制也是省钱的好办法。预算控制就是给自己定下来一个月开支的总额是多少，每个单项开支是多少，然后按照这个总额去安排自己的生活。如果没有预算控制，把挣来的钱先花出去，花剩多少再存多少，那你就什么钱也存不下来。有预算控制，把自己要存的钱先扣去，就当自己少挣了这些钱，然后基于剩余的钱管理自己的开支，这样你每个月的存钱是可以保证的。

对于大部分家庭而言，首先要节省的是那些反复出现的，每个月或者隔一阵子就有的固定开支。例如电话费、网络费、汽车维修保养费用。这些钱，看上去不大，但是细水长流，因为它们一遍一遍地发生，累积起来数字就会变得很可观。

按照当年去机场接我的老宣的理财真经，我其次要避免的就是人工费用。我们当时还在开着我的那辆本田思域。这辆车质量很好，没有出过什么问题。为了省钱，我把维修保养的事情都接了过来。汽车的刹车片我自己换。四个轮子，定期换位一遍。汽车的机油每三个月要换一遍，这事儿如果自己干，大概只需要修车铺四分之一的费用。

手机我们选择只开通一部，因为家里和办公室都有电话，出门开车的那个人拿着手机就可以了。刚工作的那几年似乎也没有出国的旅行计划，只是开车到附近的国家公园去旅行。去国家公园旅馆的费用都省了，因为可以选择露营。当然选择露营也不完全是为了省钱，露营接近大自然的快乐，也是住在旅馆里无法比拟的。

我从来都认为节俭和勤劳是美德，所以不会因为多劳动感到自卑和难过。周末的早上，我一个人在公寓车库给汽车换刹车片和机油，优哉游哉地听着音乐，不紧不慢地干活，快吃中饭的时候活就干完了，满手油腻地回屋吃太太做好的饭。她会赞许一下我修东西的本事，那种幸福的感觉不是钱可以买来的。无论是男性还是女性，没有人喜欢四体不勤的大少爷和大小姐。

冬天里我们依旧去滑雪，自己带着火锅，自己做饭吃的快乐，一点都不比在餐馆少。可能因为那个时候是爱情最甜蜜的时候，两个人只要能腻在一起，做什么都可以。快乐和花钱多少，其实关系并不大。关键是你是不是和你喜欢的人在一起，是不是在做你喜欢做的事情。

她说存10万美元是一个天文数字，是不可能实现的任务。因为她当时从来没有想到自己会有那么多钱。几年前她和我一样也是穷学生，但是我这个穷学生还能够省出1万美元，她毕业工作了几年却还是吃光用尽。

但是我们真的做到了。存钱计划开始了一年半之后，也就是我工作了一年半之后，我手上有了10万美元。存满10万美元的时候，我们高兴得买了瓶酒，做了几个好菜，在家里庆祝了一番。我们不但有了购房的首付，可以挑选自住房了，而且我们存钱的速度一点也没有降下来。每个月银行账户里还会多出四五千美元。

生活的甜蜜，往往不在于静态财富的多少，而在于未来是否有希望，人们关注的永远是边际的增量。

然而就在我们信心满满，开始到市场上挑选自住房的时候，灾难就在眼前瞬间爆发了。美国经济一下子进入了冰河纪，“9・11”到来了。

第五章

从 10 万美元到 100 万美元

100000 美元到 1000000 美元

很多人做不到自律地存钱，那是因为他们看不清财富增长的未来。如果你确切知道今天的每一块钱都可以在 5 年后增长 10 倍，变成 10 块钱，那么你是不舍得花掉今天的这一块钱的。

01 房市与“9·11”

不止一个人会有这样的经验。那就是当发生一些重大历史事件的时候，每个人都记得那一天，自己当时在做什么。多年以后，在你回首之时，发生这些重大事件的那一天，当时的一幕幕仿佛都可以在眼前重现，而重大事件以外的日子就像从来不曾有过一样的空白。

“9·11”就是这样的例子。那天和平时的很多个早上一样，我迷迷糊糊地起来刷牙洗脸，做早饭，准备去上班。那个时候，网络还没那么发达，人们还不像今天这样，一睁眼先看手机，我一边做饭，一边打开电视机看新闻。

当大楼倒塌浓烟滚滚的画面呈现在我眼前的时候，我最直接的反应是按错了电视台，选了电影台，不是新闻频道。因为那画面像极了动作大片。我本能地按遥控器换台，此时锅上煮着的粥马上要开锅了，我随便摁了几下就跑开了。等我再回来的时候，我发现无论我选择哪个台都是一样的内容，我才明白这是新闻，不是电影。

我的第一反应是把还在睡觉的太太叫醒，叫她过来一起看。然后立刻给我远在中国的妈妈打电话，告诉她我在美国一切都好，不要担心。深更半夜的电话也把她吓了一跳，我是担心她回头看了新闻，会胡思乱想地担心我这个远在美国的儿子，因为她可能不是特别清楚旧金山和纽约的空间距离。

然后我和往常一样地去上班。当我到办公室的时候，每个人都安安静静地坐在自己的位置上工作，没有人提恐怖袭击的事情，就像什么事都没发生一样。但是我知道，其实他们每个人都在查看新闻，这和中国的办公室文化很不一样。不久公司人事部门发了一个给所有员工的邮件，说如果你今天感觉不舒服，你可以不用来上班。

下班的时候，当从最初的震撼中清醒过来，我首先想到的是这事和我有什么关系，我会受到怎样的影响。广播里反复说的是“美国从此将变得不同”（American will be different after this）。作为一个外国人，我无法特别深刻地理解这句话。会不会出现排外的民族情绪？会不会限制移民？当时我的绿卡手续还没有开始办理，而我们又在准备买第一套房的节骨眼上，会不会出现严重的经济衰退？好在我现在手上有了10万美元了，无论发生什么，都有一定的抗打击能力。

在“9·11”发生之前，2001年初联邦储备局就已经开始一轮轮地降息。虽然降了好几次利息，但股票价格还是一跌再跌，像扶不起来的阿斗。“9·11”发生之后，股票交易市场干脆关闭了好几天。当市场重开的那天，联邦储备局也是下了狠手，一下子又把利率下调了0.5个百分点。股市下跌了近千点之后，才稍稍稳住。不过，即使这样下调，也没有办法挽救股票。几天后股市依旧是一泻千里。每个人都屏住呼吸，捂住自己的钱袋子，不知道未来会发生什么。

此刻，如果你是一个正在寻找工作的人，那就会变得非常不幸。大部分公司都选择等一阵子再说。连格林斯潘自己都说，不知道飞机安检带来的延误会对经济造成多大的影响。我听到这句话的时候，觉得人们是在一种集体的情绪中失去了理智。因为你只要理性地想一想，飞机安检多了一个小时，能给经济带来多大影响？在我看来，基本是零。

不过一切都是信心，没有人知道，在恐慌中这次衰退会有多严重，会持续多久。在“9·11”发生之前，我已经看中了一套住房。我们几乎和卖家已经谈好了，合同就差落笔签字。其实应该说，自从搬到湾区之后，我几乎一直在看房子。只是那个时候我凑够了首付，要真正落实买房的事情了。

“9·11”事件发生之前，在我当时的构想里，买房子有三个选择方案：

第一个选择方案是在好学区核心区域，买一个“小黑屋”。“小黑屋”

就是拥有的土地面积比较大，但房子非常破，相对较小。硅谷早年并不富裕，从 20 世纪 50 年代到 80 年代盖的很多房子比较低矮。因为低矮造成采光不好，所以大家管它们叫“小黑屋”。“小黑屋”虽然看起来很黑，但实际上是一个聚宝盆。因为房子本身并不值钱，但是那块土地和房屋建造许可相对值钱。

因为大部分人不喜欢小黑屋，所以小黑屋价格比较低，你的居住成本也比较低。另外，因为总价低，所以地税也会比较低。当你把小黑屋修缮一新之后，就可以坐等土地的升值，并且因为加州的 *Proposition* 13 提案，可以长期享受比较低的地产税。

这样的方案从投资的角度非常好，可是生活品质会受到影响。尤其是对我们这些从外州来的人，看着那些小黑屋，内心有一万个理由不想住在里面。因为在外州我们已经看惯了那些比较高大且新的房子，总觉得那些小黑屋实在不值这个钱。一想到自己在那小黑屋里，要生活十几年，就更开心不起来。

当然也有朋友劝我们说，到湾区来要适应一阵子这里的价格，心理上承受能力强了，“小黑屋”住习惯了，看惯了也就好了，实在不行就在屋顶上多开几个采光窗。

不过“小黑屋”和我们每个移民怀揣的“美国梦”总是有些格格不入。我还没有来美国之前，就知道美国地大物博，人口密度低，所以住房比欧洲和亚洲的条件要好。应该说，在我后来的旅行经验里，我的确没有看到世界上还有哪个国家比美国更容易拥有物美价廉的房子。如果享受不到美国的这点好处，我们到美国来又是为什么呢？这个方案虽然从经济的角度上来看非常好，但是基本被我否定了。

第二个选择方案的经济性会更好一点，是带我看房的一个中介建议的。他说在大城市，想降低自己生活费用最好的办法是买一个双拼（Duplex）。这样可以把房子的一半出租，一半自住。随着租金的上涨，等房租可以基本和房贷打平了，你自己的居住成本就可以下降为零，等于让别人帮你付贷款。

Duplex 有很多种，有的是从中间分开的，两个单元共享一面墙的正儿八经的 Duplex。还有就是在湾区的一些老房子，业主自己改造过的。一层和二层有不同的出入通道，相当于上下两层的 Duplex。Duplex 的好处有两个，一个是有人帮你付贷款；另一个就是当你搬出去之后，你还可以把自己住的那部分继续出租。多单元住宅（multifamily house），总的来说租金收益要超过独立单元住宅（single family house），而且你还可以维持比较低的房产税基。

当然在生活上，头 10 年你需要稍微委屈一下自己。毕竟你的房客就住在你的隔壁，所以没有太多的隐私。另外，虽然你是房主，但是却需要三天两头跑到房客家，帮他们修下水道，修马桶，修电线。这会让你心里感觉不好，让你觉得自己是个长工，全然没有地主的感觉。

这两种方案，我觉得都不是好主意。钱是为人们服务的，而不是倒过来。居住环境是决定生活品质的一个重要因素。你可以不去买那些从来不穿的鞋，不在意开什么品牌的车，但是居住空间却实实在在是每天你幸福感的来源，因为你 70%的时间在自己家里。

那段时间我们不知道看了多少房子。每个周末都是房产中介带着我们，在周围的几个社区里到处转。可是看了越多新房子，就越不想住“小黑屋”。新房子宽敞明亮，外面的街道整齐干净。可是新房子往往在离中心地带比较远的地方，而且学区普遍比较差。中心地带的好学区房虽然也有 10 年左右比较新的房子，但是价格却不是我们能承受的。

02 第三个方案

中介总是努力劝说我们买“小黑屋”。中介跟我们说，“小黑屋”外面的街道虽然没有那么整齐，但是也不需要支付物业管理的费用。一切都是羊毛出在羊身上，你是愿意外面的街道稍微乱一点呢，还是愿意每个月多花几百美元买个不属于自己的整齐？

我想来想去，觉得我一定要住在好学区的 10 年左右房龄的房子里，于是我否定了前面两个方案，给自己制定了第三个方案。

这三个方案其实是我自己总结的。大部分在加州生活的人都建议你买房子要一步到位，因为 *Proposition* 13 的原因。如果你在好学区买一所房子，虽然每年价格在上涨，但地税的上涨是有上限的。我不这么看，我认为一步到位的可能性不大，毕竟价格数字在那里摆着。我当时面对的是三种房子的选择：

A. 好学区的比较新的独立单元式住宅，当时售价是 80 万 ~90 万美元。

B. 好学区的独立单元式“小黑屋”，当时售价是 50 万 ~60 万美元。

C. 偏远一点的一般学区独立单元住宅，当时售价是 40 万 ~50 万美元。

我当时手上只有 10 万美元。这是一道很简单的数学题，就是如何用 10 万美元得到 A。为了得到 A，需要 20 万 ~30 万美元的首付。因为我想尽快地解决我们住的问题，我可不想存钱存了五六年之后，再一步到位买自己的住房。那个时候我们还没有孩子，并不需要学区房。

当然这是一方面的考量，另一方面主要是我比较了解湾区各个不同区的历史价格变化。我发现一个规律：就是无论是好的学区，还是普通的学区或是糟糕的学区，在历史上它们长期的价格涨幅是一样的。比如 30 年前，当时好学区的房价比普通学区房价贵一倍，现在依旧是贵一倍。那么无论是好学区、坏学区还是普通学区，房价差不多都有了同比例的上涨。

但是好学区房和坏学区房的区别是：好的学区房价格比较平稳，涨跌幅度都不是很大。普通和差学区房价格起伏比较大，似乎更容易受到泡沫的影响。我觉得这是一个看得见机会的地方，就是利用价格前后的时间差，从中可以解决学区房的问题。也就是说，如果你认为房价在上升通道，那应该买相对差一点的学区房。这样，它涨幅比较快，把它卖掉之后转身可以买好学区的房子，因为好学区房价的涨幅还没有那么剧烈。

这是一方面的考量，另一方面我的确是囊中羞涩。好不容易省下来的钱，我并不想一股脑全部花完，我还有别的打算，那就是关于投资中国的考虑。

03 “会走路的财富”

“投资中国”可以说是我当时不敢和任何人讨论的想法。在20世纪90年代末至2000年初，在很多人眼里，中国还没有像今天这样高速发展。当时我一个连自己的基本住房还没解决的人怎么会想起来投资中国呢？

我一直坚持的一个投资理念就是不要和有钱人去拼体力。你最好和未来的有钱人混在一起，比他们早一步看到他们的需求。我自己也不是特别清楚我的这个投资理念是从何时形成的，但是这个策略是一个行之有效的策略，后面几年里一直指导着我的投资。我把这个概念统称为“会走路的财富”原理，我会在下一章，也就是第六章详细阐述。

这个投资理念用在房地产投资上面，就是跟着刚刚毕业的大学生走，到他们聚集的地方去投资。当时我决定买上海的房子和湾区非核心区的房子都是同样的思路。因为我不太相信，从五湖四海来到湾区的年轻人，他们能够一下子买得起核心地带的学区房。但人总是要找地方住的，所以我觉得偏远一点的普通学区的普通住房是这些人的落脚点。

而这些到湾区的年轻人以后都会变成相对有钱的人，因为他们年轻聪明。再过几年，他们在职场上得到提升，收入就会增加。随着人源源不断地进入，房地产价格就会有上涨的希望。

因为考虑买上海的房子，虽然我当时手上攒了10万美元，但是我只打算花5万美元，解决我的住房问题。我用5万美元付了10%的首付，购买上面的C选项，就是远一点的45万~50万美元的房子，这个价格可以买到新房子。当然因为我只付了10%的首付，所以我还需要第二按揭（secondary mortgage）和额外的按揭保险（mortgage insurance）。我算了一下，这笔开支是非常值得的。

这是一个好的选择，一方面可以解决我不想住“小黑屋”的问题；另一方面我认为这个非核心地区的房价上涨速度要比学区房快一些。按照我的预测，几年后把这个房子卖出，挣的钱就可以做购买学区房的首付了。

其中的道理和逻辑，通过细心研究房地产的价格规律就可以清楚地证明，我当时有充分的信心觉得我的判断是对的。可是事情的发展，并不是和你想象的一模一样。最大的变化就是“9 · 11”发生了，恐怖分子袭击了纽约。

04　房市恐慌

“9 · 11”发生之后，房地产市场陷入了极度的恐慌，包括我自己。我本来已经看中了一所房子，但是“9 · 11”发生之后的那个周末，我不得不和中介说，我不打算买这所房子了。那个中介带我们看了一个多月的房子，好不容易快要成交了，他听说后很不开心。不过他也只能无奈地摇摇头，说表示理解我们。

当时的卖家为了急着出手，把价格一下子又降了 3 万多美元。但是我依然害怕，根本不敢出手，因为没有人知道，经济未来会变成什么样。每个人都担心，今天上班，明天工作是不是就没有了。我不知道最后这个房子花落谁家了，不管怎么说，勇敢买进的人是个精明人。回头想想，我当时的担心可能是多余的。当人人恐慌的时候，可能就是买入房子的最好时机。

不过我错过了那个时机。为了证明自己的选择是正确的，我去了另一个在建楼盘去看房子。这是一个我看过好几次的楼盘，但是因为房型、地点等问题一直没有决定买。之前我每次去销售处，经理的嘴脸都是冷冰的，一副你爱买不买的样子。但“9 · 11”发生之后，那个销售经理完全变了一个人似的，我去的那天，满街插的都是大甩卖的旗子，开发商连房价都不标了，我劈头就问，还有房子卖吗？销售经理笑笑说，还有很多房子，所有的房子都在卖。之前是卖一批建一批，现在是所有的房子都卖。

“所有的？”我有些吃惊地问。他说是的，开发商想清盘。然后他客客气气地把我们让到办公室。我问他：“这些房子现在卖多少钱？”

他反问我道：“你开个价吧。你说你想花多少钱买？”

我一下子被他这样反问弄愣了，他说公司决定不再明码标价，而是跟客户直接沟通价格。所以他问我你们打算花多少钱，他立刻就可以和公司去协商。而且我们可以买整个开发项目中的任何一所房子。当时已经建好的房子，有三十几栋。我们不但可以随便出价，而且可以随便挑房。

但是人心就是这样，当所有人都恐惧的时候，你也跟着恐惧。大家都觉得这是经济灾难的开始，所以我也压根儿不敢买。消费者都是买涨不买跌的，特别是对于投资品。卖家越是这样客客气气地让价大甩卖，越是卖不出去。

我竟然连张口开价的勇气都没有，就客客气气地告别销售经理，回到了家里，打算继续存钱等机会。

05 浦东的猪圈

那个时候，中文网络资讯还不是很发达，大部分的中文广告还是刊登在《世界日报》上。每周我们买菜的时候，都会去买《世界日报》。《世界日报》有一个小小的广告栏目，里面登了一些中国房地产的广告。其中一个广告吸引了我的注意力，就是有人想脱手上海的房子。当时广告大概是这样写的："静安寺三室二厅，140 平方米，售价 100 万元人民币，可贷款购买。"

从我在上海读研究生买卖股票的时候，我就知道在上海买房子是一个好的投资。说起来很好笑，我的这些知识并不是从任何课本上和书上获得的，而是来自 1993 年的一次上海的公共汽车之旅。上海交通堵塞严重，去城里需要坐一个多小时的公共汽车。有一次我坐公共汽车，听到两个中年人在侃大山，两个人说过去几年干什么最赚钱。

一开始两个人用货币来说干什么最赚钱。后来两个人意识到货币贬值严重，曾经的万元户现在不算什么了，于是两个人用桑塔纳轿车作为计价单位来讨论。当时一辆桑塔纳轿车大约是 20 万元人民币的样子。

一个说："炒邮票最赚钱。"他已经靠炒邮票赚了一辆桑塔纳了。

另一个人说："炒股最赚钱。"他已经炒股赚了两辆桑塔纳了。

一个接着说："你套现出来了吗？没出来都不算赚到钱，因为还会吐回去。今天两辆桑塔纳，明天让你只剩下四个轮子。"

另一个接着说："要是这么说的话，养猪最赚钱。"

我当时在边上听了一愣，好奇心一下就起来了，为啥呢？我心里嘀咕。

那人接着说，他的一个亲戚，原来在浦东用农业贷款开了一个养猪场。养猪场本身从来不赚钱，勉勉强强打平，但是1991年上海开发浦东，他把猪圈转手一倒卖，赚了10辆桑塔纳。

"10辆桑塔纳！"那个中年人挥舞着指头比画着，"而且是空麻袋背米，自己什么钱都没出，还是土地来钱快。"

他当时眉飞色舞的样子给我留下了深刻的印象，也是我第一次知道什么是投资房地产。今天看来，那个"养猪场的故事一遍遍在世界各地上演。这个模式的基本道理就是用别人的钱来投资，维持一个平衡的现金流。然后在土地和房产升值后，把房地产卖出。美国的中餐馆经常用这样的办法，它们先买下一个生意清淡的店，努力把它做火，赚钱不赚钱不要紧，只要打平就可以。做火之后，让下家看到有高额的流水，然后转手加价卖出。

在今天的张江高科技园，最赚钱的企业并不是风头更劲的高科技企业，而是最早一批入驻张江的企业。这些企业本身往往从头到尾没有赚过什么钱，但是靠早期在张江经营而拥有了大批土地和办公室，现在只要收收房租就赚大发了。

高科技企业、中餐馆、养猪场，名义不一样，但是本质上的经营模式都是一样的。首先是尽可能地用别人的钱、银行的钱，其次是坐等土地升值。可惜在20世纪90年代明白这个道理的人不是特别多。大部分经营者的关注点往往在企业本身，老想着怎样通过企业本身赚钱。其实在充分竞争的市场环境中，让一个企业通过业务赚钱，是非常难的。

当时的我还没有这样的生意头脑，不明白这两个人对话背后的道理。我只是通过他们的对话知道房地产投资是个好买卖。这个好奇心很重要，

它让我后面有机会好好研究上海的房地产历史，从历史中寻找未来可能的投资机会。

我自己在上海待过，所以知道上海人对房子有着一种怎样的执着。中华人民共和国成立之后到“文化大革命”结束，上海属于控制发展的特大型城市。当时制定的政策是优先发展中小型城市，严格控制大型城市，特别是超大型城市的发展。所以上海从头到尾想着的都是疏散人口。为了能够把人更好地疏散出去，上海在整个20世纪70年代，几乎没有建任何新住房。因为建新住房和国家计划相悖，这就导致了上海在整个20世纪80—90年代房屋严重短缺。

每个熟悉20世纪70年代末知青回流历史的人，都会知道居住空间给上海人带来了什么样的心灵痛苦和创伤。这个局面一直延续到20世纪90年代初，每个人都是八仙过海，各显神通，用尽一切力量，放弃一切人情和尊严，只为了自己有个小小的居住空间。20世纪80年代，我在上海的一家亲戚就是九口人居住在一个不足30平方米的房子里。那一间房子并没有独立的卫生间和厨房，它只是一个四四方方的空荡荡的房子而已。

我认为上海居民随着改革开放变富裕之后，每个人都会拼尽全力拿出所有的钱，去改变他们的居住空间，而他们的收入增长得也很快。20世纪90年代中期，我看过一个统计，当时上海大学毕业生每年收入增长为30%左右。现在他们还相对比较穷，但是我觉得再过几年他们就会变得比较富裕。这样的收入快速增长在中国香港和中国台湾的发展历史上都曾有过。

我还仔细研究了上海100多年来的房价变迁历史。应该说上海地价在历经鸦片战争开埠后并不贵。最大的变化就是太平天国和抗日战争期间。太平天国时期，由于租界是安全地带，江浙沪大量的人涌入租界，导致房屋短缺，房价暴涨。抗日战争爆发，租界因为相对安全，大量的人口涌入租界。如果你嫌现在上海居住困难，那可以看看1937年的租界是什么样的居住密度。上海和香港一样，都是几次战争促成了人口的流入和繁荣。

我后来又读了旧上海几个显赫家族的发家史。无论是哈同还是沙逊，在一个快速发展的城市和地区，最赚钱的往往不是实业本身，而是土地。哈同和沙逊做房地产的手法也基本相同，都是在某些政治动荡的关口，在人人恐慌不想要房地产的时候，或者在大家还没富裕买不起房子的时候，比其他人早一步，大举买进并长期持有。

如果你觉得上海曾经出于控制人口而想出的房屋建设办法很荒唐，那么你可以深入了解一下世界上几乎所有的一线城市的土地政策。没有哪个管理者喜欢更多的人涌到自己的城市里。因为多一个人就是多一份麻烦。人性使然，读史可以明今，也会让你明白到底应不应该投资，如何投资世界的一线城市。

综合了很多因素，我当时坚定地认为要在上海当地人还没有能力和我拼体力购买住房的时候买房子。投资上海的房子是毋庸置疑的，只是 2001 年我还在犹豫，我到底应该先买自住房还是投资购买上海的住房？

钱是为人服务的。也不能为了赚钱，弄得自住房都没有。两方面权衡一下，我当时做出了一个更为大胆的决定：两个都买。可是我实在不是什么有钱人，只是湾区一个普通得不能再普通的工薪阶级。但是作为普通的工薪阶级，这些钱拿回去中国还是很具购买力的。

在当时，虽然有个别的人比较有钱，但是普通的工薪阶级每个月的收入也就是 2000~3000 元。而我们的收入折算下来，一个月有 10 万元。这是以一当十的绝对优势，而这个优势也在急剧地消失，因为仅仅几年的光景，上海当地人的收入已经开始翻番。此时不买，更待何时？

所以我开始积极地看房子。当时是委托我在上海的亲戚帮我看有没有合适的房子可以买，我的女友在上海也有亲戚，两边的人都帮我们一起看房子。上海市中心那个时候就是一个大工地，新楼盘层出不穷。浦东更是一眼望不到头的脚手架，数不清的在建楼盘。

当时，可以说很多在美国的华人都可以买得起上海最核心区的任何一所好房子，不过并不是没有人给我泼冷水。我的一个远在北京的亲戚就给我泼冷水，他说他刚从浦东出差回来，他觉得那里空置现象严重，大量的楼盘盖好了没有人接手，卖不出去。

直觉告诉我，他的话不见得对。按照全国这么大的人口体量，上海、北京的人实在太少了，还会有大量的人涌入一线城市。法国一半的人口都在大巴黎。超大城市人口聚集是不可阻挡的经济规律。我们只是通过政策降低了这个速度而已，而最终只能靠房价阻挡汹涌而来的人群。

两个同样来自中国的同事和我聊起来在上海买房子的事，他们给出的也多是负面之词。两个人都是地地道道的上海人。一个年纪大一点，他说上海房价已经太高了，当地的上海人怎么能买得起那么贵的房子？因为那时上海本地人工资收入是2000~3000元一个月，而房价是5000元1平方米。即使不吃不喝，也要200个月才能买一套100平方米的住房。另外一个同事说起国内的房子就只是摇头。他说那根本不是你的产权，你只有70年的使用权。另外他对国内的建筑质量也表示堪忧，他说大部分房子三四十年之后就会变得破败不堪。

上海人以精打细算而闻名。和我说起来这事的时候，他还仔仔细细地跟我算了一下账。按照每个月租金，在上海买房子是一件多么不合适的事情。因为一套100万元人民币的住房，月租金当时只有3000元人民币，一年的租金也不过3万元人民币，购买后出租要30年才能收回投资。既然30年才会收回投资，大家会选择租房子而不会去买房子。

我当时非常坚定地认为，他们说得都不对。他们最大的问题就是用静态的数据分析未来。他们没有考虑到未来收入和未来房租的变化。上海人现在不富裕，但是按照每年30%的增长速度，再过10年之后他们就会变得富裕起来。租金现在也许是低的，但是租金和收入基本上是同比例地增长。总体而言，城市居民平均要拿出他们收入的1/3左右用来支付住房消费。美国200多年以来的数据大体都是如此。

我当时没有找到更古老的数据。但我怀疑即使在封建时期，哪怕是在原始穴居时代，人们也是拿出自己获得的1/3收入，用来改善居住环境。因为居住环境是刚需，一个人90%的时间是在室内度过的，现代城市的居民60%~70%的时间在自己家里度过。住房是刚需，因为人长期在家，舍得花钱营造一个好的环境。在过去200年里，美国的科技发生了翻天覆地的变化，可是人们还是和200年前一样，拿出1/3的收入用于住房消费。这可能和人的天性有关，不然那些封建贵族不会花那么多钱去装饰自己的城堡。

至于说70年的房屋使用权，那简直就是一个自欺欺人的说法。如果你熟悉历史，你就知道那是一个不得已的变通办法。因为宪法里写着城市土地归国家所有，你总不能让政府真的把土地卖给你吧？

在这个购房的讨论中，我也基本上明白了另外一个道理。那就是持反对意见的人，他们明知自己的道理不靠谱，但也不愿意正视对他不利的理由。大部分人思考的逻辑是先有结论，再去找道理。我自己也不能逃脱这个规律。如果你想做一件事情的时候，你会找千万个理由支持自己做这件事情。如果你不想做一件事情，比如在当时，如果你不想买上海的房子，你会给自己找各种理由说明自己判断的正确性。理由不是判断结论的依据，往往只是自我安慰。

你想成为富人，你想变得有钱，你自己会想办法去实现这个目标。如果你一开始的结论就是我买不起，我无法投资，我不可能有钱，那么自然而然你也就会给自己找各种理由，然后真的就是不会去投资，最终也不会变得有钱。

06　选房

在年轻的时候，你经常会发现生活中很多事情交织在一起。也是在那个纷乱的时候，我的女友成了我的太太。我们的婚礼很简单，没有请任何人，只是和她与她的家人一起去阿拉斯加进行了一次旅行。那个旅行和其他旅行没有任何区别，只是游玩了一下风光。我们没有买什么金银首饰，更不要说去买什么钻石，因为我觉得结婚买钻石，绝对是彻头彻尾的钻石商的骗局。一个“爱情恒久远，一颗永流传”的广告语就把大家洗脑了，没有任何统计数据证明买钻石的比没买钻石的离婚率低。

爱情是两个人的事情，两个人觉得心意到了，也就应该结婚了，并不需要一块破石头来证明两个人彼此很相爱，更不用奢侈的婚礼向世人告知我们很相爱。两个人是否相爱，彼此心知肚明，和其他人没有关系。

至于我的父母，那就更简单，我只在电话里告诉我妈妈，我结婚了，然后给她寄去一张合影。两个人相爱，最好的方法就是共同做一些事情。

无论是营造自己的家，还是共同去创业。对于我们来说，当时我们两个最热衷的共同事业就是营造财富。

上海的亲戚们很快有了回音，他们分别帮我们挑中了两套住房，一个是在静安寺的一套住房，一个是在徐家汇的一套住房。他们都建议我们回去看一下再定夺，要确定这是我们喜欢的户型。

很多当时回国买房子的人，都卡在这个事情上，就是要等他们顺道回国的时候才能购买。因为需要他们去看这套房子是不是他们真正喜欢的，看来看去就把机会看丢了。因为当时的房价已经蓄势待发，很多人已经开始提前一步抢房。如果你看过电视剧《蜗居》，你就大概知道当时购房是怎样一个情景。

一个房子开盘买卖，无论是二手房还是新房，一下子就会涌进来十几个买家。然后业主站在房子中间，漫天要价。那十几个进来的买家，纷纷报价，看谁报得高，谁就能够得到。大家惊叹买房子比买白菜的决断时间还要短。

这样的市场情况下，哪有时间等你去看什么房型。我当时的决定就是，房型不重要。因为公寓房其实没有多大的区别，三室二厅也好，四室一厅也好，都是平面上一些简单的布局。毕竟只是一个毛坯的公寓，只要房间方方正正，不要是底楼和顶层就可以了。美国的住宅形式不一样，美国的住宅需要比较院子的大小、房屋的采光、平面的布局、装修的风格、后院的风景，所以光看图片是不行的。

当然最关键的是此时买房子纯粹是一个投资行为。我又不去住，我为什么要关心户型构造，或者我是否喜欢呢？我喜欢又怎样，不喜欢又怎样呢？

当时我对投资房地产的大部分经验都来自小说和传记。在我进行投资型购房之前，我没有看过任何一本专业的房地产书籍。我的很多知识都是来自一些名人的故事。比如大家都知道康有为是变法改良的先驱，我读他的故事，意外地发现他其实是在墨西哥投资土地时发了一笔财。和他同时代的梁启超先生，学问、人品俱佳，可是他和子女的往来书信很多内容都是关于房子买卖的讨论。他能够一直过着比较富足的生活，很大一部分原因也是投资有方。更近的历史中，给我最大触动的是连战的母亲是如何在中国台湾成为巨富的。应该说连战家到中国台湾时只是一个不起眼的小家族。连战父子忙于公务，他们家有钱完全仰仗连战母亲投资理财有方。她的做法就是在中国台湾经济起飞时，持续购置了大量的房屋和彰化银行的股票。

所有这些投资理财的故事都告诉你，房子最重要的就是地段，而地段是地图上可以看到的，所以我根本不需要飞回上海去看具体的户型。我是那个时候少数买房不看房就决定的人。

大部分人在做重大财务决定的时候，采用的是鸵鸟或者是随波逐流的方式。因为花一大笔钱出去，大家心理上会本能地感觉到害怕。面对令人担心的事情，拖一拖是相对保险的方式。所以人们用各种各样的方式给自己拖一拖找理由。这些理由包括房子我还没有去看，房子租不出去怎么办，贷款我办不成怎么办，等等。

在投资理财论坛上，后来经常有人叹息他们如何和各种投资机会失之交臂，于是我也观察和思考很多人在重大投资决策面前错失良机的原因。不是他们不明白，而是明白了，但是做不到，就是古人所谓的知易行难。我把它归结为执行力。就是很多时候我们知道一个正确的事情要做，但是自己的执行力欠缺。和我同期也有大量的海外华人意识到投资国内房地产的重要性。在以后的日子里，我也观察到很多人明明知道是投资湾区房地产的好时机，但是他们就是做不到。很多投资你知道，但不见得能做到。但是如果你没有做到，那你知道又有什么意义呢？只能让自己空叹息，当年如何如何，全部一场空。

当时我下定了决心，无论如何也要做到。但是我可以用的钱不多，我最多只能花 5 万美元，而我看中的是一套价值 100 万元人民币左右的房子。国内当时买房子首付 30%，外加一些税费，所以我准备了 40 万元人民币，5 万美元就够了。

当时没有人清楚海外华人买国内房子的手续怎么办。我也不清楚，只能是盲人摸象，走一步看一步。为了坚定自己的信心和决心，我决定把 5 万美元先汇回国内再说，然后开始咨询如何去大使馆办各种公证手续。

正当我要克服一切困难，动手买入的时候，不幸的事情又发生了。

真是好事多磨，一波未平，一波又起。

07 抢房

2003年，“非典”疫情在国内暴发，当时没有人知道“非典”疫情会持续多久，也不知道对经济会有多大的影响。亲戚给我的建议也是，你等一等吧，等疫情过去之后再说。因为那时市场陷入了持续的恐慌，人们也不愿意出门，特别是没有人愿意到人多的公共场所。

我也陷入了焦急的等待。美国这里是“9·11”之后的萧条，国内那边是“非典”疫情下的萧条，而美国联邦储备局还在继续降息。我当时对宏观经济并不是很懂，于是我咨询了一位学经济的博士。他倒是很热心，把利率、萧条、股票、房价、通货膨胀等各种因素给我科普了一下，然后大概跟我解释了一下它们之间的变化关系。但是做学问的人说的话总是云里来雾里去的，告诉你一大堆现象，但就是不会给你任何有用的结论。

我追问他：结论是什么？到底是涨还是跌？他倒是对我说了大实话，那就是宏观经济学到今天只能做到解释某些现象，预测功能还很差。你随便找出十个经济学家，一定是五个看涨，五个看跌。我当时以为那是因为经济学还不够发达，也许哪天经济学领域也有牛顿这样的人物出现，就能把经济学变得和自然科学一样，我们就能像预测铁球何时落地一样预测资产价格的变化。现在我知道那是永远不可能的，因为即使有人能做出那样的精准预测模型，那么资产价格也不会一步到位，而是在那个预测的价格左右波动，因为人人都在逐利。从经济学家那里是永远得不到任何对于未来形势判断的结论，所有对未来的预测必定都是模棱两可的。

然而这个世界永远不乏大胆的人尝试预测，并想一举成名。我印象中《财富》杂志有一期的封面上画了一个悬崖，悬崖上面是一个摇摇欲坠的房子，封面上的标题是“房地产是不是继股市后的下一个？”（Is real estate the next after stock market？）

这样的标题看着很吓人，估计那本杂志卖得不错，因为耸人听闻的标题和画面总是可以抓住人的眼球，让大家忍不住去翻一翻。我反反复复把那篇文章读了好几遍。总的来说，那篇文章说的是经济下调之后房价不暴跌是不可能的，只是我们不知道暴跌的幅度有多少。

又过了几个月，我给我的中介打了一个电话，我问了一下上次我看中的那个 50 万美元的房子，卖掉了没有。

中介跟我说，原来的房东降了 3 万美元之后，一个月后卖掉了。这让我有些着急，一方面，我在急切地解决自住房问题，想过上标准的美国梦里的日子；另一方面，那时我太太已经怀孕。怀孕让女性有本能的筑巢心理，她希望尽快找到一个房子，让我们安定下来。

于是我们又到上次去看过的那个新开的楼盘去看，看看那个任我开价的楼盘卖得怎么样。如果可以的话，也许我们可以开一个很低的价格，看看能不能捡个便宜。

结果不看不知道，一看吓一跳。

满街大甩卖的红旗不见了，一个人都没有了，全部撤了，连各种指路牌子都没有了，好不容易找到了销售办公室，只有一个人懒懒散散地在里面接待。我问：还有房子卖吗？他说：都卖光了，一间都不剩。

这把我吓了一大跳，总的来说，人们的心理是买涨不买跌，我也一样。我想起用假饵钓鲈鱼的场景，而我就是那个水中的鲈鱼，看见眼前诱饵在迅速离去，想也不想地要冲上去来一大口。我连忙翻看《旧金山时报》（*San Francisco Chronicle*），那份报纸每个周日版都有一个房地产栏目的专刊，上面列着所有湾区的新建楼盘。我根据报纸上刊登的广告，立刻马不停蹄地去另外一个开发商的新楼盘那里购买房子。

在另一个开发商那里，我看到的是一个新的景象，销售办公室的门口排着大队，需要摇号才能买房子。人就是这样，前几天让你随便开价，随便买，你就是不敢买。这个时候加价了还要排队抽号，大家不惜寒风中排队一个晚上也要买。

好不容易拿到号之后，你还要去给心仪的房子加价。你选一个自己喜欢的地块，然后出价。房地产商给出的是底价，你需要在这个基础上选择是加1万美元、2万美元，还是5万美元。

我当时大概是加了1万美元的样子，但是竟然没有买到，被另外一个人以更高的价格抢走了，这对我刺激很大。回来的路上，我和我太太都垂头丧气，我们又去看了一下，那个我们退掉后被别人低价抢走的房子。那个房子门口插着的标签已经被拆掉了，显然房子已经过户，紧闭的大门似乎在嘲笑我们。

人们失去一样东西的时候，就会觉得那样东西格外珍贵。当时决定等等看的理由一下子消失得无影无踪，剩下的都是懊悔。我们在门口转悠的时候，就觉得那个房子这里也好那里也好：院子不大不小正正好，又是海边的房子，可以看见一部分海湾里的风景；周围的公园又整齐，设施又新；外面的马路上车又不多，交通便利。

那天晚上我们吃饭的时候，好像都没有说什么话。市场给了我一个深刻的教训，就是在众人沮丧的时候，一定要勇敢。我给上海的亲戚打电话，毫不犹豫地跟他们说，只要房产商办公室开门了，就立刻办手续。至少先把定金付了，定金付了之后，后面的手续再慢慢办。

08 抢到房

天无绝人之路。过了几天，我收到了一封电子邮件，说开发商上一批的房子都卖完了，但是后面又出了一批房子，下周大家就可以来预订。这次我们是志在必得，电视上新闻报道说湾区的几个区又开始了排队抢房的壮观景象，有的人为了买房，排队排了两天一夜。

显然衰退是短暂的，最糟糕的时候已经过去了，而美联储的一再降息，对房价有推波助澜的作用。后来的故事大家其实都知道，这一轮降息，直接导致了房地产泡沫和2007年次贷危机的爆发。当然这是后话，当时没有人能够预见到这些。

现在回想一下，让我当时能够快速反应去买房的一个重要原因就是我不是一个特别固执的人。有些人非常聪明，但是聪明的人容易刚愎自用。

当现实和他们大脑中的观点不一样的时候，他们会顽固地坚持自己的观点。可是无论再怎么聪明的人也有犯错误的时候。一个人当事实和自己的预期不相符的时候，要尽快接受客观现实，修改自己大脑里对未来判断的模型。这样的例子在我们生活中很多。在房地产市场上，2000 年初的时候，相当一部分比例的一线城市居民不看好房市，一部分人修正了自己的观点，一部分人坚持了自己的观点。有人说，国内新的中产阶级的划分基本上也就是这两派的划分。之前大家都穷，后面看涨买房的人变成中产阶级，而坚持错误观点的人，则是一而再、再而三地错过了国内的黄金 20 年房市的人，他们就没有跻身这个阶层。

也许是长年的理工科训练让我习惯用现实的数据校核自己大脑中的模型。我总是将自己大脑中对未来的预测理解为我们做实验验证之前的理论模型。理论模型要有强大的逻辑上的道理，但是再完美的逻辑和模型也要在事实面前不断被修正。

我不是一个特别固执的人。我清楚地看到了自己之前犯了错误，所以我决定用更加夸张的出价，尽快买到自己的房子。因为我知道房价一旦涨起来的话，那一点小小的差价，根本就变得不重要。

第二次我们一口气加了 3 万美元，在原始的价格基础上加价了 7%左右，终于买到了自己的房子。虽然这所房子的院子比较小，房型我也不是特别满意，也不是小区里性价比最高的那个，但无论如何，这个时候抢到是更重要的事情。历史一而再、再而三地证明，大部分时候，买还是不买是关键，而不是买了什么。

好消息总是伴随着坏消息，这边手忙脚乱地抢到了房子，上海那边却传来坏消息。在经历了“非典”期间短暂的低迷之后，当买家回到市场后，他们发现其他买家也以同样的速度回到市场里。于是大家又开始了新一轮的抢房。我要买的那套房子，虽然定金已经付了，但开发商竟然说，只能把定金退给我们，因为没有房子卖给我们，预订数比房子实际数量多了。

“怎么还有这样的事？”我在电话里问。定金的意思不就是定下来吗？还有收了定金不卖你房的事情？但事实就是事实，市场就是这样火热。这是一个没有办法的事情，有这个工夫跟他们吵架，不如去寻找下一个机会。

我在美国买第一所房子的时候，几乎是把口袋里的最后一分钱都用完了，才办理完过户手续。为了保持杠杆，我坚持付最低可能的首付，10%。当然很多人会付更高的首付，比如20%或者30%，这样可以拿到一个更好的利息。但我觉得更高的杠杆对我可能是更有利的，利息差0.25%~0.5%，其实没有什么太大的区别。在你能够感觉到房价要上涨的时候，你想做的就是花光手中的每一分钱。买上海房子的钱已经汇出，所以手上剩下的钱并不多。过户费用（Closing Cost）更是雁过拔毛，当把所有的费用都缴完之后，穷得只能靠信用卡过下个月的日子了。

这么多年来我回顾历史，投资房地产市场成功与否最主要的就取决于自己的执行力。我感觉判断房地产趋势不难，往往一个趋势会持续一段时间。执行力好的人，就能够比别人稍微快地抢到房子。执行力不好的人，拖拖拉拉的，最后可能就会一直两手空空。

美国的房子买好了，国内的房子依旧是个问题。好在几个月后同样一个开发商第二期的房子出来了。可能是上一期的房子没有卖给我，所以他们有一些歉意，这次让我们优先挑到一套房子。

然而光是付了房子的定金，还远远没有结束。吸取了上次的教训，我需要用最快的速度办理完过户手续。在国内买房子需要很多手续和各种证明材料，我需要去办理一系列的公证。当时还不是特别清楚在美国的中国人如何在国内贷款买房子。连银行都不是很清楚，他们只是说去当地中国使馆办理公证委托手续，办收入证明。具体手续没有任何表格可以填写。

于是我就耐着性子，一样一样地把文件都准备好。我记得当时有一个投机取巧的事情，就是没有按照通常的规则去办三级公证，而是写了中文直接去大使馆办了公证。我把自己的经验后来总结了一下，发在博客里，叫作“手把手教你如何在中国买房子”。这个博客很受欢迎，曾经一天就有一万多点击量，可见在美国有很多华人关注着中国的房市。

让我高兴的是，有不少人因我这篇博客受益。因为在这个博客发表之后的很多年里，你在任何一个时机买入国内的房子，现在都能赚很多钱。

我一直都相信，给予其他人的付出，终究会有回报。人世间各种恩恩怨怨，你的每一个善举，最终都会以某种形式回赠给你；同样，你做的每一个恶行，最终也会给你带来伤害。

两个房子都买好了，但是后面面临的就是装修，归还贷款，还有把上海的房子出租等事情。首先就是每个月的房贷，我们是否能够支撑得住。大部分人买房子的时候，都会有这方面的担心。虽然房价在上涨，但是美国失业率还在攀升。我们算了一下，即使一个人丢了工作，也是可以还得起房贷的。

因为我们平时的消费水平并不高，在我记忆中，当时除了每个月房租之外，我们的开支是每个月 1500 美元左右。这个数字对于很多年收入 15 万美元的家庭来说是偏低的，但我觉得这个标准的消费水平并没有给我的生活带来什么困扰。

因为在读书的时候，我每个月的生活开支大概是 500 美元，现在我们两个人在一起生活每个月开支 1500 美元，即使相同的生活水平，总量还是比之前多了 500 美元。当时每个月的房贷是 2000 多美元，再加上每个月的房产税、物业管理费、保险，房屋总支出有 3000 多美元的样子。房子的支出再加上 1500 美元的生活费，一共是 4500 多美元，一个人的工资是绰绰有余的。

维持上海的房子有一些麻烦，最棘手的就是我们需要每个月还贷款。我飞快地把它装修好，然后就挂牌出租了。能否把房子顺利租出去在当时是个很不确定的事情。因为本地的上海居民还没有那个租房能力。2002 年，当时大家的工资也就 2000～3000 元一个月，怎么能花 6000 元租房子呢？有租房能力的人都忙着存钱自己买房子了。不过我们运气还不错，一个生活在上海的德国人最后租了我的房子。租金和每个月的房贷相比少了 2000 多元人民币，折算下来我们需要每个月补贴上海的房子 300 美元左右。

所以，即使我们用这么大的杠杆同时买进了两个房子，我们依旧没有特别大的压力。大部分人购房时候的担心和恐惧是多余的，更多时候是给自己的不作为找借口。虽然我们是极其普通的工程师，在湾区拿着非常普

通的年薪，我们只需要用一个人的工资就可以应付所有的开支，另一个人的工资可以被完整地存下来。这样我们的存钱速度和之前并没有什么太多的改变。我们依旧可以继续存钱来为后续的房产投资做准备。

搬到新家里，当然需要购置家具等生活用品。当时一个美国中西部的朋友，到我这儿来看看。他很为我高兴，不过他小心地提醒我，说在他们那里，买了新房子之后都是要穷三年的。

我好奇地问他："为什么要穷三年？"

他说他们那儿的习惯是用相当于房子价格一半的钱来装饰房子，购置家具，那样装修好的房子才能既体面又显得舒适。

我却不这样想，我最不喜欢的就是那些无比沉重的家具。很多中国家庭购买家具的时候，喜欢购买那些用真材实料制作的实木家具。可能是受红木家具风气的影响，只要一买家具就恨不得用上几百年，然后传给自己的儿子和孙子。

我这个朋友就是，他们两口子花了 2 万美元，买了一个无比沉重的吃饭桌子。桌子沉到夫妻两个人合力都抬不动，要搬动的时候，需要打电话请额外的工人来搬才可以。

我觉得这纯粹是有钱没地儿花，自己给自己找罪受。东西都是服务于人的，我们没有必要把它们像祖宗一样在家里供起来。家具的投资其实是最不合算的。可以说即使是最好木料的家具都毫无投资价值。因为家具的款式会过时，流动性很差。除非你有本事买一个稀有的木材做的家具，请一个名家大师，然后捂上几百年才有可能增值。所以我很简单，我喜欢轻松简单的家具，过几年不喜欢了，我就扔掉换一批。我去宜家，只花了 2000~3000 美元，基本上就把新房子所有的家具都配齐了。

房子的室内装修也是一件事情。交给我们的房子是全地毯的房子，而我们中国人的习惯通常是一楼铺地板，二楼铺地毯。这样的话，一楼容易保持干净，二楼温馨舒适。如果请别人来铺设地板的话，恐怕也要花 1 万美元。我那时年轻，充满精力，决定自己干。我觉得对家庭之爱最好的表现就是自己装修自己的房子。因为你付出劳动，所以对家里的一草一木、一针一线都会倾注深情。

那是我第一次自己装地板。我在网上订了地板木料，然后自己开车去木材公司运回来。木材公司仓库在另外一个城市里，需要两小时车程。我算了一下木材的重量，避免汽车超载，找了一个周末，来来回回开了两趟。一路只能开得很慢，慢悠悠地沿着高速公路最外面的一个车道，打着应急灯才把各种装地板的木料运到家里。具体成本我有些不记得了，大约是请人铺设地板费用的 1/3。我牢记当年去机场接我的老宣说的那句话：美国的人工比较贵，尽可能自己干活。

写这本书的时候，我已经人到中年。让我回首往事的话，年轻的夫妻最欢乐的时候，就是一起动手营造自己的家。当时我太太已经怀孕好几个月了。她不能帮我抬东西，只能在边上递给我工具、帮我出主意。我满头大汗地把总重量达到半吨的木板一点点地搬了进来，一块块铺在地面上。从日出到日落，房间从昏暗到明朗再到昏暗，地面上的窗影在一点点地延伸。我累得几乎直不起腰来，但是内心充满了欢乐。我花了两个周末，把一楼的地毯全部改造为地板。然后又花了一个周末把厨房的柜子漆成我喜欢的颜色。

在美国有了自己的房子之后，可能很多人都有类似的经历。每个周末最快乐的事情就是在家里鼓捣安装各种东西。除了室内装修，就是做后院。全新的房子交付的时候，后院是一片泥地。这个时候通常要花一万美元到两万美元雇用承包商才能把后院修整到可以使用。

铺完了地板，我对自己的土木工程能力感到信心满满，于是决定自己修后院。一方面，我觉得这些事情本身很有趣，可以学习新的知识；另一方面，可以对自己的家进行各种设计，哪里种花，哪里种树，哪里铺上木板阳台（Deck），这些事情本身让生活充满快乐。

购买新房子之后的第一年里，每个周末我几乎都泡在家里，做各种各样的东西。后院的每一棵树、每一丛草、每一个花坛都是我自己弄的。院子不大，我自己动手铺设了一个 100 平方米的木板阳台供孩子玩耍。我自己辛勤的汗水留在新家的每一个地方，那种感觉非常好。

等一切都做完了，我算了一下，里里外外各种装修的费用，我总共大概花了 1 万美元。这些活儿如果包给别人做，成本在 3 万美元左右。因为个人收入税的原因，如果你能省出来 2 万美元，其实相当于你多挣了 3 万美元。

09 涨价

有了自己的房子另一个开心的事，就是可以不断地开派对，认识更多的人。当时我是在同一批到湾区来的、所有我认识的中国人里面，最快买房子的人。而其他动手慢的人，他们的痛苦就渐渐显现了出来。

最大的问题就是房价开始飞涨。我抢到这个房子之后，房价半年之间就又涨了 10 万美元，这让很多没有买房子的人感到气愤。存钱速度赶不上房子涨价的速度，半年白干了。由于利率一再调低，房价一路上涨，房价上涨就带动了更多的人买入，又助推了价格上涨。

当然那个时候也是危险渐渐出现的时候，因为开始有人用 100%的贷款购房，就是买家一分钱的本金都不用出，完全由银行提供全部的贷款买房。我买房子的时候，最低首付也需要付 10%。100%贷款之后不久又有了 102%的贷款，就是你不需要付一分钱，银行帮你解决所有的购房款问题，多出来的 2%用来支付买房的各种手续费和税费。

首付低于 20%之后。抵押贷款会分两部分，第一部分是正常贷款，第二部分是用来付首付的贷款，叫作第二贷款（Second Mortgage）。当时我付 10%首付购买这个房子的时候，我也有两笔贷款。不过随着房价的上涨和利率的降低，我有机会重新贷款（Refinance）。这样很快我就只剩一个贷款了，传统正常贷款。虽然我贷款总额还是跟以前一样，但因为利率降低了，我每个月付的贷款就更低了一些。

过了一年，当房价又上涨 20%的时候，和我同期来到湾区的小伙伴们陷入了深深的痛苦之中。因为经济的基本面并没有明显好转，房价大涨，可是这个时候是买还是不买呢？

买了，怕房价下跌，造成自己亏损。美国的房价下跌，是一个灾难性的事情，因为银行会不断地评估自己的风险。比如你首付如果付了 20%的话，房价下跌了 10%，那么你的净值（Equity）就只剩下 10%了。这个时候银行就会让你多付 10%的首付，维持原首付比例 20%，或者让你买额外的按揭保险（Mortgage Insurance）。

那时候，每次中国人的派对说得最多的就是房子。有时派对的主人嫌烦了，会公开声明一下，今天的聚会不允许讨论房价。对房价的判断永远都是两派，一派看涨，会说湾区天气有多么好，产业有这么多，大家都来，所以要涨；另一派就会说，湾区人口在外流，湾区房价已经贵得离谱，产业外迁，所以要跌。几十年来，我看这两派都没有什么变化，我们中国人的派对永远都在讨论房价。

在争吵和犹豫中，房价又涨了 20%。很快，我花 40 多万美元买的房子已经涨到了 70 万美元。这个时候，小伙伴们又陷入了更痛苦的煎熬。每一次聚会，大家的辩论都会变得越来越激烈，当时讨论最多的一个问题就是："我们要咬紧牙关吗？"（Should we bite the bullet？）

有人信誓旦旦认为房价会跌。这些人多半是因为各种原因错过机会没买房的。而房屋持有者则认为房价只会稳中上涨，因为他们说又有公司要上市了，又有公司要扩张了，所以房价总是要涨的。

当时我对房价未来的涨跌其实是持中性的态度。因为足够多的历史数据证明，房价不可能持续地涨，当然也不可能持续地跌。上次买房我一脚踩空的教训给我留下了深刻印象。如果回顾历史的话，2006 年应该是处在一个相对高的价位，所以我没有劝任何一个我的朋友买入房子。我跟他们说如果你要买房子，赶紧买国内的房子，而不是湾区的房子，可是听进去我这样意见的人很少。当时和我年纪相仿的人，大都急于解决自己的住房问题，而投资国内的房地产是一件遥远的事情。

国内那边的房价更是波涛汹涌，一波接着一波地往上涨。某市在一次外商招待会上说，买本市的房子是包赚不赔的，这下引起了市民买房的恐慌。我 2002 年 100 万元买入的房子，2004 年很快就涨到了 200 万元。我的亲戚打电话恭喜我，不过他建议，我干脆把它卖了吧。他说我都挣了 100 万元了，还不赶紧把它卖了。因为当时 100 万元人民币，对于国内的大部分人来说是很大一笔钱。大部分人一辈子都没有拥有过这么多钱，无论怎么说，房产变现后也是百万富翁了。

不过我研究过历史，我知道中国台湾和中国香港房价的历史。我更了解韩国和日本的房价历史，我知道这才只是一个小小的开始，后面的涨幅还大着呢。

10 房价

我认为大量的钱会涌向中国。中国处在一个高速发展的初始阶段。这个阶段和日本、韩国的20世纪70年代，中国台湾、中国香港的20世纪80年代非常相似。现在房价才涨了一倍，还早着呢，100万元未来回头看看根本就不是什么钱。

我不但不要把自己的房子卖掉，我还酝酿着怎样在国内买入第二套房子。第二套房子我不想买在上海，而想买在北京。我想在北京买第二套房子的原因有很多。今天回忆起来有两个。一个是2004年的时候，上海的房价已经涨了一倍了，但北京的房价还没有涨起来。很多在北京的居民，他们简单地认为上海房价贵是炒起来的，因为上海黄牛多，有投机的风气。房价飞涨其实和炒作没有多大关系，其实质反映的是底层的供应和需求的不平衡。而北京的这种不平衡，在我看来，在未来会显得比上海更加突出，主要就是北京比上海更有能力吸引外地人，特别是名牌高校的年轻人。因为北京著名高校比上海更多，上海辐射的只是江浙沪长三角一带，而北京辐射的不仅是华北和东北，还有全国。北京那么多高校，最终会把全国最聪明的孩子都集中起来留在北京。他们未来都是高收入人群。这些高收入人群会在北京就业，会在北京生活，会在北京生儿育女。他们都需要在北京购入房子。虽然此刻他们很穷，还没有钱，但是在未来他们会变得有钱。这个时候就是买入北京房子的最好时机。另一个就是，北京有那么多央企，有那么多驻京机构、国际办事处机构。这些单位和人最终能够形成的经济影响力，会超过上海。

但是在当地的人们却不这么想。2004年，我出差去北京的时候，我的一个北京亲戚跟我说北京的房价太高了，当时北京国贸附近的房子是 6000 元 1 平方米。她说这么高的房价，谁能买得起？根本无法支撑。

我说这个房价在未来看会显得便宜得微不足道。当然在北京买房，我太太是坚决反对。她觉得我们扩张得太快了，刚刚买好两个房子，应该好好消化一下。但是我觉得这是千载难逢的好机会，错过了就没有了。

那个时候北京的房子还不是特别抢手，售楼处的销售员服务热情极了。因为卖房子有销售提成，售楼小姐都恨不得你马上买个十套八套的。我当时看的是北京国贸附近的富力城和北京北边的温哥华森林两个项目。温哥华森林是个远郊的别墅，我担心出租不出去，所以基本上倾向买国贸附近的富力城。

正要买的时候，我太太在北京的另一个亲戚说他们行业协会有四套房子要卖掉，如果我们感兴趣的话可以买，而且是内部价格，于是我没有买富力城。可是几个月过去了，等我们再问的时候，那个亲戚说，协会的四套房子被一个人一下子都买走了。协会嫌一家一家地卖太麻烦，就都卖给那个人了。

北京的房子我前前后后看了很多次，很多次都定下来要买了，但是由于种种原因，最后就是没有买上。这些原因我现在回想起来甚至都不完全记得了。其实我完全没有必要用出差的间隙去买房子，而是应该专程请一个星期的假，老老实实地飞到北京，把买房子的事情办好。

可我当时虽然明白这个道理，但就是做不到。别忘了，我这本书里写的所有的事情都是我工作 8 小时以外的业余活动，我的主要精力还是在工作上的。另外，还有一个原因就是我周围所有的人似乎都在有意无意地阻止以及劝说我不要在北京买房子，我需要额外的精力回应他们。我印象中，北京的一个亲戚对国贸富力城的房子嗤之以鼻，说那是南城。过了长安街以南的南城的房子在当时的北京是被歧视的地域，虽然我不是特别明白和同意这种歧视的根源，但当时的一句话就是城市北面上风上水。还有一次是亲戚说他的房子要卖，可以转卖给我，当然这个最后也落空了。

我想人生可能就是有命运吧。虽然我觉得自己的执行力还是不错的，但是北京的房子我从2004年一直挑挑拣拣到2009年，整整五年时间过去了，在各种犹豫、徘徊、失信中，我把所有的机会都错过了。在国内买房子离不开中国亲友的一些帮助，因为你不可能在出差的间隙把买房的所有手续办完。直到后来北京出了限购的政府法令，这个事情我也就再也不想了。

11　换学区房

2005年，当和我同时期到湾区的小伙伴对于买房这件事还不知道该怎么办的时候。我按照自己原来的计划，决定把住了两年多的房子卖掉，这样从前面的住房C换到住房A。住房A是地处湾区好学区且比较新的房子，也是我最终想住的房子。

现在回想起来，我自己也不知道当初是怎样有如神助一样，准确地判断了市场。其实房地产市场的趋势判断不是特别难。大部分时候，人们是出于对涉及重大金额的决策感到害怕而不敢有所举动。

我的第一个房子是2002年买进的，住了三年时间。我买入的时候，并不知道多久要去把它卖掉。只是知道如果市场上涨，它的涨幅会比好学区房子多涨一些。但是我知道，这里不是我们长久居住的地方，因为我们需要搬到更好的学区去。

最主要的原因还是作为中国人，我们都非常重视教育，要送孩子进好的公立学校。那时我的孩子已经三岁了，我需要找一个合适的时机搬到好学区去。好学区一方面是教育质量更好，另一方面是我们可以节约生活费用。生活在中等或者偏差的学区，中国的父母是不会把孩子送到普通公立学校里的。如果送到私立学校，私立中小学和大学学费几乎是一样的，每年一两万美元，而且这部分费用完全没有办法抵税。所以，最经济的办法还是去好学区，让孩子上公立的好学校。

前面我说过，好学区和普通学区的房价，长久来看，涨幅是一样的。只是好学区房价比较稳定，坏学区房价暴涨暴跌。虽然我的孩子才三岁，我还可以再等几年。但是对市场的解读，让我感觉到当时的房地产市场是山雨欲来风满楼。

我的这个房子 2002 年买入价是 43 万美元，2005 年已经涨到了 72 万美元。这倒不是我最为担心的，因为历史上有过这样的涨幅。当然，我这个涨幅是在短短的三年多里实现的，历史上的确比较少见。虽然我没有办法预测是否会暴跌，但我觉得至少价格不会再出现疯涨。

我感觉市场会出问题来自一次和一个房产中介的对话。这个中介在我住的那个小区业绩很好，我问他，我们这个小区最近的买家都是什么人？这样的话似乎只能问我们老中的中介，老美中介会对族裔问题很敏感，他说最近多是一些从南美来的移民。

我说：他们怎么能够负担起首付的？他说：你不知道吗？现在都是 110%的贷款。现在的银行不单让你一分钱不付，还给你 10%的钱，用来付各种交易费（Closing Cost）和装修的钱。有的人干脆拿着多出来的 10%，甚至给自己买一辆新车。因为反正都是银行的钱，不买白不买。买了房子涨价，过两年把房子卖了，可以赚一笔钱。如果房价下跌，把房子扔给银行就好了。

我和他都觉得这个市场严重不正常。他是兼职做中介，虽然当时他一个月最多能有 5 笔的成交，一个月的佣金可以挣 10 万美元，但是他依旧不敢辞去全职的工作。当时也有很多主流媒体反映这个市场不正常。应该说大家都能感觉到，房地产危机在一步一步地来临，只是当时大家不知道什么时候危机会真正地爆发。

从过去的历史数据来看，防备危机，最好的办法就是把房子换成好学区的房子。在下跌的时候房价会比较坚挺。当时在好学区花 100 万美元左右的房子可以买到比较新的，面积大一点的房子。前面说的“小黑屋”的价格在这些年里，从 70 万~80 万美元涨到了 80 万~90 万美元，100 万美元以上可以买一个相对新的房子。

如果全凭自己辛辛苦苦攒工资，买 100 万美元的房子，我需要 5~10 年的时间攒够首付。而现在我把增值的房子卖了，我手上立刻有 30 万美元的现金，这作为下一个房子的首付绰绰有余。而且我的首付超过 30%，我就可以拿到一个相对优惠的利率。

我把自己的置换购房的目标价格锁定在100万美元。最主要的原因就是100万美元是当时很多人心里难以跨越的价格障碍。房地产的价格不是连续的，很多价格应该是在110万美元和120万美元之间的房子，被硬生生地压到100万美元，而很多本来应该是70万~80万美元的房子，被抬高到了80万~90万美元，所以买100万美元出头一点的房子是最合算的。

我写这本书的今天，这样的现象依然存在。你可以看到200万美元价格的房子是人们新的心理价位。200万~230万美元的房子价格会被生生地压到200万美元，而150万美元朝上的房子，容易被抬价到180万~190万美元。所以，买房子最物有所值的方案就是选择大家最不舒服的价格区间下手。

100万美元价位的房子，最好是那些开价在110万~120万美元的，卖了很久没有卖出去的，甚至是有买家买，然后交易过程中又反悔的房子。卖家经过这样反复折腾几次，心态会崩溃，这个时候容易找到一个相对好的合算买卖。

那个时候我们又开始了重新找房的生涯。和上次不同的是，这次我们不再需要中介，每个周末开车，在好学区里转悠找房。我觉得买家中介是一个可有可无的，或者是对你不利的服务。因为你雇用买家中介，卖家就要付3%左右的钱给买家的中介。如果你不雇用买家中介而请卖家中介做你的双面代理中介（Dual Agent）的话，那至少你可以把这3%的钱中的一部分返还给自己，或者在出价竞争的时候让自己更有优势。毕竟在决定卖给谁的时候，卖家算的是自己到手多少钱，而卖家中介也是如此。

当然这只是我个人的见解，如果是出于对各种风险的担忧，那还是聘用买家中介吧。对于中介而言，他们最关心的是房屋能否成交，能否顺利拿到中介费。买家的利益或者是卖家的利益，并不是通过买家的代理和卖家的代理捍卫的，所有的中介只会按照流程走一遍程序，保证自己不会惹上官司。利益的真正捍卫者永远是你自己，因为没有人会比你更关心你自己的钱。

那个时候市场依旧火热，我看中了一个房子，一切都符合我的要求。

对方开价正正好好是 100 万美元。这个价格吓走了很多人，但是我坚定地把它买下。做买房的决定，我当时只用了 20 分钟的时间。

我太太当时吓了一跳，因为 100 万美元是一笔自己这辈子从来没有花过的大钱。她对我在 20 分钟里就做这样的决定感到很惊讶。那是因为她并不知道，我做好了功课，我知道我要什么样的房子，我要什么样的价位，一旦找到这样的房子，我就会坚定地把它买下。

回首往事，我们一生中会有一次一次的，突破原有开支记录的经历。如果你常年没有新的突破，则说明你可能老了，或者你在走下坡路。每次这样的心理体验，在我的脑海里都会有深刻的记忆。例如，第一次花 1000 元买股票，第一次 4000 美元买车，随着时代的变化，那些钱都不再是什么大钱，但是在当时对我来说，每次都是新的花钱纪录突破。

每次开支有新的突破，都让我觉得非常刺激。这样的感觉和滑雪的时候，你站在陡坡面前，心脏紧张快速跳动的感觉很类似。一次次价格的突破，相当于你从绿道上升为蓝道，然后再上升到黑道和双宝石道。有人喜欢这样挑战自己的感觉，这种感觉会让人上瘾。在商业界可以经常见到这样的人，一些老板喜爱的并不是钱本身，而是不断挑战自我的心跳感觉。

人很多时候都不是理性的动物。大部分时候，大家都是在跟着内心的感觉做决定。我可能是理工科出身的，我从来不相信自己的感觉和直觉，我更相信实际的数据和现实。可是我也能够体会到那种心跳加速的快感，只是我总是用数据和理性告诉自己，只有在概率对我有优势的时候，才果断下注。

当然并不是每个理工科背景的人都是这样。在我周围接受过高等教育、了解概率论的人，也有泡在拉斯韦加斯的。精通量子物理，可是不耽误物理系博士们集资去买彩票。六合彩的赢面明明不在自己这边，但是大家喜欢跑着去送钱。这和很多人迷恋短线股票交易一样，明明知道赢面不在自己这边，依然不耽误那么多业余散户在股市上拼杀，做着发财的美梦。

有人是知易行难，有人是知难行易。如果两者都难，可能需要好好检讨一下自己。对我来说，最大的问题还是知易行难。往往我明白道理，但是难以做到尽善尽美。很多时候，机会在你身边不停地转悠，但是你就是无法把握住。

我再用刚才说的我错过的北京房子的事做例子。2003 年买了头两套房子之后的几年里我一直在存钱，两年后为了买北京的房子我又准备了 5 万美元。当时，这在 2005 年可以让我买下一套 100 万元 130 平方米左右的三室一厅的房子。可是每次去北京都行色匆匆，我总是没有办法把这件事情落实下来。到了 2006 年，我去买美国 100 万美元的第二套房子，手上存的那 5 万美元，就稀里糊涂地成了这个房子首付的一部分，其实当时我卖了美国的第一套房子，手上有 30 万美元，完全不需要这额外的 5 万美元。

这笔钱为什么会成为第二套自住房首付的一部分，而没有用来投资，是个我至今也不是想得特别明白的问题。可能是内心恐惧，觉得自己从来没有贷过 70 万美元的贷款，投入 5 万美元进去可以帮我降低贷款额。

可是这 5 万美元放到国内，我当时可以在北京买到一套公寓。今天这样的公寓会值 150 万美元左右。这里并不是事后诸葛亮，因为当时我非常肯定地知道北京的房价会飞涨。哪怕涨一倍，按照 3 倍的杠杆，也有 6 倍的回报。这 5 万美元的错误投资，当时我内心深处是非常清楚地知道将要为此错过了一大笔财富了。但是人就是这样，总是在寻找内心的安全感，感性会悄悄地战胜理性，我自己也不能例外。我就这样稀里糊涂地，想也没有想地，把这 5 万美元的投资机会浪费掉了，也与这后来的 150 万美元收益失之交臂了。

2005 年，就在我搬入这个地处好学区的新房之时，我的一个中国老太太邻居在卖出她的房子。她的孩子长大独立了，她想回北京居住。她把美国的房子卖了，在北京天坛附近一口气买下两套复式公寓，每套都在 200 平方米左右。我当时确信她做了正确的选择，知道她会大赚一笔。也许她自己还是稀里糊涂的，只是简单地为自己的退休住房做准备。这两套住宅现在总价在 3000 万~4000 万元（合 430 万~570 万美元）。

也许这就是人的命运，就是你明明知道可以大赚一笔的事情，但你就是无论如何做不到。甚至明明白白地看着别人在你边上赚钱是那样的简单，但是你就是无法做到同样的事情。

12　第一个 100 万美元

我搬进了新房子，但是我们的生活开支开始直线上升，我再也不能只用一个人的工资，就负担所有的生活费和贷款。我的存款速度也下降了，似乎我中了那个罗伯特·清崎先生说的“中产阶级陷阱”，意思就是大部分中产阶级随着收入增加，换到更大的房子里，不断扩大自己的生活负担，导致自己永远在收支平衡线上，然后因为无法做到财务自由，永远看老板脸色过日子。

那个时候我已经有了第二个孩子。我需要付新房子的贷款，每个月的贷款是 3000 美元，加上房产税 1000 美元，所以每个月花在房子上的固定费用就是 4000 美元。另外，因为有两个孩子不得不请一个住家保姆。住家保姆的工资每个月是 2500 美元，再加上其他生活的各种费用 2000 美元，最后每个月生活的总开支，增长到了 8000 美元左右。

我们和很多中产阶级家庭一样，落入了收入的陷阱，就是你挣得越多，花得也越多，而花得更多的一个重要原因就是你要住更大的房子。因为住更大的房子就会增加一系列的开支，好在，我们工资也有所增长。从 2001 年到 2005 年，我的工资每年都增长 7%左右。所以 2005 年的时候，我们的年家庭收入也渐渐到了 18 万美元。

我依旧奉行之前的策略，就是基本配额以上的 401K 都不买。这样我一年可以差不多省 3 万美元，这 3 万美元几乎是我所有的每年可以动用的投资资本。

另外，我的不动产却增值很快。上海的房价一涨再涨，到了 2006 年的时候，已经涨到了 300 万元人民币。我顶住了所有的诱惑依旧没有卖房。美国第二个房子，一年后我做再贷款的时候，银行来评估，当时的估价已经在 120 万美元，而我的贷款只有 60 万美元。2006 年中的时候，我粗略算了一下，各种财富，加上退休基金股票和公司的一些员工股票。我的净资产差不多有 100 万美元。

我从一个一文不名的穷小子，在美国用了 9 年时间让个人净资产实现了从 0~100 万美元的增长。当时我只工作了 6 年，我和我太太只有 35 岁。在当时美国 30~35 岁年龄段的人群中，只有 10%的人净资产超过 20 万美元，1%的人超过 100 万美元。我没有收获什么意外横财，公司也没有上市，我也没有创业当大老板，只是凭着普通到不能再普通的工资收入就做到了这点。

这个时候我需要静下来想一想，整理一下自己的思绪，投资的关键点到底是什么？之前我有哪些经验教训？而下一个财富目标我应该定在多少更合理呢？

这个时候，我在文学城投资理财论坛上写了一系列博客。一方面是讨论，另一方面是反省自己。我把自己的投资理念总结为“会走路的财富”，把具体的操作方法总结为“懒人投资法”和“勤快人投资法”。

下面几章我来一一展开讨论。

第六章

会走路的财富

01　会走路的财富

我用打仗一样飞快的速度拥有了人生第一个 100 万美元。这个时候我需要喘一口气，应该说，我投资理财方法论中最核心的就是“会走路的财富”理论，应该说这个投资理论不是一天形成的，最早的思路来源于 2007 年伊始我写在文学城上的一篇投资理财博客。

会走路的财富（一）

2007 年 6 月 6 日

by Bayfamily

人和动物会走路，财富也一样。这世界是运动的，什么东西都喜欢满地瞎溜达。你可能会觉得奇怪，财富没有腿怎么会走路？即使各国钞票上有人像，那也只限于头像，还没见过谁把总统的大腿印到钱上的。

可财富真的会走路，有的时候是慢慢蹭，有的时候是健步如飞。即使你把它压在箱子底下，埋在地里，藏在被窝里。事实上，不但财富会走路，所有的财富的“化身”都会走路，黄金也好，铂金也好，房子也好，土地也好，股票也好。我们生活在大千世界里，人来去匆匆，财富也是来来去去。有时看得见，有时看不见，要想投资理财，就得有二郎神的眼睛，专找那些别人看不见，正在走路的财富。

先讲个财富走路的故事。

我现在工作的单位里有个亚裔老美同事，六十岁了，再有几个月就退休了，等着领退休金。20 世纪 60 年代，他年轻的时候曾在韩国服过兵役。

据他说，当时所有东西便宜得都跟不要钱似的（Everything is dirty cheap）。他当大兵一个月的津贴，顶得上当地韩国人十几年的收入。他当时泡吧、吃饭、购物，从来不看价钱。一切都那么便宜，一年的津贴够他在首尔买一套带花园的小楼，日子好不快活。

几年前，他再次回到韩国，发现一切都变得惊人的昂贵。尽管他现在的收入已经和当年当大兵时不可同日而语。在韩国，他现在吃碗牛肉面都心疼。服装、高档奢侈品更是贵得怕人。首尔市中心的公寓，都以数亿韩元计价，现在他用几十年的收入也买不起一套公寓了。

要是光从汇率来看，韩元几十年并没有大规模升值。韩国的 GDP 增速每年也就比美国高 6%的样子。别小看这几个百分点，加上通货膨胀的影响，不知不觉，本来你可以拥有的财富就不知不觉地溜走了。

财富为什么会走？不只是通货膨胀的影响。更重要的是，财富是相对的。有钱或没钱是相对其他人而言的。绝对的购买力，没有意义。别人的钱多了，你的钱就相对少了，即使你的绝对数量没有变化。财富就是在这样的此消彼长的过程中走来走去的。

我经常看到有人计算退休时要多少钱才能够。计算往往把食品、服装、旅游、医保一项一项列出来，甚至连几桶牛奶、电话费都列出来。其实不用算，你要有一个舒适的退休，必须保证你的被动收入（passive income）在当地的平均收入以上就可以了。因为谁也不知道将来有哪些开支，几十年前，没人想到今天人人要有 PC。

对于美国的华人而言，财富在无形中往哪里走呢？

傻子都能知道，财富在从美国往中国走。看得见的走是人民币升值，目前累计有 8%。看不见的走是国内的收入增长和两国通货膨胀的差异。我现在就给你算算每年有多少钱从你的口袋里悄悄地溜走。不算不知道，一算吓一跳。

中国的实际 GDP 成长是 10%，美国实际 GDP 是 3%。美国的人口增长比中国高将近 1%。所以，人均实际收入中国每年比美国多涨 8%。

实际 GDP 是扣除通货膨胀以后的 GDP。中美两国实际通货膨胀的差值是 5%，当然官方公布的差值没这么大，不过我不相信那些数字。所以，人均名义收入中国每年比美国多涨 5%+8%=13%。

未来人民币每年升值大约 2%。加上 13%，每年中国人民的收入比美国多涨 15%，或者说你工资的相对财富在以 15%的速度悄悄溜走。

15%的复利效果是惊人的。我只能用大步流星来形容，财富奔跑的速度只比刘翔稍微慢一点，比工资增长速度可快多了，那时的中国在走当年韩国同样的道路。

这两天重读 10 年前看的《白雪红尘》，一个 20 世纪 80 年代加拿大华人留学生的故事。今天看当时的故事都觉得有点不可思议，主人公顶着暴风雪，一个小时 2 加元的工作也干。在 20 世纪 80 年代初，由于加拿大和中国之间巨大的收入差距，人们不顾一切地要留在北美。现在的加拿大已经没有那么大吸引力了，美籍华人在国人心目中的形象也日渐衰落，这在 10 年前也是不可思议的。

面对正在走路的财富，大多数人采取的是沉默的态度，仿佛它们不存在。就像我的同事一样，尽管他现在悻悻然地说，如果当时娶个韩国大美女，在首尔买个花园就好了。

当时这篇博客得到了很多回复，在我早期的博客文章中，这篇文章是诸位网友正面回复比较集中的。于是我写了第二篇进一步阐述会走路的财富背后的逻辑和道理。

会走路的财富（二）

2007 年 6 月 8 日

by Bayfamily

以前看过黄仁宇的自传，别的不记得，但有一段抗日战争刚结束时的故事给我留下了深刻的印象。当时的黄仁宇，作为国民政府的一个中级军官，当了回接收大员，从重庆先期飞到上海。

热烈隆重的欢迎就不必提了，当时的上海地区，日本人的伪币停止流通，而国民政府的法币还没有大量发行，他一下子发现自己非常有钱，因为当时上海地区法币的实际购买力，是重庆地区的几十倍。

他计算了一下，发现自己一个月的工资可以去高档餐馆吃几千顿饭，理上万次头发。可他当时没有敏锐的商业头脑，竟然天真地认为，自己变富裕了是抗战结束的结果，以后会永远过这样的好日子。他还不舍得把法币工资全花掉，打算把大部分存下来，后来的结果当然大家都知道，那些法币很快连废纸都不如了。

和他同行的人中，有几个是有眼力的，他们用法币换金条，再到重庆卖金条买法币，来回一趟就可以赚一百倍，大发了一笔。黄仁宇先生在回忆录中自叹，错过了人生中最容易发财的好机会。不但是他，当时和他在一起的还有个美国的经济学家，书呆子气十足，也没想着把法币换成美元，可见发财的嗅觉是与生俱来的，读再多的书也没用。

看看别人的故事是感觉傻得可笑。可今天的美国华人中，还是有很多人天真地认为，自己在美国，同样是写软件，工资就永远比在中国高，好日子可以永远继续下去。

再来讲一个我亲身经历的证明财富会走路的例子。

就在十几年前，20 世纪 90 年代中期的时候，我在新加坡。当时公司里的一个新加坡技工，一个月工资折合一万多元人民币。一次，公司里新来了个从武汉来的工程师，告诉这位技工同志，他在中国的工资只有 400 元。技工听完，得意扬扬地说："要是我去中国，岂不是可以像国王一样生活。"这位自视为国王的技工，还勇敢地追求一位西交大毕业的研究生。不过，国王的好日子，这位技工反正是从来没享受过，因为他一直没去中国，不像一些中国香港的卡车司机，那时至少还到中国内地潇洒了好一阵子。经历过亚洲金融危机、新元贬值和中国工薪迅速上扬，几个来回下来，这位技工当国王的梦想就永远停留在记忆里了。

当时很多在新加坡的中国人意识到中国的收入涨得很快，有的人抓住机会回中国谋了个好差事。当然也有人放弃了中国护照，今天还陷在新加坡，过着怨天尤人的生活。

上一篇文章我算了一下财富转移到中国的速度。大家还关心，到底人民币会升值到哪一天。

其实无论人民币升值还是不升值，财富从我们身边溜走的速度是一样的。因为不升值或者升值太慢，就意味着国内更高的通货膨胀。中国人民银行必须发行等量的人民币来应对滚滚流入的美元。背后支撑这一变革的是两地不同的物价，升值与否不会改变财富转移的速度。日本是经历了升值，一直升到日本的生活费用和物价比美国还高。韩国没有升值，但通过内部的通货膨胀，一路物价飞涨，直到劳动力、物价和发达国家相当。

我这里也试着算算，到底人民币兑美元会变成多少。

根据平价购买力（Purchasing Power Parity，PPP），按 2006 年的物价水平，人民币对美元汇率为 4.2∶1。根据汉堡包指数（Burge Index），也就是全世界麦当劳的巨无霸（BigMac）的价格应该相当，人民币对美元为 3.6∶1。汉堡包指数真的很准，2000 年的时候，它成功预测了欧元被低估，现在这个指数又显示美元被低估了.

人民币有两种方式最终达到这个汇率水平。一种是明面上的名义汇率的升值，现在牌价每天都在变。但是政府的步子很小，即便最近把升值提速了，一年的变化也就是 2%~3%，今年年底也不会跌过 7∶1。另一种是暗地里的变化，往往为人们所忽视。

今年人民币的实际发行量比去年同期增长了 22%，人民币通过内部剧烈的通货膨胀，在以更快的速度达到汇率平衡。你可能问，多发了 22%，为什么没见中国有恶性通货膨胀？那是因为中国政府通过发行公债的方式，来吸收市面上的人民币。M2 经过发行公债调节后，只增长了 17.4%。减去 10.5%的 GDP 增长，实际的消费者物价指数（CPI）增长应该在 7%左右。这比政府公布的消费者物价指数增长 4%要高一些，但和 10%的副食品涨幅传递的信号差不多。

人民币汇率从 8.0 到现在的 7.64，用了一年的时间。根据这个升值速度，三年后的名义汇率是 6.2∶1 的样子。但人民币的通货膨胀也会把汉堡包指数推到 5∶1 的样子。发展中国家的物价水平应该比发达国家低一些，特别是中国大陆此时必须靠价格取胜，和东南亚、中国台湾相似。所以我估计未来的名义汇率应该在 6∶1 左右。

但大家不要只盯着名义汇率的变化，以为升值速度和幅度很小就可以高枕无忧了，或者以为名义汇率在 6∶1，就觉得自己还很有钱。财富正在史无前例地朝中国滚滚而去。中美工程师的工资差额目前是5倍左右，按照我前文计算的每年实际的15%的变化速度，10年左右两地的工资就会拉到两倍以内。别忘了，20年前，两地可是差近一百倍。

这对美国白人而言没有关系，但是对一直有优越感的美籍华人，要想想如何调整心态，或如何应对这一变化。想要未来退休回中国生活得像国王一样的人，最好现在就赶紧去享受你的国王生活，不然，梦想就永远只能是梦想了。

“会走路的财富”这个想法是从实践中渐渐形成的，回想我自己20多年的投资理财经历，每过一个阶段，我都会反思一下自己之前走过的投资道路，也会思考一下未来应该怎样实现下一步的目标。

在我的记忆中，有几个比较大的思考节点。一个是当我拥有100万美元资产的时候，我仅仅工作了6年，为什么就能够拥有100万美元？这和教科书上以及各种报纸杂志上的投资理财计划都不一致。按照报纸杂志一味宣传的401K的分期定投方法，只有在很久以后——直到你退休的时候才能成为百万富翁。

另一个思考的节点是在我基本快完成10年理财计划的时候。我给自己制订了一个新的看似难以实现的计划，就是再加一个零。当初制订这个10年1000万美元计划的时候，我甚至完全不知道如何去实现。但是后来实现的时候，我又陷入了漫长的思考。经过这两轮思考，我渐渐感悟出了“会走路的财富”这样的一个投资理念。

什么叫作“会走路的财富”呢？用一句话简单概括就是：各种投资品的价格，并不与它们的生产成本和使用价值相关，其价格也并不固定。决定一件投资品的价格未来会不会上涨，取决于拥有这些投资品的人，未来会不会比现在更显著地有钱。特别是那些未来必须拥有这个投资品的人，也就是刚需人群，会不会比现在更有钱。

我可以举几个简单的例子，说明“会走路的财富”的原理。

比如说中国的古董现在变得非常值钱。在全世界的古董拍卖会上，各种唐宋明清的文物，甚至只要是民国以前的艺术品，价格都非常高。圆明园曾经用过的喷水龙头，年代也不是很久远，但价格也被炒到上亿元的天文数字。

这些东西在刚刚改革开放的时候，可以说不是那么值钱。一个外国人哪怕是中产阶级，到中国都有能力收购这些东西。这些东西现在变得非常值钱，是因为中国整体变富裕了，中国人有钱了。

能够看到这一点的人就可以发财。比如刚改革开放的时候，曾经有一个法国人到中国来收购各种现代绘画，如我喜欢的岳敏军的绘画就是其中之一。当时这些绘画在中国并不值钱，也不算文物，但是这些绘画对于我这个年纪的人来说，就是珍宝。因为这些绘画可以触动我童年的很多回忆，让我产生各种强烈的共鸣。我们这一代中国人现在变得有钱了，所以这些画也就从几千元一幅涨到了几千万元一幅。画还是那幅画，倘若我们这代人没有变富裕，画作也就不会变得值钱。

如果你觉得艺术品市场无法理解，那我们看一看大家熟悉的股票市场。股票市场中“会走路的财富”的例子就是日本过去50年股市的变化，背后就有“会走路的财富”的道理做支撑。日本20世纪70年代股票的价格，曾经有小幅的上涨，但是又陷入了回落。当时很多人都认为那是泡沫，但是之后股市一口气在20世纪80年代涨了几十倍，主要的原因就是日本那一代人变得有钱了。之后，日本陷入了老龄化，新生人口变少，一代人的收入陷入停滞，股票和房子在泡沫之后再也没有恢复过来。

再举一个我现在在中国看到的例子，上个月我去杭州余杭区的阿里巴巴总部开会。余杭区那一带原来都是农田，属于城乡接合地区，住的都是一些到城里做小买卖的农民。2015年的时候，那里的房价也不贵。当杭州市中心的房价已经突破5万元1平方米的时候，那里的房价只有七八千元1平方米。

但是阿里巴巴的总部迁到了余杭区，它们在那里修建了一个巨大无比的产业园区，要雇用数万人在那里工作。这些雇员都是从全国各地来的顶尖聪明的年轻人，他们的年龄差异都不大。最年长的和最年轻的相差也不过五六岁，绝大部分是应届毕业生。

比起其他行业，阿里巴巴的员工的收入很高。这些人将来都需要结婚、生子、购房，他们的孩子都要上幼儿园、上小学、上中学。他们的到来一下子把这里的房价推高到4万~5万元1平方米。

如果你关心余杭的房价，你就会注意到当阿里巴巴要迁过来的消息传开的时候，房价有了一定幅度的上涨，但是上涨得并不多，大概涨了50%，真正让房价涨起来的是这些人陆陆续续搬入园区之后。

房地产的价格和股票的价格不一样，房地产价格变化的市场效率没有股票那么高。股票价格往往在几秒钟之内就可以涨到位。除非你有特别快的电脑能够捕捉到这个差价，否则大部分人只能望洋兴叹。

房地产价格则不一样，因为买房需要筹措资金，需要时间。即便有人看到了房价的趋势，进行投机活动，把房价提高了50%，但是价格的真正推手还是那些真正的有刚需的持币待购者，所以说利用这个时间差就可以挣钱。

这样的例子不限于余杭，在中国的各地都发生着，比如上海的张江高科技园。如果你观察上海各个城区房价的涨幅，你会发现房价上涨最多的地区，如果按照百分比计算，并不是市中心那些传统的比较好的区域。市中心的区域当然价格相对平稳，涨跌幅度都会比较小。过去十几年涨幅最多的是张江高科技园周围的房价。

因为张江高科技园成立之后，来了很多年轻人。这些年轻人来的时候很聪明，智商很高，都是来自中国的顶尖大学的毕业生。他们刚来的时候还没有钱，需要工作一段时间进行积累。当他们有了不得不解决的住房刚需，要结婚、要生孩子的时候，才会把房价真正地实实在在地推高。

北京也是一样。北京房价涨幅最高的，不是传统的东城区和西城区，而是在五环以外的五道口、上地这些地区。对于传统的老北京人而言，他们不会考虑这些地区，但是这里集中了中国最主要的高科技产业园，大量的中关村高科技公司都集中在这里。

这里的雇员来自北京一系列最好的大学。同样的道理，因为这些雇员来自中国各地，大部分是普通家庭出身，他们需要在工作相当一段时间之后才有能力买房，也只有在有能力买房之后，他们才会切切实实地推高这里的房价。

所以你要做的就是跟着年轻人走，你可以观察这一代最聪明的、未来收入增长最快的年轻人他们去哪里，他们在做什么，他们以后有什么样的刚需，然后你就去他们未来要去的那些地方，把资产先买好。等到这些年轻人来的时候，资产价格就会上涨。

美国的房地产也是一样的道理，湾区的房地产就是这样。湾区集中了全世界的聪明人，这些聪明人也许来自欧洲，也许来自美国的其他地方，也许来自中国和印度，但是在他们刚来的时候，往往手上还没有钱。即使有钱他们也不太敢花，因为他们全部的注意力都在创业上。也许他们非常聪明，是斯坦福大学的高才生；也许他们来自哈佛和麻省理工。可是要等他们事业有成之后，他们才有能力去买房子。所以你比他们领先一步就可以了。想当年深圳城中村的农民是怎么发财的，也是一样的道理。

“会走路的财富”这一理论的一个中心原则就是不要和有钱的人去拼体力，而这是在房地产投资上人们经常会犯的错误。

拿上海做例子，上海分浦东和浦西，浦西是传统上海旧城区，浦东则是新的城区。老的浦西人总的来说对浦东存在一种偏见，一句传统的老话就是：宁要浦西一张床，不要浦东一套房。

然而这些偏见只会给传统的上海市民带来伤害。我上海的亲朋好友中，大部分人只是在自己熟悉的舒适圈里买房。比如他们生活在静安区，就会觉得静安区非常好，就在静安区购买房屋；比如他们生活在徐家汇，就会觉得徐家汇更有情调，一定要在旧法租界里购买房屋。而在他们眼里，浦东都是乡下，那里人说的上海话都不够标准，只有在旧租界里的房子才是高档房子。

可是如果回顾一下上海的房价历史，你就会发现浦东房价的增长幅度大约比浦西高一倍。主要因为浦东大多数是新移民，是新区。在浦东你连上海话都很少听见，浦东集中了一批新兴的产业，比如陆家嘴的金融业就比上海老城区的产业影响力要大。浦东新区在发展过程中建造了大量的住房，而浦西是在老城区里改造，总体的建设面积不如浦东大。20 年前，浦东的房价要远远低于浦西，但是随着新兴产业的发展，年轻人越来越多，现在浦东的房价几乎跟浦西一样。

这样的例子太多太多，不胜枚举。和浦东、浦西类似的例子是韩国的首尔江南区。如果你利用这样的游戏规则，你可以永远挣钱。我再说一个今天正在发生的故事，比如在上海，你去问现在生活在上海的人，保证95%以上的人都不知道金泽是个什么地方。就像2010年我写博客建议大家去临港投资，就几乎没人知道临港在哪里。今天的金泽正在发生翻天覆地的变化，因为华为即将到金泽开办产业园，金泽未来将有几万的高薪人才进入。

这就是如何在一个地区和一个城市之内，利用发展速度的不平衡去管理自己的财富。国家和国家之间，跨越大一点的时空，也能够看到这样的变化。

我在《会走路的财富》那篇博客里举的例子就是国家之间的例子。我那个华人同事朝鲜战争期间既没有用一个月的津贴去买一套住房，也没有正儿八经去追求一个韩国姑娘。他把那些钱花在酒吧里用来喝啤酒了，想的只是服完兵役赶紧回美国。

当然也有人会去实践，举个例子，北京的望京地区集中了大量的韩国人。他们是在北京房价相对较低的时候，在望京地区购入了大量的房产。因为他们在韩国经历过房地产价格飙升的痛苦，他们知道同样的事情也将在北京发生，所以他们在望京购置了房产，兴办一些企业和餐馆。这些人利用国际消费水平的差异，狠狠地赚了一笔钱。

上海这样的国际大都市当然也不能落后。台湾人到上海集中在古北地区，古北地区的房价基本上是被台湾人一路推高的。他们在中国台湾也经历过房价飙升，体会过无法“上车”的痛苦，所以比上海当地人领先一步购置了大量的房产。

这些韩国和中国台湾的精明投资者，被称作全球套利者。今天这样的机会到处都是，因为不断有国家走向富强，有国家走向衰落。

中国的香港和深圳也不例外。当深圳的月工资只有1000元人民币的时候，香港很多人的工资已经是1万港元一个月了。所以当时的香港卡车司机都可以回内地娶个漂亮姑娘，然而大部分香港人既没有去深圳娶一个漂亮姑娘，也没有去深圳买房子。他们用辛辛苦苦攒来的钱和香港的老财拼体力，买了30平方米的小公寓，把钱都交给了李嘉诚。

你在纽约的曼哈顿也能看到这样的景象。华尔街金融公司的雇员们收入很高，可是他们无非也就是用按揭贷款在曼哈顿附近买一个上千万美元的公寓。其实他们完全没必要这么做，有太多比曼哈顿公寓更好的投资机会。

按照“会走路的财富”的投资原理，你要做的就是用自己的钱“欺负”那些未来会很有钱但是现在还没有钱的人。

在美国，星巴克的CEO出了一本关于房地产投资的书。他发现一个规律，就是在星巴克周围的房地产价格的升值速度要比其他地区更快。同样的道理，那些穿着很潮的年轻人聚集的社区的房价就会比其他地方升值潜力高一些。

这些很潮的年轻人在年轻的时候，大部分钱都用来谈恋爱和打扮自己。但是一旦结婚成家进入中年，他们就会把每一分钱都花在必需的投资品和房地产上，所以你比他们稍微超前个几年就可以了。

“会走路的财富”的投资方法，总的原则就是把自己的投资瞄准未来可能成为富人，现在还是穷人的人。趁他们现在还没有钱，购买他们未来可能会需要的东西，不要和那些比你更有钱的人去拼体力。这些投资品可以是艺术品，可以是房地产，也可以是其他任何东西。

02 通货膨胀

提到投资就一定要弄明白什么是通货膨胀。财富是在到处走动的，永远处在不断地此消彼长之中。哪怕你什么都不做，把财富放在箱子里，放在银行保险库里，放在你睡的床垫里，财富也会不停地走路。你要做的就是为这些财富选对正确的方向，跟着财富一起走。

而老年人经常犯这样和那样的错误。一种最常见的错误就是存钱而不投资。我认识不止一位老人，他们一生都非常节俭，一辈子都在存钱。特别是经历过20世纪五六十年代艰难生活的老人，他们一直把自己收入的相当大的比例存入银行。可惜他们一辈子也没有存下什么钱，通货膨胀把他们的钱全部都消耗掉了。

对于通货膨胀的计算，很多投资理财的人都可能存在一定的误解。要么是觉得美国随时会陷入通货膨胀的灾难，美元变得一分不值；要么是觉得美元永远保值，只要安安稳稳地存美元就好了。2006年的时候，为此我还专门写过一篇文章，今天看来基本观点依旧成立。

Seigniorage、超级通货膨胀与杀人犯

2007年4月23日

by Bayfamily

英语里，政府通过印刷钞票带来收入叫铸币税“Seigniorage”。这词来自法语词“Seigneur”，指的是中世纪，可以造钱的封建领主（Feudal Lord）。现在引申为政府通过增加货币流通量来支付政府支出。可见通过印刷钞票发财不是什么新鲜事，古已有之。

美国到底会不会发生超级通货膨胀呢？大家众说纷纭，极端的人常常拿南美诸国、魏玛时期的德国的通货膨胀来吓人，超级通货膨胀掠夺民生，实在是十恶不赦。不妨用犯罪方式来分析。就好比有人一口咬定Bayfamily是杀人犯一样，判定Bayfamily是不是杀人犯，要看我有无前科、有无犯罪动机、有无犯罪手段、有无犯罪事实，要是一条都没有的话，再说我是杀人犯，那就是栽赃陷害了。

犯罪前科

美国历史上从来没有过恶性通货膨胀（Hyperinflation），除了南北内战时期的南方以外。那是情有可原，如同1949年要崩溃的国民党政府一样。看看发生过通货膨胀的国家，无不因为内战或政府失控。今天的美国离那一步还很远，20世纪70年代的时候，由于石油危机，能源价格猛涨，美国曾经有达到10%以上的通货膨胀率。但那和政府恶意地超发货币没关系，政府并没有试图通过通货膨胀来解决财政问题。美联储通过加息，很快控制了局面。跟犯罪一样，发生恶性通货膨胀的国家多半是前科累累，典型的例子是南美诸国，前几年陷入经济危机的阿根廷，曾经13次爆发恶性通货膨胀，未来恐怕也很难幸免。

犯罪动机

首先要明白为什么会发生恶性通货膨胀，直观的想法是钞票发得太多。恶性通货膨胀对经济、民生、政权是个灾难，为什么政府要猛发钞票、自毁长城呢？原因是政府无法通过税收和其他正常手段来满足财政支出。爆发恶性通货膨胀的国家，不是政府太笨，不明白经济学，而是由于缺乏完善的税收体制和有效的执行部门。中央政府没办法把钱收上来，只能被迫通过印刷货币应付财政支出。

“铸币税”占美国财政的比例非常小，2006 年的数据是 3%的联邦收入来自“铸币税”，美国政府实在没必要为了区区 3%的蝇头小利，而冲垮整个国家，乃至全世界的金融体系。美国有完善的税收体系，印刷钞票来满足政府收入实属下策。

事实上，“铸币税”能够给政府带来的财政收入非常小，为什么呢？经济是量化思维，这里我不得不写个公式：

m(货币发行量)×V(货币流通速度)= P(价格)×Y(社会总产出)

这个公式的另一个表达方式是:%m+%V = %P+%Y，这里是百分比的变化量。%P 就是通货膨胀率。各位都是留美精英，明白微积分很容易互导两个公式。

“铸币税”来临的时候，谁也不会傻到枕着钞票过夜，大家拿到钞票的第一件事就是花掉。老百姓一知道政府要乱发钞票，政府还没来得及发，m(货币发行量) 还没动呢，V(货币流通速度) 就会一下子增长几倍或几十倍。进入恶性通货膨胀时，V(货币流通速度) 更是上千倍地增长，大家拿到钱一个小时内就会全花掉。别忘了，政府的收入是通过货币持有人的现金贬值实现的，持有人手上没有现金或货币流通得很快的话，恶性通货膨胀对政府就没有什么意义。这完全是猫捉老鼠的游戏，一个看谁印得快，一个看谁花得快。

“铸币税”在恶性通货膨胀时给政府带来的收入实在有限，“铸币税”在隐形的低通货膨胀期要更有效，从这点上，美国没有犯罪动机。

犯罪手段

钞票由联邦储备银行（Fed）发行，它是一个相对独立的部门，号称

除国会、法院、总统以外的第四只脚。联邦储备银行的工作就是发行货币，控制流通。把联邦储备银行变成独立于国会、政府以外的机构，从根源上避免了恶性通货膨胀的可能。南美各国，不是央行想发票子，而是政府、总统逼着它们发。反观美国，即使美国总统、国会想通过“铸币税”来满足赤字，联邦储备银行也不会答应，美国根本没有恶性通货膨胀的犯罪手段。

犯罪事实

要是我 Bayfamily 没有前科，没有动机，没有手段，但是我有杀人的事实，那我还是杀人了。联邦储备银行要是太笨蛋、全没学过经济学、不明白上面的公式，还是会犯罪的。美国有没有恶性通货膨胀的事实呢?

回到上面的公式:%m+%V=%P+%Y。过去几年里，货币发行量稳定在6%左右，V（货币流通速度）没有什么变化,%Y 是 GDP 的增幅，在2.5%~3%。通货膨胀和价格变化与大家观察的差不多，在2.5%~3%。要想实现恶性通货膨胀,%m 必须在15%以上。美国每月的货币供给统统公布，又没有偷偷印钱，根本没有恶性通货膨胀的犯罪事实!

美国怎么看都不会发生恶性通货膨胀，就像 Bayfamily 怎么看都不像杀人犯一样。那为什么总有人跳出来吓唬大家呢? 我看和参加邪教的一样，唯恐天下不乱。有的人是不明白上面的公式，把通货膨胀和货币发行量混为一谈。大家都喜欢听灾难性新闻，害得我标题都得反着说。

回到标题，美国发生恶性通货膨胀，我们该怎么办? 答案是马照跑、舞照跳，用不着杞人忧天。

总体上而言，美国过去没有乱发美元，现在没有乱发美元，未来也不会轻易乱发，所以不会有恶性通货膨胀。但是，政府总是在缓慢地让钱变得更加不值钱。一时半会儿你感觉不到，但是在10年、20年之后就能知道它的厉害。

举个例子，官方公布的通货膨胀率经常是1%~2%，让你觉得好像没有什么大不了的，只要我投资的回报超过2%，我的钱就可以保值。一个例子就是让大家去买通货膨胀保值债券（Treasury Inflation-Protected Securities，TIPS）。这是一种美国针对民众的通货膨胀忧虑而发行的国家债券。就是在通货膨胀的基础上，再加上几个百分点的利息作为利率回报。但通货膨胀保值债券是一个巨大的陷阱，长期买这类债券会使你的钱变得一点都不值钱。因为通货膨胀率只代表了物价水平的变化，并不代表社会相对财富的变化。

通货膨胀对于大部分中国人来说，首先能够想到的是国民党时期的货币滥发，总觉得那是相对遥远的事情，在政权稳定的时候，不会发生这样的事情。其实政权稳定的时候并不是货币滥发才导致财富缩水，而是快速增长的经济，也会导致你的现金财富缩水。

对这个事情的直接感受是我在美国读博士即将毕业的时候，当时办公室来了一位美国南方某个大学的老教授，我正在和同学聊天，比较我的三个工作机会。那位老教授听到我可能拿到的薪水之后，愤愤然地说：“自己干了一辈子，工资也就一年 7 万多美元。”他觉得非常不公平，你们年轻人一毕业就可以拿到 7 万多美元的收入，他说当年他大学毕业的时候能够拿到 1 万美元的年薪就是高薪了。

当时他的话让我吃了一惊，我还不知道 20 世纪 70 年代美国的工资收入那么低。我去查了一下，他说得基本正确，可是 30 年通货膨胀引起的贬值没有那么高啊。如果你把过去 30 年的数据拿出来计算一下，按照每年 1%~2%的通货膨胀率，那应该收入只差了 50%~100%。为什么会有这么大的差异呢?

这是因为大家对货币和通货膨胀率的理解出现了问题。

假设某个国家的 GDP 是 1 万亿美元。为了更简单地计算，如果金钱流通速度（Money Speed）是 1（Money Speed 的意思就是钱流转的速度），那么就需要 1 万亿美元的货币作为支撑。这个时候如果经济增长了 5%，那么 GDP 就变了 1.05 万亿美元。如果通货膨胀率是 0 的话，政府就要多印出 500 亿美元，也就是货币的总量变成了 1.05 万亿美元。

所以即使通货膨胀率是 0，如果你持有现金财富的话，你的财富也会缩水。你可能会说我的财富没有缩水呀，因为价格没有变，我原来口袋里的 100 元和现在口袋里的 100 元买到的东西是一样多。

然而当我们比较贫富的时候，其实我们比较的是相对值，而不是绝对值。如果比较的是绝对值，现在任何一个中产阶级的实际财富收入比起3000年前的国王都要多。然而3000年前的国王的富裕感远远比现在的中产阶级要高很多。

我们富裕感并不是来自绝对财富的多少，而是相对财富的多少。因为相对量是比较财富最靠谱的标准。比如说如果你原来拥有1美元，这意味着你拥有的是全部财富的一万亿分之一，而现在政府多发了500亿美元，你的财富就缩水了。

你可能又说，不对啊。大家的现金财富很少，大部分是其他形式的实物财富。现金多少和我没关系，因为现金财富占总财富的比例很低。事实上，实物财富也在源源不断地被生产出来。房子越造越多，公司股票也是越发越多。如果通货膨胀率是零的话，现金财富的增长比例和实物财富的增长比例是一样的。所以即使通货膨胀率是零，只要GDP在增长，社会总财富在增多，你的相对财富就在缩水。

然而美国政府掠夺财富的方式通常比这个要再贪心一点。仅仅凭空制造了500亿美元还不够，美国政府还喜欢加一点通货膨胀，美其名曰刺激经济。当然这里有凯恩斯学派和奥地利学派常年的争执，我并不是在这里做经济学的科普，也不想讨论到底是以固定的货币总量和黄金作为本位的货币模式好，还是以小规模的通货膨胀作为法币发放的基础更好。这些是留给经济学家们去研究的事情，对于我们小老百姓而言，我们只能去分析在现在的货币框架下，在现有的运行体制下，应该怎样更好地做到财富增值保值。政府如果想保持2%的通货膨胀率，就需要多发700亿美元。相应地，你的财富也就会按照7%的比例缩水。

在中国，大家都知道货币变得越来越不值钱。在改革开放刚刚开始的时候，万元户就是大富翁了。当时拥有1万元人民币的人，被大家看作极其富有的人。然而如果这个大富豪把1万元人民币存到今天的话，恐怕也就和普通民众一个月的工资一样多。然而你看中国的通货膨胀率，从改革开放到今天，并没有发生像南美和非洲的一些国家那样的严重通货膨胀。

那么到底是通货膨胀吃掉了你的钱，还是别的因素让你的财富贬值?

我认识的一位国内的老人，会计出身，一辈子擅长精打细算过日子。他的存钱习惯和我差不多，在20世纪80年代末一个月工资只有100元的时候，他会存20元；到20世纪90年代工资是1000元~2000元的时候，他会拿出200元存钱。每个月他都会沾沾自喜地说，这个存款又收获了多少利息，那个债券又收获了多少利息。20世纪90年代曾经有几年他购买了国库券，5年左右的时间收益就会翻番。

然而他存了一辈子的钱，居然也没有存下什么钱，最后去世的时候只存了30万元人民币。他去世的时候，一个像样的墓地价格已经涨到了15万元人民币。在经济快速增长的社会环境里只存钱不投资是没有意义的。

不但存钱没有意义，存黄金也是没有意义的。黄金看起来似乎是一个很好的能够抗拒通货膨胀的投资品，因为黄金的总量基本稳定，黄金又是持续了几千年上万年的一种国际货币。然而存黄金在快速增长的经济环境里是没有意义的，因为新的财富被太快太多地制造出来。

因为在快速增长的经济环境里，人们的收入和人们实际财富的增长超过了任何一种货币的增长。在改革开放之初，在我的记忆中，结婚的时候需要买一条金项链作为聘礼。我哥哥20世纪80年代中期，有一次经别人介绍和女方相亲，女方家后来要求男方家准备一条金项链。当时一条金项链在1000元人民币左右，而那时候一个月的收入只有100~200元，所以要存一年的钱才能买得起，我哥哥也因为此事和那个相亲的姑娘不欢而散了。

然而随着整个社会财富增长到了现在，没有人会认为一条金项链是可以拿得出手的体面聘礼，因为大部分中国人现在工作一个星期就可能买得起一条金项链。

03　存钱还是消费?

无论是中国还是美国，从全国的指数看经济增长率是没有意义的。因为你不可能平均地生活在全国各地，你肯定生活在某个特定的城市、某个特定的社区里。所以，你财富的多少，以及因财富产生的幸福感是跟你周围的人进行比较后产生的。

有的人可能会说中国经济高速增长，美国从来没有过高速增长，所以上面我说的事情和他无关。这个观点也是不可取的。以美国湾区为例，实际的工资增长率或者是 GDP 的增长率是在 5%~8%。所以，如果你的财富增长没有比这个速率和通货膨胀率之和更高，那么你的财富就是在缩水。

另外，通货膨胀率并不反映劳动生产率的提高。在各个社会生产部门之间劳动生产率的提高是不一样的，比如农业的劳动生产率就没有提高很多，单位农民产出的 GDP 并没有特别快的增长。而在有些行业，比如金融、计算机和高科技领域，单位人均 GDP 劳动产出的增长要快一些。

所以对一个年轻人而言，到底是花今天的钱还是花明天的钱，最好的判断是比较今天的收入和未来的收入。如果你觉得自己的收入增长率会超过 10%，而投资回报率只有 5%。那你就应该花今天的钱而不必存钱。如果你觉得未来的收入增长率会低于你的投资回报率，那么你就应该老老实实地存钱，尽可能多地存钱和投资。

对于投资而言也是如此，就是你的投资回报率一定要超过你所在人群的收入增长率。这样的投资才是好的投资，否则其实就是贬值的投资，不如直接去消费。

04 如何保值

“会走路的财富”里最重要的第一件事，就是如何防止财富从你家里溜走。你可能说自己没有那么聪明，没有那么幸运，也不认识什么年轻人，也不知道哪些年轻人未来会成功、哪些年轻人会发迹，所以没有办法去追逐他们的脚印，没有办法让财富走到自己家里来。

那至少要做到让自己的财富不至于缩水。那么，该如何实现财富保值呢？

前面说过仅仅买抗拒通货膨胀的投资品，是不能够做到保值的。做到保值最好的办法，还是认清形势和宏观环境的变化，然后在这个宏观形势下持有稀缺品。

住房其实不是稀缺品，因为不停地有新的房子被制造出来。地球一共就这么大，即便土地的总量有限，适合盖房子的土地也依然不是稀缺品，因为不断地有生地被开发成熟地。

几乎没有什么不动脑筋的模式，可以确保你的财富保值，这个世界就是处在不断变化之中的，没有什么以不变应万变的策略。股票、黄金、艺术品、债券没有一样是能够做到让你不动脑筋就可以让财富100%保值的。财富就是这样，你一个不小心，它就从你家门缝溜走了。

如果有什么教训的话，那可以回到我前面说的阿里巴巴的例子。因为阿里巴巴，大量的年轻人涌到叫作余杭的杭州新区。这些年轻人推高了这里的房价，阿里巴巴在余杭带动了一系列的服务业，因为几十万的年轻人需要生孩子、买食物、看病、上学，还需要把他们的老人接来和他们一起生活。然而，今天的蒸蒸日上并不意味着明天不会衰落。天下没有哪家企业是可以做到长盛不衰的，互联网行业更是如此，今天的互联网就是20世纪50年代的汽车工业。

在美国的底特律，如果你于20世纪50年代在那里购买了房产，你会发现怎么买都能赚钱。因为产业工人源源不断地涌入，美国生产的汽车卖到世界各地，全美国的钱都汇聚到底特律来了。

然而在20世纪80年代之后，如果你还长期持有底特律房产的话，那么无论你是多么聪明的人，无论你怎么折腾，你的钱也会变得越来越少，因为当地产业一蹶不振，人口在流失。

投资的时候有一句话叫作“趋势是你最好的朋友”，房地产更是如此。房地产的趋势更加稳定，更加持久。一个兴旺的房地产市场会持续二三十年，一个走下坡路的房地市场也会持续走二三十年，中间当然会有一些小幅反向的波动。聪明的投资者就是要看清楚大的方向，然后坚决果断地作出投资决策。

也许有一天，一个新的竞争者要取代阿里巴巴，这一信号会很快地被传递到股票市场上，阿里巴巴的股票可能会大跌，而新竞争者的股票可能会如日中天。

这个时候余杭区的房价会下跌吗？不会。因为市场反应没有那么快，人们通常是在被裁员和降薪之后，才会做出离开那个城市的决定。这个反应需要一年，至少几个月的时间，有足够多的时间让你逃离这个市场。你只需要比其他人更加勤快一些，哪天阿里巴巴真的不行了，余杭区的衰落恐怕要持续几十年才能完成。

我曾经去过沈阳的铁西区。沈阳的铁西区就跟底特律一样，20 世纪五六十年代的时候曾经是中国最繁荣的工业基地，就如同现在的余杭区，但是这些区的衰落都不是在一夜之间形成的。如果你是一个聪明人，那就应该在 20 世纪 80 年代中期改革开放后离开铁西区。

底特律也是一样的。当你看到日本的汽车企业生产更好的汽车时，你就知道底特律的衰落开始了，你有整整 30 年的时间，有充分的机会逃离这个地区。

今天的纽约，没有金融业会离开的任何迹象，所以曼哈顿会长期兴旺，但是也很难再有一个快速的增长。湾区则不然，因为未来越来越多的钱会汇集到湾区，湾区还在上升期。举一个例子就是，湾区以前是不生产汽车的，可是现在连苹果公司都要生产汽车。谷歌、苹果、特斯拉生产的汽车销量在美国占相当比例的时候，湾区会产生更多新的就业岗位。

但是天下没有不散的筵席，纵观人类历史进程中的城市兴亡，虽然每次跨越的时空尺度很大，但没有永久兴盛的城市。对于中国人而言，最熟悉的就是深圳和香港的比较。曾经深圳只是一个小渔村，但是现在深圳的 GDP 已经超过了香港。当然，如果你再往前数 200 年的话，那个时候香港只是一个小渔村，那时的宝安县比香港还要大一些。

类似的故事也发生在我熟悉的上海和苏州。现在上海是中国长江三角洲第一大城市，可是你追溯到鸦片战争之前，苏州是这里最大的城市。如果再往前，到宋元时代的话，杭州是这里最大的城市。上海的地位并不是永远不变的。如果上海一直这样限制人口，没有跟上 IT 产业的发展，整日沉迷在旧上海的文化心态的话，最终可能会被不那么限制人口的杭州和苏州超越。别忘了，苏州的城市人口从改革开放前的 100 万不到一口气涨到

1200万，整整涨了12倍。而上海同样一个阶段，人口只涨了2倍多一点。苏州和杭州的人口目前还比上海少一半，但是如果持续保持宽松的户口政策，很有可能在未来20年里超过上海。

明白深圳和香港兴衰的人应该在20世纪80年代初期就看到这一点。一个城市的兴盛和衰落，完全就是依靠人口。当人们都去某地的时候，某地就会兴旺。当人们都离开某地的时候，某地不久就会衰落。

中国香港的兴旺开始于1949年之后，直到1979年中国进入改革开放之后，还有很多人会觉得香港会永远兴盛下去，而深圳会永远落后。事实并不是这样，1979年之后香港的人口不再增加，而深圳的人口却在爆炸性增长。无数年轻人怀揣着梦想到深圳去打拼。聪明的投资人应该在20世纪80年代在深圳花很小的代价买一些房子，这样2000年之后你就坐收渔利了。因为20世纪80年代去深圳的年轻人，他们只怀揣着梦想，却没有什么钱。

20世纪80年代香港人如果要实现财富保值，其实最好的办法并不是一直待在香港，而是在80年代赶紧在深圳破烂不堪的城中村私搭乱建一个私宅。

要实现资产保值，最好的办法就是敢于突破自己，离开自己熟悉的环境，到年轻人聚集的地方去。这些地方在全世界各个地方都有，比如柏林就比巴黎更有希望，印度的海德堡可能就比新德里和孟买更有前途。

遗憾的是大部分人并不这样想，他们很少从投资的角度去思考自己应该生活在哪里，特别是到了中年之后，他们会沉浸在自己熟悉的环境里，有熟悉的朋友和亲人的圈子，即使他们心知肚明，知道自己所生活的城市正在一天天地衰落，他们也不会离开那里。

如果你拥有其他类资产，比如黄金或者股票，或者是艺术品，你也需要注意自己资产的转移。比如，英国人拥有中世纪时期的大量艺术品，随着英国人的经济规模在世界经济体量中的下降，会渐渐变得不是那么值钱。

而一些新兴地区的艺术品就会变得越来越值钱，如越南和印度的艺术品。如果你胆子大一点，可以去购买朝鲜一些当代艺术家的绘画或者雕刻，因为朝鲜现在的状况不可能永远持续下去，如果有一天朝鲜半岛统一

了，你就可以获得不菲的投资回报。

当然这样风险有些高，而且有些投机的意味。最好的办法还是等机会真正来临的时候，就是政治上发生一些重大变革之后，你再去投入。其实你只需要比大部队领先一步，而不是十步。有的时候是新闻出来，趋势明显的时候，你再有所动作都可以。

对于艺术品，有一个我们大家熟悉的例子。“文化大革命”期间的邮票在改革开放之后曾经被炒到很高的价格。经历过“文化大革命”的人，现在一般在60岁到70岁，他们未来的收入只会下降，不会增长。所以，如果你持有“文化大革命”时期的邮票最好现在把它卖出，因为未来的年轻人对那个时代的投资品不会有什么兴趣。

黄金也是一个道理。年轻人没有经历过战争，所以对黄金没有深刻的印象。只有经历过战争的人才知道，当国家的一切信用体系崩溃的时候，真正的财富其实只有黄金。目前还没有任何迹象表明全球的金融信用体系会发生崩溃，所以投资黄金不是一个好主意。我把黄金归为永不分红的股票，而且现在手中持有黄金的都是富有的人，你完全没有必要和他们这些老人拼体力，所以拥有黄金不是一个保值的好办法。

在投资理财界，总是有一群黄金迷。为此我专门写了一篇文章说明，为什么黄金不是通常情况下应该长期持有的好投资。中老年投资人，千万不要只盯着自己周围人在投资什么，要多看看年轻人准备投资什么，因为年轻人才是未来的希望。

永不分红的股票

2011年11月28日

by Bayfamily

今日中国股市重新回到历史低点。无论是银行股还是国企垄断股，PE只有5~10倍。市场对股票低值的解释是，分红太低。永不分红的股票，价格再低都不是最低。因为企业的利润和我没什么关系，我更关心每年我能拿回多少。如果按照Price/Dividend，股票价格还在天上。

跑到太平洋的这边，苹果公司股票如日中天，苹果公司有将近1000亿美元的现金在手，但是苹果就是不分红。按照某些中国股民的逻辑，不分红的公司利润再高和我有什么关系？现金再多和我有什么关系？到底谁对，谁错呢？

按照经典的资产估价理论，资产价格等于未来企业红利折算到今天的价格，简单点，就是红利除以当前利率。当然公司的价格难以估量，是因为分子和分母的不确定性。因为红利不定，利率也不定。很多年前上金融学课的时候，号称全系最聪明的一个教授自我介绍，说他从金融界进入学校的动力是研究到底如何对公司进行估值，因为实在太难了。能破解此问题的，一定会是诺贝尔奖获得者。

你可能会说，公司有固定资产，如果不分红，最后股东把固定资产一拍卖，公司价格也不是零。且不说天下有没有过这样的实践，把正在盈利的公司肢解卖了。如果是一个没有固定资产的公司，比如租房子的软件公司，明天号称“自己永远不分红”，那么是不是无论业绩如何，其股票价值都是零？

似乎傻瓜都知道这样的公司不投也罢。因为其价格只取决于下一个傻瓜愿意出多少钱接盘。永远是个博傻的游戏。

可是现实的结果是，这样的公司价值不是零，过去不是零，将来也不会是零。这是抓破脑袋也想不明白的道理，因为这样的公司远在天边，近在眼前，就是人人都熟悉的黄金。

你买一吨黄金放在家里，永远不会有人给你一分钱的红利。黄金的内在价值（Intrinsic Value）几乎是零。这里说几乎，因为还有点首饰的装饰价值。黄金和艺术品一样，因为没有红利，没有估价依据。每一个黄金的持有者预测下一个投资人会以更高的价格买入，而下一个人又期待下一个人以更高价格买入。其市场价格完全是博傻的过程，所以1万美元一盎司也合理，1美元一盎司也合理。

要是想不明白黄金的话，想想邮票就明白了。邮票的内在价值只是一张纸，一个不能产生红利的资产，其内在价值是零。博傻的游戏可以持续多久，永远没有人能知道。郁金香持续了几十年，邮票持续了上百年，黄金持续了至少五千年，最近又是波澜四起。

明白了这个道理，就再也不必想黄金或艺术品，它们的“合理”价格应该是多少了。博傻游戏里面，没有合理，只有“更”合理。如果你是个价值取向的投资人，无论是买房子，还是买公司，真正关心的是红利。因为在博傻游戏中，人心的贪婪和恐惧，永远是个未知数。有一天真的有人能发明博傻游戏中的数学模型，估计的确是能拿诺贝尔奖了。

如果不投资黄金这些老年人才喜欢的东西，那么是否应该像孙正义那样永远走在时代的前面，去追逐最前沿的股票？我觉得对于普通人而言，显然不是一个好主意，因为风险太高。

对于普通人而言，生活中最大的财富其实就是自己的住房。除了自己的住房，还有就是在自己生活的城市购买一些投资房。最好的办法就是迁移到最有潜力的城市去，搬到最有潜力的社区去。

这些是最简单的投资方法，我知道一位东南亚华裔美国人，他用简单得不能再简单的投资方法，把自己住的街区上的房子一栋一栋买下来。平时省吃俭用，等到有人卖房子的时候，他就买入，几十年后，等他买下三个房子之后，他就安安静静地退休了。

购买股票你很难得到内线消息，很多时候你只能从报纸杂志上去猜测公司的运营情况。其实公司的运营情况受太多因素的影响，外界人很难了解。而房子是你看得见摸得着的，如果你生活在这个社区里，应该说你比地球上任何一个财务经理都更加了解这个社区的房子。你不但了解这些房子的价格和租金，你还知道这些房子建造的一些缺陷，甚至你了解每一个竞争对手，因为你了解左邻右舍都是什么样的人，有这么多丰富的知识不利用，实在太可惜了。

可还是会有人说我不喜欢房子，我也不想管理房子。是投资房子还是投资股票，也是投资理财论坛上一个永恒的争论话题。其实两者殊途同归，在我看来，首先你需要了解自己是一个什么样的人。其次根据自己的特点，来决定是买股票还是房子，我把这两个投资思路分别总结为勤快人投资法和懒人投资法。

第七章

懒人理财法

01 执行力

你不是算法机器，而是有血有肉活生生的人。很多人在做投资决策的时候忽略了这一点。例如，当比较两个或多个投资决策的时候，人们最喜欢做的就是拿出 Excel 表计算投入的金额以及未来可能出现的回报。用内部回报率（IRR）、净现值（NPV）这样一些指标来评价一个投资的好坏。复杂一点的 Excel 表还可以做未来不确定性的分析，给出投资可能实现的回报收益范围。

然而这些表格的计算往往是无效的。一方面是市场有太多的不确定性，难以全部统计在表格中；另一方面就是这些表格都忽略了人的作用，投资执行者的因素。同样一个投资产品，不同的人去执行，情况是不一样的。我把这一个现象归结为执行力。执行力用中国的一句老话就是知易行难。你明明知道这是一个好的投资产品，但是你就是没有办法做到。

我从自己投资北京房地产的例子深刻地明白了这点道理。我前前后后决定买北京的房子有四次之多。最接近成交的一次，连合同都签好了，只差我把定金打过去，但就是由于各种阴错阳差的原因，没有买下来。

而在上海，我的执行力稍微好一点，主要原因是亲戚朋友给了我更多的帮助。在购买房地产上需要执行力，说白了就是自己是否勤劳。一个勤劳的人，在房地产交易上总体来说执行力会好一些。

而在股票市场上则不然。在股票证券市场上市场效率是很高的，一个消息出来，价格立刻反映在股票价格的变动上。这个时候执行力就不是比你有多勤快，因为你再勤快也比不过计算机的速度。

股票市场的执行力就是你能不能按照一个事先想好的，而且是有效的策略，坚定不移地执行下去。当市场发生价格下跌的时候，人们出于恐惧总是不敢买入。当价格上升的时候，也出于贪婪总是喜欢追涨。计算机其实是股票市场上执行力最好的机器。一个固定策略放进去，如果不加人为干涉的话，交易就不会被改变。

我在十几年的投资经历中深刻领悟到了执行力的重要性。所以我把投资方法归结为两类：一类为懒人投资法，另一类为勤快人投资法。

古人云，知己知彼，百战不殆。投资本质上是一个和他人博弈的过程。如果你对自己不了解，怎么能够在博弈中获胜呢？

人们经常犯的错误之一就是，明明自己是个懒人，但是选择去做一个勤快人该做的事。或者明明自己是个勤快人，但是去做了懒人要做的事情。一个人的性格和行动能力，是没有办法在 Excel 表格上找到合适的地方表达出来的。

我们先说一说懒人的投资策略。在股票市场中唯一的，在过去几十年甚至上百年的历史中能够长期保持不败的投资方式，就是用定投的方式买入股票指数。这是一个简单得不能再简单的策略，你不需要去预测明天股票是涨还是跌，只需要把自己的每个月存款拿出来买入股票指数就好了。

为此我专门写了一篇文章，叫《懒人理财妙法》。根据这个投资法，十六年之后你可以永远有钱花，不但你有钱花，而且你的子子孙孙永远都有钱花。

懒人理财妙法

2007 年 6 月 13 日

by Bayfamily

投资理财实在累。往大了说，要通晓全球政治、宏观经济、利率变化、汇率调整、通货膨胀。往小了说，要精通当地经济产业变化、人口流动、好坏学区。要领悟股票行情、期货石油、贷款种类；要了解税收政策、教育基金和形形色色的养老金；更要明白风险管理，预期回报。

十八般武艺，样样要精通。多年辛苦不算，一个不小心，一步走错，误判市场行情，就会竹篮打水一场空。更有甚者，有时会不明不白让财富悄悄溜走，或是白白地交给了山姆大叔。太累！太累！学着累，看着累，干着更累。

我这里授你一套懒人理财法。简单易学，什么人都能做到，包学包会、全部免费。让你年纪轻轻，逍遥自在。一辈子，不愁吃、不愁穿，还能荫及子孙后代，让他们也有这样的好日子。好了，废话少说，现在就教。我的懒人理财法，和程咬金的三板斧一样，就三招，保让你一分钟学会。

第一步，找一份工作。每月把1/3收入存下来。去E-Trade开一个交易账号（Brokerage Account），把1/3的收入买SPY（S&P Index）。

第二步，连续这样16年。

第三步，停止工作。每月从这个账号里，取出和每月工资一样多的钱，重复16年前的游戏，直到永远，子子孙孙，永不停息。

简单吧！是个人都会做。你要是相信我Bayfamily，那么就此打住，不用再看了，赶紧去做，再看也是浪费时间。你要是对我还心有疑惑，那就接着看看是怎么回事。我的计算假设是你的工资每年涨4%。S&P的每年回报是12%。详细的计算见附件。积累16年以后，你每年总资产的增值将超过你的工资收入。每年你就可以把增值部分当工资发给你自己，重复上面的游戏，直到永远。

我这里没有扭曲任何假设，S&P的长期回报就是12%。美国每年工资增长也就是4%。你要是20岁用我的妙法，36岁你就可以告别朝九晚五的日子。自由自在，想干什么干什么。如果你不幸读了博士，30岁才工作，没关系，你46岁就自在了，还有大把的好日子可以过。不但如此，当你去世了，你的孩子还可以将这个游戏继续玩下去。

用我的懒人妙法，你再也不用担心那些乱七八糟的理财信息。通货膨胀？没问题，股票是抵消通货膨胀的最好办法，要是有通货膨胀，S&P只会涨得更快。

税法？没关系。你压根不用明白税法。什么401K、IRA、Roth IRA、

Roth 401K、529、Pension，什么避税、延税、增值交税、本金补税，国会、总统都是一帮浑蛋！不把我们老百姓搞晕，他们不高兴。统统忘掉！你就开个普通的账号。想什么时候用，就什么时候用，不然一会儿60岁能用，一会儿70岁必须用，一会儿可以继承，一会儿只能用作教育，这些都是霸王条款！统统忘掉！不要贪小便宜，你就按收入交税，一点也不会影响你的生活。

财富会走路？没关系。财富爱往哪儿走，往哪儿走。你不要跟别人比，只跟自己的过去比。你每年的收入比上一年多4%，直到永远。你生活在富裕的美国，你有什么可担心的。美联储涨利息？管他呢！你又不投资地产。股票是长线投资。爱谁谁！

期权、期货、汇率、个股，什么黑石、白石、大理石！什么微软、微硬、狗狗、猫猫的。统统忘掉！

存不下来1/3的钱怎么办？绝大多数中国人，都是存不下来1/3的收入的。存不下来，是因为401K买得太多。你要是不存401K，不在湾区买房子。存1/3应该没问题。不幸住在湾区，你可以租房子，租个好学区的房子，又不贵，又自在，干吗把自己弄得像个奴隶。实在喜欢自己的房子？没关系，去得州吧。或者，16年后再买吧。

S&P涨跌起伏，怎么办？没关系。从16年的跨度来看，SPY的回报还是很稳的。未来退休了，因为你有很多资产可以用，所以你每年的现金流可以很稳定。

看看坛子里的各位，都是人到中年了，还为了财富疲于奔命，疲惫不堪。早用我的妙计，何至于今天？就拿本版版主来说吧，这么好的领导才能，胸襟开阔，不去竞选社区领导，当个什么州议员之类的官，整天跟我们混，忙着当房子的媒人，多屈才啊。

M兄吧，有钱不去度假，偏要花钱买个房子让别人度假。脑子糊涂了?! 英文这么好，看着像林语堂投胎转世，放着文学大师不当，偏要当地主。早16年用了我的懒人妙计，现在不是一身轻松？谷米吧，博士生孩子，多不容易。不把心思放在孩子身上，偏要去美国得州当远程地主，太辛苦。用了我的妙计，不是一劳永逸？

苇MM和喜MM，天天担心财富会开溜，忙着在北京和特区当地主。早用我的妙计，在家相夫教子，多好！石头前辈吧，八位数了，对社会奉献得够多了，还要再搭上十年弄个九位数。当代活雷锋啊！燃烧自己，照亮别人。那个紫MM，诗写得这么好，理想主义和现实主义完美结合，放着李白、杜甫的伟业不干，天天想着怎么发财，浪费社会资源啊。

假设第一年收入为10万美元。第16年，增值额 = 159.7×12% = 19.2，大于18.0。

投资回报计算表　　单位：万美元

年	年收入	年存入	资金总额
1	10.0	3.0	3.0
2	10.4	3.1	6.5
3	10.8	3.2	10.5
4	11.2	3.4	15.1
5	11.7	3.5	20.5
6	12.2	3.6	26.6
7	12.7	3.8	33.6
8	13.2	3.9	41.5
9	13.7	4.1	50.6
10	14.2	4.3	61.0
11	14.8	4.4	72.7
12	15.4	4.6	86.1
13	16.0	4.8	101.2
14	16.7	5.0	118.3
15	17.3	5.2	137.7
16	18.0	5.4	159.7

还有那个湖兄，爱旅游，我知道，整天飞来飞去，当代徐霞客啊！用了我的妙计，用得着当地主吗？那个农民，用了我的妙计，真当农民，多好。用得着争论圣拉蒙（San Raman）到硅谷的交通好不好吗？直接往东奔加州中央山谷（Central Valley）当农民去了。哪用操心交通问题？那个宝玉，年纪轻轻，用懒人妙法还来得及。当地主，不轻松啊。

最后是我自己。误入歧途，把宝贵的时间浪费在“屁爱吃地”（PhD）

上了。早16年用此妙计，现在不是轻轻松松，不用工作也可以开始我的一千万美元计划了。人生短暂，回头是岸。望诸位幡然醒悟，用我妙计，渡你到自由王国。

因为这篇博客文章开拓了大家的思路，回复意见比较多，于是我又写了一个续篇。

懒人理财法——补充

2007年6月16日

by Bayfamily

写了个懒人投资法，来了一大堆砖头、拳头、斧头、沙发、板凳。看来世上没懒人，个个都是精打细算的勤快人。要劝人懒不容易啊，我这懒人妙法的作者想偷懒都不成，还得写个补充说明。

有人说，这懒人实在难当，要有极高的心理素质。要泰山崩于前，不变色。股市跌了50%，也敢接着买。各位评评理，我写的是懒人投资法，可没说是笨人投资法。要投资，就得有一定的心理素质，不然就干脆存CD得了。泰山崩于前不变色也没那么难，多经历几次泡沫就行了。

还有啊，别忘了，我写的是懒人投资法。要是真正的懒人，连每月的报表都不用看，最好股市行情也毫不关心才好。有这个懒劲，就不需要心理素质了。把存入和买卖设置成自动的，16年后，每月只管取钱。客观地讲，买指数基金不需要太强的心理素质，2000年泡沫崩溃的时候，也没见谁把退休金里的指数基金卖了。

宝玉批评我说，你的计算太马虎，没有考虑到回报的波动性。这个我承认，我常做大头梦，梦里什么都是马马虎虎的。长期S&P的平均回报的确是12%，但好的时候会有50%，差的时候也会跌30%。提醒一点，12%是包含红利的。SPY的红利每年是1.7%，SPY的年涨幅为10.3%的样子，就像研究房产不能忽略房租一样，算回报的时候，别忘了红利。

较真地讲，光看年涨幅是不够的，你是每月买，所以要用每个月的数据。你要是再认真的话，可以用每天的数据，因为你得在发工资的那天买。无论你怎样算，平均下来，都是大约16年的样子。当然，碰上坏的年头，像2000年的崩盘，也许要18年。反过来想想，要是好的年头，不就只要14年了？

阿毛讲得好，我的懒人法是大的原则和方向，细节上你自己掌握。如果不放心，你可再多工作一两年，加一点保险系数。阿毛就很保险，打算干上25年，肯定进保险箱了。

还有人讲，SPY不如其他的指数基金。的确，其他低成本指数基金也许会有一点点优势。比如很多几个大共同基金下的指数基金。但有的时候，如果是非退休账号，这些基金的交易费用会高一些，开户也麻烦。懒人嘛，E-trade最省事，小钱就让给别人吧。世上钱很多，不用想着每分钱都划拉到自己口袋里。

401K是个敏感的话题。说不得，一说就跳，跟老虎屁股呀、高压线一样，碰不得。你想想啊，大家都是人到中年，401K辛辛苦苦存了十来年，看着它慢慢积累，眼珠子都瞪圆了，谁愿意承认自己搞错了呢？

你要是已经人到中年了，是奔40的人，或是40岁已过，想当个懒人，存401K吧，别指望50岁以前退休了。401K非常适合你，可也别存太多，冷静下来，仔细想想，这里的大多数人20年后会比现在更有钱，税率可能比现在还要高。普通账号里的股票只交15%的税。401K的可是要你交25%边际税率或更高。

如果你还年轻，25岁不到，又想早退休。除了公司匹配的部分，忘了401K吧。当然，如果你热爱你的工作，压根不想早退休，还是存401K吧。401K适合90%的人，但不是每个人。有自我约束能力、想早退休的年轻人，可以考虑其他的途径。

还有人讲，存1/3的收入太难，做不到。这点我不同意，不买大房子，不存401K，1/3没有那么难。特别对于20岁，没有家庭负担的年轻人。如果你实在想享受人生，及时行乐。你可以存20%的收入，那样的话，你需要20年的时间。

最后一点补充，就是你收入的增长。如果你是个天分不错、有野心的人，你的收入增长多半会比4%要高。如果你预期的收入增长超过12%。

建议你什么也不用存，赶紧消费吧，任何积蓄对你而言都是让生活更悲惨。最好，借点钱来消费，花它个昏天黑地，别忘了消费也是对社会做贡献，用不着有内疚感。

我写这篇文章到现在已经有13年了，还有3年就可以实现财务自由。如果读者有兴趣的话，可以用过去这13年的收益，看看是不是像懒人投资法预测的那样。鉴于是懒人投资法，读者应该是懒得抬笔，所以我自己在这里算一下，呈现结果给大家看。下面是我用过去13年美国S&P股票指数价格实际计算出来的收益。看一看和我当初预测的差多少，结果让我都吓了一跳，因为太接近了。原来预测的是第13年你应该拥有101.2万美元，实际执行下来的结果也是100.9万美元，两者的差距不到1%。恐怕你大致算一下银行里自己有多少钱，都达不到这个精度。

大家习惯上总是在研读历史的时候，把一切当故事看。但是事实上历史形成的趋势是很难改变的，特别是那些一再被验证的历史，就像太阳明天会升起一样，我预测的投资结果和事实上的投资结果惊人地接近。

我的这篇懒人投资法大约有一万人的阅读量。然而有多少人看了这篇文章，去实施懒人投资法呢？我个人感觉是零，一个都没有。大家只是当着消遣看看热闹罢了，非常可惜。当然懒人投资法有它税务上的缺陷，更好的投资法是“不是那么懒的懒人投资法”，就是在这个基础上，把税务方面再优化一点，这里就不展开写了。

下面的这个计算的列表，左侧是原定计划，右侧是实际情况。

投资回报计算表

单位：万美元

投资计划年份	年收入	年投资存入	预期年收益	预期资金总额	实际年收益	实际资金总额
2007	10	3	12%	3	5.49	3.2
2008	10.4	3.1	12%	6.5	−37	5.1
2009	10.8	3.2	12%	10.5	26.46	9.6
2010	11.2	3.4	12%	15.1	15.06	14.5
2011	11.7	3.5	12%	20.5	2.11	18.3

续表

投资计划年份	年收入	年投资存入	预期年收益	预期资金总额	实际年收益	实际资金总额
2012	12.2	3.6	12%	26.6	16	24.8
2013	12.7	3.8	12%	33.6	32.39	36.7
2014	13.2	3.9	12%	41.5	13.69	45.6
2015	13.7	4.1	12%	50.6	1.38	50.3
2016	14.2	4.3	12%	61	11.96	60.6
2017	14.8	4.4	12%	72.7	21.83	78.3
2018	15.4	4.6	12%	86.1	-4.38	79.4
2019	16	4.8	12%	101.2	21	100.9
2020	16.7	5	12%	118.3		
2021	17.3	5.2	12%	137.7		
2022	18	5.4	12%	159.7		

我们再看看投资理财领域的另一个怪现象，就是大家都知道巴菲特是一个无人能敌的投资者，他是一个常年打败 S&P 股票指数的人。既然巴菲特是股神，为什么还会有那么多的人选择自己炒股而不购入巴菲特的股票呢？难道你真的觉得自己比巴菲特还要牛吗？

为此我写了一篇文章，叫作《股神、401K，肥肉与凉水》。

股神、401K，肥肉与凉水

2008 年 3 月 14 日

by Bayfamily

沃伦·巴菲特到底是不是股神？巴菲特的成就叹为观止，在过去几十年里的投资回报是 22%，远远高于 S&P。如果你在 1965 年买了 1 万美元的 S&P，那么现在是 50 万美元；如果你买了巴菲特同志旗下的伯克希尔·哈撒韦公司的 1 万美元股票，现在是总市值为 3000 万美元。

但是巴菲特同志到底是不是股神呢？发财有两种，一种是蒙的；另一种是他们的确有过人之处。可惜世上没有哪个胜利者承认他们是蒙的，胜利者总是能编出一套套伟大的理论来唬人。等你一实践就发现完全不是那么回事。光听他们说是不行的，要拿出数据来好好分析一下才可以。

好了，现在咱们算算巴菲特靠运气的概率是多少，出老千的概率是多少。

S&P 的回报是 12%，年回报率的标准方差是 15%。假设正态分布和相同的风险，根据伟大的高斯同志发明的公式，巴菲特完全靠运气，一年的回报率达到 22%的概率是 25%。蒙中一次的可能性是 25%，40 年连续蒙中的可能性就小得可怜了，大概是 $1/10^{25}$。当然巴菲特不是连续的，需要改个办法算。总之，从统计上来看概率很小，千万分之一以下。可是这世上有千千万万的投资者，大家都是闭着眼睛投资，也会有人能蒙上。没了这个巴菲特，还会有下一个巴菲特。好像巴菲特同志没什么了不起的，好比我今天出门，不幸头中鸟粪，虽然是小概率事件，但人世间这么多人，总是有人能蒙上的。

有一天头中鸟粪是命不好，如果天天出门都被击中，你就得好好研究一下了。到底你家是在候鸟的迁移路线上，还是屋檐下面干脆有个鸟窝。巴菲特同志认为他是屋檐下面有个鸟窝。持反对意见的人说，如果价值投资如他所说的那样，岂不是人人效仿，个个都发了，凭什么就你有鸟窝。巴菲特同志说，我的妙法虽然简单，可惜很难模仿，因为你手上必须要有大量的现金，没有几十亿的美元在手，价值来了也轮不到你。

这话听着很耳熟，从小老师就说“机会是留给有准备的人的”。反对者再问，那你年轻时并没有几十亿美元，是怎么玩的？巴菲特答：“因为我会研究，能发现内在价值被低估的股票，至少要有 25%的折扣。全世界就你眼光好的话，我从来都不相信。从这点上来看，我倾向巴菲特虽有过人之处，但早年运气好成分很大，盘面大了以后，可能的确会摸索出一套别人难以模仿的办法。

我说了不算，小人物一个，要通过市场来判断他到底是不是有鸟窝在门口，到底会不会将来连续命中前额。如果 S&P 的市场预期回报是 12%，在相同风险的情况下，如果市场对巴菲特的伯克希尔·哈撒韦公司的期待回报是 22%，那么现在就会有明显的溢价。据研究，当前的伯克希尔·哈撒韦公司因巴菲特的市场溢价为 30%左右。30%和 22%的预期回报是严重不成比例的，假设22%的预期回报可以持续20年的话，现在的溢价应该是数倍，远远高于30%。可见市场并不相信所谓的价值投资的鬼话。或者市场预期他老人家明天就要断气，而且他的徒子徒孙根本捡不起来他的价值投资理念。

你可能会说，不对啊，市场不是有效的。我的401K可以买S&P指数基金和一大堆垃圾互惠基金，但是不能买巴菲特的伯克希尔·哈撒韦公司，连他的乙类股份（B-share）都不行。401K里面的选择很少，不像税后的账号那样自由。

你看看，这就是你不对了，明明有22%回报率的基金你不买，为了省税上面的几个小钱，偏偏要去买收益率12%的指数基金。我来帮你算算账，假设你的边际税率是30%（州+联邦），如果你买了10K的SPY在401K，三十年后交30%税后是209K。如果你现在交了3K的税，买了7K巴菲特的乙类股份，三十年后，再交15%的资本利得税（Capital Gain Tax），你的回报是2319K。两者相差十倍，孰好孰劣，一目了然。现实中，大多数人选择了401K，而不是巴菲特。我只能得出一个结论，大多数人不相信巴菲特是股神，当大家拿钱说话的时候，觉得他那套理论和吃肥肉喝凉水的赌神没什么区别。

可我不这样认为，拿钱说话的时候，我相信他是股神，未来没有22%，也得有个16%，或者比S&P高上几个百分点，所以我已经不买401K了。

此文当然是以娱乐为主，主要还是想说在股票市场上自己要谦虚。逢低买进，逢高卖出，看起来很容易，实践起来比登天还难。

但为什么股票市场上总是有无穷无尽的投资者在做短线交易呢？在我看来就是这些人太勤快了。勤快的背后可能是因为他们喜欢买进卖出的过程，在各种预期和刺激下享受快感。在股市里反复短线炒股的人和拉斯韦加斯赌场的人并没有什么区别，他们并不是为了挣更多的钱，而只是为了满足赌博一样的心理快感。

而那些中产阶级们呢，既然你们都知道巴菲特是股神，为什么你们不买入巴菲特的股票，而去持有那些莫名其妙的基金呢？

也是因为他们太勤快了。勤快到他们喜欢去比较各个基金历史上的回报。事实上，大部分人又不是那么勤快，他们不太知道各个基金的历史回报是用各种手段做了手脚的。美国股市经历了几百年的发展，有近百年的数据证明，唯一有效的投资策略就是投资指数的懒人投资法。

02 男人懒还是女人懒

投资领域不需要肌肉，我并不是戴着性别歧视的有色眼镜来看的，但是不得不说，男性总体适合投资房地产，女性适合投资股票。因为房地产投资牵扯很多动手的事情。比如房间需要做一些敲敲打打的修缮工作，下水道也许会堵，屋顶也许会漏，这些体力劳动男性更适合一些。

一方面是男性可以做这些事情，减少费用。另一方面是当男性去和工程队讨价还价的时候，工人不太敢蒙男性。因为人们本能地觉得男性可能了解术语和工艺工程，就像修汽车一样，女性去修汽车被宰一刀的概率要远远高于男性。

而股票投资上不需要出卖体力，你只需要冷静思考。在冷静思考上，乍一看似乎男性比女性有优势。因为我们常说男性是理性动物，女性是感性动物。其实不是这样，男性往往盲目自大，刚愎自用，听不进别人的意见和劝告。一个男性是很难听从另外一个男性的劝告的，这可能是写在我们基因里面的。

为此我专门写了一篇博客，就是炒股应该是听男人的还是听女人的？因为有学者把中国台湾过去几十年的证券交易全部历史调了出来，以此来观察男性和女性投资者谁的投资回报更高一些。

投资理财，听男的还是听女的？

2007 年 8 月 23 日

by Bayfamily

贫贱夫妻百事哀，很多人都是在结婚以后才意识到投资理财的重要性。三个臭皮匠顶个诸葛亮，夫妻共同经营财富固然好，可惜在一个家庭里，男女双方却经常各持己见，为一些投资问题争得不可开交，到底投资理财是听男的，还是听女的？

男方多半是一家之主，喜欢控制，但爱面子，好大喜功。女方多半掌握财权，比较顾家，但有时缺乏战略眼光，太注重细节和心理感受。家家有本难念的经，我不想告诉大家明天该谁来管钱。我们拿数据说话，最近看了个很有趣的研究。其中的结果或许会启发你，先看股市投资吧。

请看下图，大家知道，在股市上来回买卖越多，就容易输得越多。比如前几天，股市下滑到 12900 点，不少人庆幸自己在大跌之前全部变现了。可一转眼，股市就上升到 13200 点。现在一下子变成一脚踩空。短期的股市起伏是无法预料的，频繁地买卖是注定要输的，除非你是天才。输多少呢？平均来看，一个月买卖五次比买卖一次每年要多亏 10%左右。

好了，有了这个数据，我们再看看男女在股市投资的区别。男性由于自信，刚愎自用，自以为是，在交易的时候，换手率比女性要高得多。单身男性比单身女性要高 30 个百分点，不但如此，结婚的女性，由于受丈夫的不良影响，换手率要比单身女性来的高。结婚的男性比单身的男性，换手率要低，大概是受到了太太的正确影响。

好了，再看看业绩吧。首先，炒股票（频繁买卖股票）的人回报比市场的长期平均回报要差。男性要比女性差，单身男性最差，单身女性最好。炒股实在不是男同志所擅长的，可为什么男同志一个个奋不顾身呢？我认为主要有以下几个原因：

1. 控制欲。男性喜欢控制。不喜被动投资，不喜欢由别人掌握命运。

2. 过分自信。男性比女性更容易觉得自己了不起（包括我）。更容易相信自己，相信自己知道的比实际知道的要多。

3. 情绪化。男性比女性更容易冲动，无论是买进还是卖出。当然，这也是情有可原，不会冲动的男性，没有后代，早被大自然淘汰了。

好了，总结一下。投资理财，到底是听男的，还是听女的？要看具体投资什么。投资股票，需要懒人、被动的人、有自知之明的人，女性比较合适。投资房地产，需要勤快人、不辞劳苦的人、会控制别人的人、会修修补补的人以及能和租户打官司的人，男性比较合适。

现实情况如何？大千股坛，男性居多。我爱我家，女人为主。可怜，可惜，可叹。

在股票市场上，总体来说女性的投资回报更高一些。就像在赌场里男性的赌客比女性要多一些一样，女性的赌徒心理会比男性总体上稍微轻一些。而赌徒往往是盲目自信的，这些都是投资证券市场上特别忌讳的。

非常遗憾，如果你观察真实的市场情况，你就会发现炒股人群大部分是男性，而女性更加热衷于买卖房屋。至少中国人是这样，很多女性有筑巢的心理，房子给女性带来安全感。而股票买进卖出，像打麻将一样给男性带来的是心理刺激。在股票市场上，你交易次数越多，越勤快就会输得越多，还是回到本章一开始的那句话，投资要求你首先了解自己，知道自己是个什么样的人。懒人有懒人的投资办法，勤快人有勤快人的投资办法。

第八章

勤快人理财法

01　淘粪工

在投资理财论坛上，有两个永远争议的话题。除了前面讨论过的投资房子好还是投资股票好之外，还有就是生活在美国得州好还是生活在美国加州好，大部分的意见都是根据自己的人生经验做出的。生活在加州的人永远觉得加州好，就像投资房地产赚了钱的人就会鄙视投资股票的人。投资股票的人赚了大钱，就会嘲笑投资房产的是“淘粪工”。“淘粪工”是投资理财论坛发明的特殊语言，大体就是因为如果房子的马桶堵了，很多小房东会选择亲力亲为给房客通马桶。后来投资房产的人干脆自我嘲笑，称自己为“淘粪工”。

在各种投资杂志上，永远有无数的文章比较股票和房地产孰优孰劣，这个话题在我看来是用 Excel 算不出来的。因为到底投资哪个，完全取决于你住在哪里，你是一个怎样的人，你的投资到哪个阶段了，下面就这些问题有必要一次性地说清楚。

总体而言，房地产投资的回报和通货膨胀基本一致。在美国过去 200 年的历史上，房地产的投资回报率大概是在 4%，而股票市场的平均回报率是在 10%~12%。所以猛地一看你会觉得股票的投资更好一些。

然而我想说，如果你是一个勤快人，世界上几乎没有什么投资能够超过美国的房地产投资。如果你连这个问题都没有想明白，那你需要好好补补课，这主要有下面这些原因。

1. 政府低息贷款

股票投资原本是比房地产投资更好一些的，有更高的回报率。可惜投资不单是资产增值的问题，还牵涉到国家的法律税收以及政府补助。

现实的状况，房子的投资总体回报会胜过股票，是因为有政府给你担保，可以让你贷到大额、低息、长期的贷款，这些贷款的利息还可以用来抵税。这样可以大幅提高你房地产投资的杠杆，没有杠杆的房地产投资是比不过股票投资的。如果你保持5倍的杠杆，那么4%的年增长率就会上升为20%。投资其他任何行业，都不可能拿到这样的长期低息贷款，政府贷款的利息之低、贷款条件之优厚，几乎跟世界银行给发展中国家的贷款差不多，这样的贷款不用白不用，也是因为有这样的贷款才导致了股票不如普通住宅地产投资。

2. 信息对称

股票投资总体来说，对投资人而言信息是不对称的，除非你有某个公司特别的内线消息。当然你搞内线交易是非法的，没有特别的信息渠道，在投资的博弈过程中，你是赢不了那些职业投资经理的。

因为在股票市场上，你只是一个业余投资人，公司的高管以及公司职员获得的信息都要比你多。因为这个，投资个股即使赌中了，也只是你的运气好而已。你没有把风险计算到回报中去，所以投资股票你只能选择投资股票的总体指数，就好比你投资房地产，就必须投资美国整体房地产指数一样，那将不会有一个很好的回报。

房地产投资商个体散户投资人拥有大机构职业经理没有的信息优势。同样一个社区的房子，这个房子和那个房子在统计数据上可能非常接近。比如它们有相同的面积，相同的年代，甚至相同大小的院子。但一个是在山坡之上，另一个是在山坡之下。一个可能是在马路边有比较大的噪声，另一个是在社区的深处安静又安全，它们的价格就会很不一样。这些信息，大机构的职业投资人是没有的。相反，倒是生活在该社区的人有着很大的信息优势。

职业投资人投资房地产还有一个劣势就是他们拿不到你能拿到的政府补贴。在贷款这些事情上，你能拿到低息贷款，甚至比大机构能够拿到的利息更低。而且你的利息可以用来抵个人所得税，而他们的利息却只能够抵销投资的收入。

3. 跑道优势

前面我说过房地产是一个黏度非常高的市场，市场效率偏低，市场的信息不会立刻100%充分反映在价格上。一个大企业的工厂要迁入了，这个地方的房价不会马上一步涨到位。

即使卖家想把价格一步到位涨到应该的价格都不可能。因为正在售出的房子，买家往往是需要贷款的。贷款评估不允许你把未来的价格一下子计算进来，因为银行是要根据最近刚刚成交的价格而给出合理的估价。

比如亚马逊集团要迁入某个社区，建立一个集团总部。按理说这个地区的房价也许应该涨两倍。事实是这个社区的房价的确会上涨，但是要通过半年或者一年的时间慢慢涨到两倍的水平。因为就在信息公布之后的第二天购买房子的人，他们购买的房子需要银行进行估价。而估价只能根据过去的交易历史来进行，所以这个时候他们最多比历史的市场价格稍微高一点，也许是10%，也许是20%，再高的话，银行贷款部门是不会接受的。

所以在这个有黏度的市场里，个体投资人比机构投资人更有优势。股票市场里有一个叫作“抢跑道”的概念。跑道宽，卖的时候第一个卖掉，买的时候第一个买到。机构投资人在股票市场上有很大的优势，因为他们的跑道宽。

在房地产市场上，一个房子的买入需要很多法律文件的支撑。个体房子的投资者，他们可以绕过这些法律的条条框框。个体投资者在面对法律的条条框框上比机构投资者更有优势。各个国家的政府，无论是中国的还是美国的，都希望个人持有自住房的比例能够高一些，所以总是给出倾向性的鼓励，特别对于首套自住房购买者。

4. 经营风险可控

房子的投资本质上是一个小生意，且并不是一个被动投资。因为它是一个小生意，所以你拥有灵活的经营权，比如你可以把房子一分为二，然后把两个部分分别出租给不同的人。或者你买入一个院子比较大的房子，你可以在后面加盖一间房子，这样你可以克服市场充分竞争效率带来的阻碍。

这里的“市场充分竞争效率”，指的是根据微观经济学，当市场竞争充分的时候，所有的价格已经反映了市场的所有信息，所以一个房子的租金收入和未来房价增长的预期就会全面地反映在房子的价格上。

当你把这个房子的投资当成一个生意来经营的时候，你可以主动选择一些策略来提升你拥有的房地产的价格。上面说的就是这样的例子。其他的例子还有，比如：你能找到比市场价格更低的工匠帮你修房子；你有更好的眼光，能够挑到比市场平均水平更优质的租客。

5. 用他人的钱

房地产投资还可以给你的融资带来更大的灵活性。钱的目的就是生钱，而钱生钱的秘密就在于滚雪球。钱能滚动起来，就是因为你能获得更多的资金投入。最早期的资金投入可能来自你省下来的每一分钱，但是后来的资金投入最好的办法就是来自房产抵押的融资。

股票投资没有这个功能，你没有办法把自己的股票押出去，让银行给你更多的贷款。即使银行给你贷款你也不敢要，因为股票的价格波动太大，当资不抵债的时候，银行会随时收回你的贷款，或者让你增加更多的抵押品。如果你没有办法增加更多的抵押品，银行就会强制平仓。

房地产则不然。当房价增值之后，你可以把房子做新的按揭贷款，把房子净值里面的现金拿出来，用这个钱去购买新的房子。

举一个例子，十几年前当我购买第一个房子的时候，我几乎用光了两年所有的存款。可在我购买第八个房子的时候，我没有从口袋里掏一分钱，都是用银行的钱。我只是把已经升值的房子直接做了抵押再贷款，用100%银行的钱买入了一个新的房子。

几年后，随着这个新房子的价格或者租金继续上涨的话，那我还可以用这个新房子，再加上原来的那个房子，再买入两个房子，这就是滚雪球效应，这个效应在股票投资里并没有。

当然你可能说，我可以卖掉一只股票，挣了钱，再购买下一只股票啊。你别忘了税，如果你盈利了，你需要交税。事实上股市里比较好的策略也是长期持有，但长期持有很难享受滚雪球效应。

为了更好地说明“滚雪球效应”，我还发表了一篇博客文章，叫作《勤快人理财法》。

勤快人理财法

2007 年 7 月 7 日

by Bayfamily

上次写了懒人理财妙法。名字没起好，错在“妙”字上。一叫“妙法”，就有了妖法的嫌疑。你看，宝玉、黛玉都是好玉，这个妙玉就心术不正，不怎么妙了。所以这回叫理财法。因为是针对勤快人的，纯粹是个笨办法，毫无妙处可言。

我的理财法，不适合各位热爱 401K 的同志。大家请做如下逻辑分析，来判断是否需要接着看下去。

a=我不是个高度自律的人；b=我年事已高；c=我热爱本职工作；d=我打算坚守岗位到 60 岁，最好能再发点余热；e=我是个懒人，

如果 a，b，c，d，e 符合任何一条，看了也没用。因为快速积累财富对你毫无意义。下面的程序完全是废代码，运算多了，不单加大大脑这块 CPU 的负担，还容易造成内存泄漏。当然了，要是为了扔砖头锻炼身体，或是投手榴弹保卫祖国，还可以接着看。

勤快人的法子在理想条件下，是 10 年达到财务自由，20 年资产达到年工资的一百倍，听起来够吓人的吧！

爱因斯坦的相对论够吓人的，完美的理论来自一个简单的假设，“光速在真空中不变”。我的勤快人笨办法也只有一个简单的假设，“每年找到一个现金流打平的房子，房价有 8%的年增长”。不要忙着对假设下结论，听我讲完。实在受不了这个假设，可以直接跳到文章最后。

好了，鉴于你是个勤快人，光在这里看我的长篇大论是不行的，拿出你的笔和纸来，或者打开你的 Excel，算算在这个假设下，会发生什么样的

结果。首先，每年存30%的收入。

第一年，用存下来的收入，付20%的首付，买第一个房子，出租。

第二年，用存下来的收入，付20%的首付，买第二个房子，出租。

第三年，用存下来的收入，付20%的首付，买第三个房子，出租。

第四年，把第一个房子的净值借出来，加上新存下来的30%的收入，付20%的首付，买第四个房子，出租。

第五年，把第二个房子的净值借出来，加上新存下来的30%的收入，付20%的首付，买第五个房子，出租。

第六年，把第三个房子的净值借出来，加上新存下来的30%的收入，付20%的首付，买第六个房子，出租。

第七年，把第一个、第四个房子的净值借出，加上新存下来的30%的收入，付20%的首付，买第七个房子，出租。

第八年，停止。除非你一辈子想做勤快人。要想过上好日子，得明白为什么要赚钱。当房东很累，要想过上好日子，必须学会从勤快人变成懒人，一心只想财务自由。第八年，第九年，安心守着房子过日子，第十年开始卖出，因为你的被动收入已经超过你的工资收入了。要是为了1000万美元，需要一路滚雪球玩下去，二十年以后，你会有1000万美元。

附件是10万美元年收入的参考答案。总共有三个表，要对着看。表的内容我就不解释了，勤快人嘛，自己算算、对照看看、好好想想就明白了。

数字是否精确的意义并不大，懒人理财法是复利的力量，勤快人理财法杠杆加上复利。懒人财富是指数成长，勤快人财富是爆炸性成长。

好了，下面再谈我的假设。

很多人看见这个假设，马上会跳起来说你这是做梦，上哪找这样的好事。我承认，这样的好事难找。勤快人嘛，应该通晓全球经济变化。要拿出湖兄的精神，到处找项目。凭良心说，这样的好事并不是完全不可能的。美国湾区过去25年平均房价涨幅为7.8%。只要你不是特别倒霉，买的全是大泡泡，达到平均水平就够了。或者用资金加权平均的办法，逐年买进。中国过去10年里，房价年涨幅也超过8%。勤快人嘛，通晓全球经济，追踪热点地带，努力找，是可以的。

住在中西部的朋友，实在找不到8%，也可以按5%的增幅，中西部也不需要20%的首付来实现金流打平。有更大的杠杆，财富的增长才是惊人的。

马上会有人问，湾区没有正现金流的项目，这我也承认，现在是没有了，但过去有，通常是买了房子第三年的样子可以有正现金流。我的计算为了简便起见，如同热力学的卡诺循环，是热力学第二定律下的极限。开始的时候没有正的现金流，你需要多贴些现金，可能会对增长有些影响，但影响不大。有耐心的人可以自己算算。其实，找不到正现金流的也不要紧，只要缺口不是太大，30%的存款里，拿出10%来喂鳄鱼嘴，20%来投资，财富也能爆炸性增长。

有人说，每月存30%的收入太难，相当于50%的税后收入。不买401K，不住大房子，存30%不难。实在还想不明白，干脆自己租房子住算了。

工作收入可以不高，但一定要稳定。稳定的10万美元年收入，比不稳定的12万美元年收入要好得多。有了稳定的家庭收入，才可以有大的杠杆。第七年以后，可以不用再往里面贴现金了，再也不用存30%的收入。第八年，就可以过上好日子了。

还有就是房子的管理问题。7个房子，哪里管得过来？勤快人嘛，多跑跑吧。要想自己不累，找到一个好地方，买同一个小区的房子，别天女散花似的到处置业。

如果猛地一看，懒人要16年退休，勤快人也得10年退休，好像划不来。干脆当懒人算了。其实不然，勤快人的办法增长速度最快，懒人是指数成长，勤快人是爆炸性成长。两者在一开始差别不大，到第四年以后，就大大不同了。懒人的办法很难达到1000万美元，勤快人一路忙下去的话，15~20年可以达到1000万美元。懒人得一直存钱，勤快人后来完全是用别人的钱。

风险是个问题，这个玩法一点也不新鲜。爆炸性增长嘛，风险当然是大大的。一路成功的例子很多，但不少大富豪也玩得倾家荡产。如果掌握得好的话，风险并没有想象中可怕。特别是一步一个脚印，逐年买进的话。

最后加一句，钞票永远少一张，房子永远少一间。长年当勤快人对身心健康大大地不利。各位别忘了急流勇退，在适当的时候，由勤快人变懒人，享受人生。

勤快人理财法比懒人理财法效率更高。在理想条件下，差不多10年就可以实现财务自由。但是该法就是要求投资人勤快一点，需要把投资当成一个事情来做。外部条件就一个，你需要找到一个地方房价能够每年实现5%~8%的升值，这个说难也难，说容易也容易。

这个文章写过之后的十年里，我基本上是按照勤快人理财法这个原则来管理自己的投资的。我自己当时能够喊出“普通人家十年一千万”也是基于这样的计算。在过去的十几年里实践下来，我也基本上实现了这个投资法里制定的一些目标。

这个投资法有两点需要注意：

一个是保持杠杆。房地产投资的秘诀就是要保持杠杆，因为有了杠杆，才能够在总体投资回报率比较低的情况下，实现比较高的现金回报率。然而这一点被很多业余房地产投资者所忽视，他们购入一个房子，看到房子的价格增长了几倍，就每天沉浸在欢乐里，并没有想着要从这个房子里的净值中拿出钱进一步去投资。能够沉浸在欢乐里，是他们不再因为钱的事情而担心。房租收益大大多于房贷和房产税的支出，有了正现金流，或者正现金流越来越高，他们会把这个正现金流当成额外的收入，拿来支付自己的日常开支。殊不知“生于忧患，死于安乐”。当自己沉浸在快乐里的时候，也就是自己的投资收益下降的时候。房价涨了固然是件好事，但是随着房价的增长，你的杠杆下降，你的投资收益也在一天天下降。

另一个就是由于现金相对宽松，你不再精打细算，不再在意你的房租收益。很多时候你可以看到年纪大一些的房地产投资人，他们会十几年都懒得给房客涨房租，只要房客老老实实地不给他找麻烦。因为那个房子可能他早已付清，或者收到的房租已经远远大于他所需要的房贷支出。

这个现象在今天中国的一线城市里非常普遍。你经常能够看到突然一夜暴富起来的中国中产阶级，出国的时候和海外华人细数自己家有多少房子，值多少钱。其实他们的资本回报率现在已经下降到很低的水平了。因为长期来看，房价不可能一直是两位数的高速增长。房价的上升对于一个地区和一个国家，基本和GDP的上升是持平的。每天躺在偶然原因堆积起来的功劳簿上，那些偶然暴富起来的人，在下一个20~30年的循环里又会渐渐归于平庸，就像当年山西的那些煤老板一样。

不信，下次你再碰到这些国内土大款，问问他们知道今年的资产回报率跑赢了S&P指数了吗？他们中间的大部分人恐怕只知道自己家房子值多少钱，没人知道今年自己的资产回报率是多少，更不要说他们会意识到自己的资产回报率在持续走低。

房地产投资，一定要长期保持杠杆。关于这件事情，我在2007年也专门写了一篇博客文章。

投资地产往往不如股票

2007年10月11日

by Bayfamily

猛地一看题目，大家可能在想Bayfamily又在忽悠大家了，一会儿说房产好，一会儿又反过来说地产不如股票，拿大家开心。非也，非也。

我写下来的不过是大实话，对于大多数人来讲，长线来看，地产不如股票。原因很简单，绝大多数人没自己想象的那么勤快，讲讲几个典型的地产投资的例子。

案例一：我刚搬到我现在的这个社区的时候。一个很好的老太太，对我语重心长地说，“买房子投资，不合算”。我当时觉得惊讶，她房子买的时候是30万美元，现在卖掉是80万美元，为什么她会说这样的话？

案例二：文学城名人，阿毛（A-Mao）的丈母娘。丈母娘在上海有多处房产。阿毛建议她把房子卖了。因为根据聪明的阿毛计算，回报并不理想。丈母娘不同意。这是疯狂的上海，难道是聪明的阿毛错了？

案例三：helloagain 老兄，转帖大千股市牛人帖《股票与房地产投资回报比较》。以旧金山为例，用 90 万美元贷款来购买房子，30 年后是 720 万美元。用同样的利息，30 年每年 46000 美元投入股市中，30 年下来的结果将是 827 万美元，股票比房产好。

案例四：我的例子。我去年在上海买的房子，30%的首付，今年价格涨了 80%。一年的回报是 240%。四年前买的房子，同样是 30%的首付，价格涨了 300%，四年的回报是 900%。投资股票是不可能在同样的风险情况下，取得这样的回报的。

这四个案例都是聪明人做的，计算没有错误，为什么会有不同的结论？我为什么说对很多人来讲，地产不如股票呢？

明白企业财务的人，知道有个概念叫目标债务净值比。什么是目标债务净值比呢？D 就是 Debt，债务。E 就是 Equity，业主的权益，通俗地讲就是股票市场总值，E 是每天随市场变的。大多数公司都会保持一个 D/E 的目标，就是目标。即使不缺钱，也都借钱来满足 D/E 的比例不变。

拿微软公司来讲，根本不缺现金，可它还是会举债。有的公司为了满足 D/E 的比例固定，借了钱没地方花，干脆举债给股东来发放红利。公司股票上涨，CFO 第一件事就是赶紧举债，这在我们看来都是不可思议的事情。不缺钱，为什么要借钱呢？但为什么公司会这么做呢？难道是 CFO 的智商低，发疯了？

除了税务方面的考虑外，公司满足固定的目标债务净值比是为了保持固定的杠杆。大家知道，盈利等于利润边际乘以杠杆。只有固定的杠杆，才会有稳定的盈利。

投资地产和开公司一样，公司的事情太复杂，说说房产大家就明白其中的道理了。

第一点，地产的长期回报不如股票。美国长期的地产涨幅是 4%~5%的样子，股票是 12%。如果是全部现金买房子，股票当然要比地产的回报要好。房产胜过股票的因为是杠杆。房价每年涨 4%~5%，如果保持 3 倍的杠杆，那回报就是 12%~15%。

问题是很多人不知道，也没意识到要长期地、持续地保持杠杆，要有目标债务净值比。这就是为什么很多人在投资地产的头几年，会有很大盈利，但长期回报却不好，因为他们没有保持固定的债务净值比。房价涨了，净值大了，没有再抵押贷款，杠杆就会消失。房产的回报就会下降，不如股票。

回到前面的案例：

案例一：老太太说得没错，15 年前，投资 30 万美元在股市，今天不止 80 万美元，回报会更好。她的问题是住了三年，就把房子全付清了。没了杠杆，当然不如股市。

案例二：A-Mao 的建议没错，阿毛的丈母娘的房子也全付清了。没有杠杆，中国的房子长期涨幅应该和 GDP 一样。即使是上海，房产也不如股票。

案例三：helloagain 老兄，旧金山 30 年的例子。房子涨价，10 年以后，房价涨一倍，杠杆消失，后面 20 年自然不如股票。

案例四：我自己的例子。前期的高回报是因为杠杆，四年前买的房子随着房子的涨价，已经快没了。长期来看，回报会逐年降低。正确的做法是卖掉，或再抵押贷款，保持杠杆。

这就是为什么我说房产对很多人而言不如股票的道理。投资地产，要不断地举债，不停地贷款，很多人没有自己想象的勤快。中国人有无债一身轻的说法，这恰恰犯了投资地产的大忌。大多数人，任房价上涨，杠杆消失，最后无所作为。少数人，像这里的小小石头，Va-Landlorad，jy101，不断地贷款，保持目标杠杆，最终成为大地主。

还是那句老话，勤快人投资地产，懒人投资股票。投资股票要真正的懒人，投资地产需要真正的勤快人。征服世界前，先要了解自己。

看官会问，杠杆是双刃剑。关于这把双刃剑，且听下回细细分解。

02 房租是用来滚雪球的

对很多人而言，勤快人投资理财法，一个难点是自己要勤快，另一个难点就是你需要找到一个每年房价上涨5%~8%的地区。这样的地区其实并不难找到，前面我说过一个地区土地的价格基本等同于名义GDP价格的上涨。因为地只有那么多地，所以随着GDP的上涨，单位土地的价格也就会按照同样比例上涨。

生活在中国的人会对这一点有清晰的感受，因为美国GDP的增长比例没有那么高，所以人们对土地升值的感觉并不明显，而中国经历了快速增长，所以人们能够清晰地感到土地增值带来的好处。比如在中国的浦东新区，在改革开放之初以及浦东开放之后，很多人在浦东建厂经营，这些在浦东经营自己企业的人，过了30年之后基本上分两类：一类是赚了很多钱的；另一类是什么钱也没有赚到的。

这时你就会好奇，比如一个纺织厂，同样是经营，为什么有的人发了财挣了很多钱，而有人却辛辛苦苦忙了三十年，什么钱也没有挣到呢？他们的区别就是有的人租用了别人的工厂，有的人购买土地建了自己的工厂。

其实，经营传统行业的人很难从行业本身挣到大钱，因为市场是充分竞争的。即使挣到了一点钱，大部分又投入扩大再生产中了。有些人挣到的一点小钱，赶紧找银行按揭贷款购买了厂房。有些人就是不敢迈出这一步，有点钱忙着买设备搞扩大再生产，结果是公司有一天没一天地惨淡经营，常年租房。

三十几年过去了，很多行业完全从上海被淘汰了出去，因为随着劳动力价格的上涨，土地价格的上涨，这个行业已经变得完全不挣钱。那些拥有厂房的人，他们一拆迁就发了财。那些租赁厂房的人企业关闭了，企业主只能欠着一屁股债，东躲西藏。

在上海张江高科技园区也是一样的，最早进入园区的几家生物公司，购买了大量的厂房、办公楼和实验室。随着土地价格的上涨，现在它们只需要把自己的办公楼和实验室租给后面来的生物公司，就可以挣钱了。所以，公司经营什么不要紧，关键的是利用公司经营这件事获得土地。

勤快人投资法也是一样的，房租的收入并不是你真的需要赚取的收入。房地产投资的人不要本末倒置。房租的收入只是用来支付贷款的利息，你并不需要把贷款还清。事实上也没有人傻到节衣缩食地把贷款还清。房租和贷款只是你做房地产投资的手段，甚至房屋本身都不是你要的，房子只是工具和手段，因为房屋的设计会过时，房屋的装修过些年会变得破旧。

你真正的目的是获得房子下面的那块土地。房客、房租、房产税、保险、房贷、利息、维修、通马桶这些都只是让你持续玩房地产这个游戏中的小环节。

03　哪里土地升值最快

在全球化的今天，特别是在我们能够到世界的各个角落自由走动的今天，找到房价持续上涨，回报率5%~8%的房产并不是很难。前面我说过，韩国人找到了北京的望京，中国台湾人找到了上海的古北。其实，你只需要跟着地区走，选择GDP快速增长的地区。比如，美国湾区的几个城市，GDP的增长一直处在8%的水平上。

另外一种就是跟着重大的基础设施建设项目走，跟着重大基础设施建设，这一点在中国尤其重要。没有哪个国家能像中国一样，基础设施的建设在过去20年里获得这样大的飞速发展。

上海从只有一条地铁线到拥有世界上最长地铁里程的城市，只用了20年的时间。每兴建一条地铁线，在规划公布出来的时候，你购入这个地铁站附近的房子就好了，地铁还没有建设好之前，这里的房价不会一步上涨到位，因为租金还没有涨上去。

等地铁站建好了，租金上涨就会推动房价的上涨。这个时候你的房子涨价了，你就把钱从银行里贷款出来，再去买下一个地铁周围的房地产就好了。我是在2008年前后看明白了这个道理。我专门写了一篇文章，叫作《投资上海的主轴线》。在我的“普通人家十年一千万理财计划”的第七年总结里，又再次明确了这个投资方法的操作模式。

投资上海的主轴线

2010 年 1 月 13 日

by Bayfamily

网上铺天盖地的都是中国房地产是否有泡沫的帖子。大家一夜之间都成了宏观经济的专家。无论是小市民还是专门靠讲评书吃饭的，泡沫的讨论本来是娱乐性大于科学性的。什么人的话，都不要太当真。别忘了，格林斯潘曾在2004 年反复讲，看不出美国是否有房地产泡沫。你想想，美国的统计数据这么好，连他老人家在房产泡沫几乎最高峰的时候都浑然不觉。其他人的话，基本都是在蒙。

本文是工程师看的帖子，就是所谓的技术帖。分析一下，如果你买房子，如果是投资买房子，在上海你应该买哪个地段的？哪里的升值空间最大？哪里最能够抗击风险？投资这件事情，要动态看问题，千万不能老眼光。君不见，今天的新闻，通用汽车在中国的汽车销量超过了在美国的销量，可仅仅在 2004 年，中国的销量只有美国的 1/10。当时不知道福特、克莱斯勒这些厂商都是怎么想的，投资嘛，战略重要，看地段更重要。

今年上海轨道交通世界排名第四。10 年后，上海轨道交通的总里程会超过纽约和伦敦，成为世界第一。密密麻麻的地铁网，到底投资在哪里好？买哪里的房子最保值？

首先谈地段。好地段并非一成不变，100 年前的人民广场是很荒凉的地方，20 年前的浦东陆家嘴是没人要的地方。2008 年你在临港弄块地，现在就发了。如果你今天还是墨守成规，只认识淮海路、外滩，就会丧失更有潜力的地段和新的活力中心。

投资房子，特别是用来出租的房子，我们只关心两个因素，一个是租金多少、是否稳定，另一个是升值空间。8 年前，我认识一个在复旦大学周围收购老公房出租给大学生的人，当时他已经买了十套，被我很不齿地嘲笑一番，觉得他不务正业。现在看看，他选的区很对，那里既有稳定的租房市场，又有新人口的涌入。

租金的多少、交通是否便利和是否有新的人口进入这个区域直接相关。在这点上，传统的浦西社区远远赶不上浦东和西面的新兴区域。未来上海一定是以轨道交通为主的，外环线以内，基本交通工具只能是轨道交通，开车是不现实的。内环和中环的价格区别会被打破，但是离地铁站100米还是800米，会有很大差价，尤其对于租客来说。

轨道交通未来的主轴线一定是二号线。未来城市的发展，都和这条线路息息相关。好比是人的脊椎，其他线路是这条线路的辅助。为什么这么说呢？二号线的东西两侧是新的大虹桥区和浦东新区，东西的末端分别是新建的虹桥枢纽和浦东机场。虹桥枢纽是未来上海连接周边城市的中心。在浦西这边是金融、贸易密集的南京路、人民广场，在浦东这边是陆家嘴、市政府和迪士尼。百货公司前五名，有四家集中在这条线路上。张江是新上海人的集聚地，南京西路和陆家嘴集中着金融业的金领和白领。这个轴线上中山公园之类的副中心，就不提了。

如果我要投资，一定是在这个最重要的轴线上。曾经辉煌过的一号线和它最先带动起来的莘庄和城市的西南地区，渐渐会落伍。淮海路，只会是过去遗老遗少的梦想所在，一是不会有新的就业，二是不会有新的人口涌入。

不是说其他地段没有机会。上海很大，城市基本是按照“摊大饼”的模式向外辐射，机会也很多。比如每个地铁交会的地方，都是很好的机会，但是如果从大的区域来分析，这条线路是最好的，毕竟作为小的投资人，最多也就买几套房子。

这条线上最西段（大虹桥，华漕）和最东段（川沙），曾经是在人们心目中很遥远的地方，价格也偏低，但也是2009年价格增长最快的地方。如果2010年房市出现回调，也应该是下跌最多的地方之一。投资机会很多，二号线通过中心城区的地方，密密麻麻集中着很多老房子和没有小区的单体公寓楼。租金坚挺，很多新白领在这条线路上找不到房子租，这些都会成为未来投资的首选地段。

美国没有经历这么多的基础设施建设阶段，但就我熟悉的湾区而言，还是有一些变化的。湾区城市最大的变化就是“士绅化”（Gentrification）

现象。

这里我不想介入种族和社会公平方面的讨论。作为投资人就要切记你只是一个投资人，并不是一个政治家。我们需要做的是观察社会未来的变化，然后根据这个变化做出正确的投资策略，改变社会是其他人的使命。如果你实在喜欢改变社会，那就还请先站稳脚跟，赚点钱再说后面的宏伟蓝图。“士绅化”这个变化是否合理，是否公平，以及是否反映正确的社会发展方向，这是政治家要做的事情，我们小老百姓无法改变这些。

“士绅化”现象现在发生在圣荷西（San Jose）、奥克兰（Oakland），以及旧金山的一些社区里。这些社区本来是一些低收入人群为主的社区，比较破烂，但是随着一些比较好的社区房价增长到一定程度，人们受不了高昂的房价，就会搬到这些低收入社区来。这些社区中产阶级比例增加，安全和卫生条件就会改善，然后会加速吸引更多的人搬到这些社区里，实现“士绅化”。

奥克兰在100年前本来是个白人城市，后来随着非裔的涌入，白人中产阶级渐渐搬出。20世纪80年代最高峰的时候，奥克兰几乎一半是非裔人口。最近这些年随着旧金山的房价高涨，越来越多的中产阶级白人被迫搬到奥克兰，导致该城市非裔人口持续下降。一旦某个社区白人中产阶级人口达到一定比例，大家就会感到安全，会吸引更多的中产阶级的涌入和非裔的迁出。这个基本上就是“士绅化”的过程。

所以当你观察到一些社区开始有“士绅化”的迹象时，你就应该考虑买入这里的房子。就拿奥克兰来说，西奥克兰的房价远远低于一站地铁之隔的旧金山，也是“士绅化”变化最激烈的地方。当一些看上去蛮体面的中产阶级出现在西奥克兰的时候，你就应该果断抛弃对传统黑人社区的偏见，到这里购房。

一个地区的业态、一个城市房价、一个社区的人口不是永恒不变的，这个世界唯一不变的就是变化本身。

一个社区对另一个社区的房价最终都会产生影响，不可能一个社区的房价一路狂飙，而紧邻着的另一个社区常年价格不动。一个社区房价对相邻社区房价的影响我总结下来叫作不动产渗透（Real Estate Infiltrating），就是一个社区的价格上涨了，最终会让这个社区的低端人口选择迁出，而他们迁出的首选是附近的相对便宜的社区。

渗透（Infiltrating）的物理过程是这个样子的，由于某种原因，比如一个公司上市后出现了一个较富裕的人群，较富裕的人群购买这个昂贵社区的房子，会引起房价的上升。房价上升了，这个昂贵社区中端或者低端收入的人就会负担不起，被迫迁出。迁出的人会到邻近的稍微便宜一些的社区，然后在这个社区制造同样的现象。新的社区低端人口会进一步迁移到更低端的社区中去。这就是为什么高端的白人学区房涨价最终肯定也会带动非裔社区的房价上涨。

反过来的过程也是一样的，当经济衰退的时候首先受影响的是中低收入的人群。中低收入的人群会因为付不起房租或者付不起房屋贷款而不得不搬走。邻近相对富裕社区的低端人口，就会到这些比较便宜的社区来。富裕社区的人口流出就会减少这些地区住房的压力，引起房租和房价下降。所以即使富裕社区的人没有出现失业或者破产，没有拍卖房屋的情况，富裕社区的房价也会下降。

一个城市的所有社区都是持续不断地在这样的变化中循环进行着，你要做的就是判断社区变化的规律来实现最大的获利。

04　勤快人与懒人倒置是灾难

前面我讲了，股票投资是懒人应该做的事情，如果是一个勤快人去投资股票，大概率会演变成一场灾难，因为他很快就会变成赌场里的赌徒。当然我这里说的不是所有人，因为毕竟有个别人天赋异禀。我不想一竿子打翻一船人，所以我这里只是想说绝大多数兼职的普通投资者炒股最终可能都无法达到自己的投资预期。

赌场里的赌徒都很勤快，他们不吃不喝，经常是通宵达旦地忙碌，可是最终一无所获。如果反过来，一个懒人去做勤快人应该做的房地产投资会发生什么呢？

也就是说，如果一个懒人投资房地产会怎样呢？以我的观察，多半的结果就是他还不如去投资股票。投资房地产最常见的现象有下面几个：

第一，没有实现滚雪球效应，躺在功劳簿上。长期的财富增长率只能维持在3%~4%。2005年，就像前面我说的，当年我在美国买入第二个房子的时候，碰到那个要搬回北京的老太太跟我说的“买房投资不合算”的故事。

那个时候她正要搬走，当时她在我们的社区已经居住了10年。她拉着我的手跟我语重心长地说，在美国房地产投资不划算。因为刨去各种成本和开销，她发现最后持有房子10年居然没有挣到什么钱，因为房价只涨了50%，远远不如股市。

我写了一篇文章来说明她的观点。她说的都是对的，这些数据也都是真实的。最主要的是她把自住房和租房混为一谈。另外，她不是特别勤快，一切维修都要请他人，她也没有用杠杆进行再投资，她居住期间也没有碰到房价的大起大落，她还没有开始投资游戏之前就退出了这个游戏。

第二，勤快人投资法，另一个犯错误的现象就是勤快人太勤快了。整个投资的杠杆率过高，当出现大的经济滑坡或者一个投资失误的时候就会导致满盘皆输。

中国有句老话叫作“胜者为王”，2008年金融危机来临的时候，我也写了一篇文章叫作《剩者为王》，房地产投资胜利成功的一个奥秘就是用时间和复利战胜一切，这就需要你能够坚持，并一直玩下去。

剩者为王

2008年7月6日

by Bayfamily

先讲一道投资的智力题，假设你到赌场玩轮盘赌，你长得很帅，发牌的荷官看上了你，主动帮你在机器上出老千。你事先知道出现红的概率是60%，出黑的概率是40%，永远不会出0和00。你手上有100元现金，你可以下任意大小的赌注（只要你有钱），假设这位荷官小姐只当班半天，你只有100次下注的机会，怎样下注才能够赚到最多的钱？

趁着你想的工夫，我来讲讲当前的房地产投资。

常言道，胜者为王。在当前的经济形势下则是“剩者为王”。无论是美国还是中国，对于很多房地产的企业而言，根本不需要你在强者中胜出。你能在这次大的危机面前“剩”下来，就是王了。

中国在能源价格攀升、劳动力成本上扬、信贷紧缩的背景下，无论是沿海东莞式的民营企业，还是大型国企，日子都不会好过，房地产公司更是如此。房地产公司有的已经开始打肿脸充胖子，借高利贷以应付短缺的现金流。我知道的就有一家最近在借5%的月利息，饮鸩止渴地过日子。大家前一阵子救灾骂房地产商捐款太少，其实他们自己也穷得可怜，等着别人救济呢。

中国的房地产公司，现在就是一个典型的“剩者为王”的格局，没人再关心业绩的增长，或者去成为新的地王。房地产老板们现在脑子里只有一个想法：现金，现金，上哪里去弄更多的现金。银行的信贷现在卡得很死，很多天价购买的地块目前都只付了定金。没有银行支持，渐渐地开始有人宁可损失定金，地块也不要了。

大的社会环境大家都明白，那么一旦身处通胀时代，又该如何胜出呢？

先从理论上讲，根据经典的房地产理论，除非是超级通货膨胀，那么在稍高的通货膨胀时期，房价是新房跌，旧房持平或微涨。你可能会问，为什么票子不值钱了，房子反而会跌。新房子会下跌，是因为银行贷款。在较高的通货膨胀阶段，银行紧缩银根，会引发房地产开发商的资金危机。房地产商会在因为资金平仓出货。旧房子会微涨，是因为房租上涨。通货膨胀，房租上涨，租售比上升，引发既有建筑的价格上调，你去打开任何一本商学院房地产的教科书，都能读到这个现象。

实践上如何呢？有的时候，我觉得中美的经济也越来越同步，美国就不提了，大家都知道。中国的房子，特别是新建的房子价格现在开始下跌。即使在上海，外围的房子在下跌，市中心的房子不知道能够坚持到什么时候。好像完全在重复美国的过程。在中国，手上房子多的，可以稍稍

减仓，特别是没有租金支持的房子，一旦跌起来，排山倒海的样子会很壮观。有租金的房子，用不着担心，特别是针对普通老百姓的房租，上涨的房租会把房价推到一个新的水平。

没有房子的，或者是要进一步投资的人，建议可以稍稍等候一阵子。未来的几年里面是个“剩者为王”的年代。作为普通的工薪阶级的投资者，大多数都不会有现金流的问题，人人都会成为剩者，但要成为“王”，还是要动一番苦心。当然要想在这场盛宴中分一杯羹的话，就要看各位对入市时机和投资规模的把握了。手上有现金的人，中美两国都会有特别便宜的资产等着你。

回到刚才的智力题，这是一个看似简单的问题，却是每个投资者都应该明白的道理，就是如何平衡投资回报和风险的关系。风险最高的方式是把100元一直压在红上面，100变200，继续押200在红上面，200变400，继续押400……这样下去，一直到100次。你有0.000000001%的可能性赢得一个天文数字般的回报。当然，实际的结果也是可想而知的，估计你在第三次或第四次就会出局，损失100元。

风险最小的办法是每次押1元钱在红上面，押100次，你的回报是20元。风险虽然是零，可回报太小，白白浪费了千载难逢的好机会。

聪明的投资者会在两者之间选择一个平衡点，最好的平衡点是在最大可能的赌注情况下，保证自己能继续玩下去，不浪费这100次机会，比如永远只押全部手上的三分之一的现金。

房地产不是一个零和的游戏。大胆投入的时候，要让自己永远能玩下去。不要用光自己的筹码，玩了一百次，还能剩下来，你就是王了。

长期投资就像火车运行一样，保持高杠杆当然可以让列车运行得更快一些。可是列车运行过快，它的稳定性和抗打击能力就会变差，一旦有风吹草动，资金链断裂就会导致满盘皆输。

这一点在2008年经济危机的时候表现得尤其明显，我在美国2002年买的第一个房子的同一个小区里，有一个中国人，他当时一下子买入了三个投资房。房价高涨的时候，他非常开心，房价跌了20%的时候，他就觉得压力山大，惶惶不可终日。当房价跌了50%的时候，他就只能清盘退出。

当时这个社区的房价，我买入的时候是40多万美元。涨到最高点的时候曾经达到73万美元。下跌的时候最低点曾经达到26万美元。经济危机结束牛市来临的时候，房价又从26万美元一路涨到65万美元。

你可能会问，下跌的时候你不用理它，只要捂住楼盘不出手不就可以了吗？事实上你是做不到的。

主要是你自己的心理会发生变化，你会觉得这个时候如果把房子卖掉，我可以把银行的贷款都还掉，然后可以用现金在更低的点买入一个房子。

事实上这么干的人不在少数，有一部分人采用了更为稳妥的方式：就是先买入一个新房子，再把自己的房子短售还给银行，这样至少他在市场上拥有的房子数量前后没有变化。这样做虽然不是很道德，但是从投资角度来讲，也无可非议，只是他们给自己留下了一个坏的信用记录。在后来很多年里，他们没有办法持续投资。

我管这种行为叫作“占小便宜吃大亏”。人不能过于精明，过于精明，违背了基本的道德底线，总是会被报复的。虽然说“人不为己，天诛地灭”，但是特别损人利己的事情，即使合法，还是不要做为好，冥冥之中，一切因果都环环相扣。

另外一点就是当房价下跌的时候，经济危机来临，市场低迷，你的租金收入也跟着下降。而与此同时，你的成本在上升。银行多半会让你交第二按揭贷款的保险。所以你手上的正现金流一下子都可能变成负现金流，原本可能勉强打平的就会出现负现金流。

负现金流对投资人的信心打击很大，刚刚开始的一两个月可能你还满不在乎，但是别忘了不单是租金收入降低，你自己的收入也会降低。经济危机的时候，你自己的工作也不见得稳定。过了一两年就会想我为什么要干这样的事情，为什么每个月拿辛辛苦苦挣的钱去补贴房客。

有了这样的心理，往往是信心动摇卖出房子的开始。在2008年金融危机后，我看到很多明明能够维持现金流，但是却又决定卖出的例子，这多是投资人自己的心态出了问题。

当你看到其他人买入的同样的房子只有你当初买入房价的60%时，你的心态会迅速崩溃。比如，新购入房的房产税比你要低很多，这个时候你就会觉得社会对你不公平，同样的两个房子凭什么我要比别人交更多的房产税，不如我也把我的房子卖掉或者是退给银行，然后拿更低的钱去买一个新房子，这样岂不是我的房产税更低了吗？

思前想后你就会决定最终把房子卖出，然而当所有人都在最后一刻把房子卖出的时候，往往就是房市的最低点。而这个时候由于各种各样的原因，导致你完全踏空房市，因为一个人不可能完美地踩准每个时间节点。

我认识的那个中国人基本上就是这样，他三个房子在2009—2011年分别清空卖出了。虽然他可能没有什么损失，但是后面我再也没有见他进行过房地产投资了，因此他也错过了2011—2018年美国湾区波澜壮阔的房产牛市。

“剩者为王”的核心就是这个游戏只要一直玩下去，最终你总是可以把雪球滚得很大。投资回报是8%也好，10%也好，其实随着时间的推移，最终都是可以滚得不错的。10年后财务自由和15年后财务自由又有多大分别呢？

第三，没有正确地判断市场时机。炒过股票的人都会有这样的体会，就是不要试图赚尽市场上的每一分钱。你永远不可能在最高点抛出，也不可能在最低点全场买入。

房地产投资因为有一定的黏度，所以投资人可以比较好地判断市场的时机，但是这个判断也是有一个重要的前提，你不可以太贪婪。

我自己的感觉就是不要在下跌过程中买入住房。下跌过程中人们都希望自己能够抄到底，但是这个底非常难以把握。形势不明朗的时候，抄底的结果就是抓住了一把下落的刀。

2009年的时候，房地产价格开始下落。下落最快的是前几年暴涨得最凶的那些城市和地区。在投资理财论坛里有几个比较熟悉的网友，开始去拉斯韦加斯买房。因为那个时候拉斯韦加斯的房价已经比最高点跌去了将近30%。如果历史有任何参照的话，跌去30%已经是非常可观的了，在过去二十几年里几乎都没有发生过。

有一个网友在投资理财的论坛上和大家分享了她的心得体会，她说自己买入之后把房子租给了一个开着名牌跑车、戴着大金链子的黑人兄弟。黑人兄弟笑呵呵的，每个月按时付给她房租，她则起早贪黑地修房子。黑人兄弟表面笑呵呵，她干活苦着脸，内心却笑呵呵，她觉得自己捡了个便宜。因为大家都笑呵呵，当时她就在网上自嘲，觉得真是不知道“谁是杨白劳，谁是黄世仁”。

最后的结果就是她做了“杨白劳”，黑人兄弟做了“黄世仁”。因为那里的房价后来又下跌，比最高点跌过了50%，她没有抄到底，而是抓住了下落的刀子。

总的来说，投资房地产并管理出租是一件辛苦的事情。至少在美国是这样，在中国会好些。在美国，你需要不断地修房子，招房客，鞍前马后地伺候房子，最后结果仅仅也就是现金流基本打平，搞不好还倒贴进去。如果房价不涨，你就亏大发了，既然投资住房是辛苦的事情，晚买比早买可能要稍稍好一点。

买房最好的时机就是在房价从底部有了一些增长之后，可能不用涨很多，涨5%左右就好，等市场趋势基本确立之后，你再进去购买。2009年我在投资理财论坛的名言就是“不涨不买”。房价一旦上涨就会持续一个周期，通常有5~10年。所以如果你错过了上半年的上涨，也没关系，只要你后面把握住正确的市场方向就行。

还是那句反复重复的话，因为房地产市场的黏度很高，所以抄底要“不涨不买，涨了再买”。不像股票市场，在股票市场，如果你错过了半年的牛市，也许你就错过了大半个的牛市。

05　正现金流

稳健投资房地产的第二个核心秘密就是维持正现金流。然而这往往是投资者永远面临的两难困境，市场上没有十全十美的房子，如果是在房价比较高的地方购买房子，比如纽约、旧金山、上海、北京，难免是负现金流。如果是美国中西部、得州或者土地不是那么昂贵的地方买房子，房子虽然便宜，立刻就可以实现正现金流，但是房子增值缓慢。

这样最后会导致两种结果：第一是在房价比较贵的地区，因为很难实现正现金流，房价高，买入之后每个月还要贴很多钱进去，很难实现滚雪球效应，所以房价比较贵的地区普通人很难成长为大的地主，除非是一些特殊的历史因素造成的。第二是在房价比较便宜的地区，虽然可以实现正现金流，但是房屋增值缓慢，需要很长的时间才能尝到甜头，但是这些地区的普通人是可以形成专业的地主。普通人只要一心一意地做好房地产的投资，比如在学校周围投资拥有比较好的现金流的房子，靠正现金流不断滚动，那么最终可以做出较大规模，我在美国这么多年看到的大地主多半是这类的。

在比较昂贵的大城市寻找正现金流的房子是不可能的，只有在动态过程中，在房租和房价的变化过程中，实现正现金流。为此我还写了一篇博客文章，专门用来说明如何寻找正现金流的房子，这也是勤快人理财法的一项重要技能。

正现金流——房产投资的梦想

2007 年 6 月 30 日

by Bayfamily

房产投资的全部秘密就是金融杠杆，借鸡生蛋，以租养房。如果做不到较高的金融杠杆，地产长期回报肯定不如股票好。不如买个指数基金，坐享其成。

负现金流的项目，如同天天失血的病人一样。月月都要割几块肉，来封住鳄鱼的嘴。一时半会儿还挺得住，时间长了，多半会和秦可卿一样一命呜呼。也有人长年坚持流血苦战，却在升值来临之前，来个壮士断腕，一脚踩空，令人叹息。

所以说，正现金流是每个投资人的梦想。其程度，如同老鼠爱大米，老美爱打伊拉克，老中爱好学区房一样，都是爱你没商量。

问题是怎样才能做到正现金流。在有望升值的地方，比如美国湾区啦，中国上海啦，不可能存在正现金流的房子，因为，每天都有好多双眼睛盯着。捡到正现金流的房子，和看电影被女明星爱上的概率一样。觉得自己命好的，可以每个周末去售房处撞撞大运。我觉得自己命相平平，还是省下时间来灌水好玩。

在静态过程中，只有升值无望的地方，才可能有正现金流的房子。比如现在的水牛城，大家把房产当作固定收益来投资。对于相对热的地方，只有在动态中，才有可能找到正现金流的项目。

先讲个例子。

我的一个朋友，从20世纪70年代在湾区开始投资房产，他让我受益良多，他也是我想坚持待在湾区的一个原因，其他地方，没有那么多不同背景的中国人。老美嘛，是从来不会和你谈论他的经济情况的，在湾区，消息相对灵通。

20世纪70年代的时候，这位老兄也是“月光族”，不知道动了哪根筋，决定要告别看人脸色的日子，追求自由幸福的生活，开始投资地产。在那个年代，湾区房价比其他州要贵很多，同样压根没有正现金流的项目，尽管当时的房价只有6万美元左右。

20世纪70年代中，美国有过能源危机引起的高通货膨胀，美联储为了抑制通货膨胀，把贷款利率一路提到20%。这时候，他出手了，由于高昂的利率，银行紧缩银根，贷款很难。他当时是把所有的钱都掏出来，不但如此，他还向所有的亲戚邻居，把所有的能借的钱都借来，才买了个房子。用他的话说，买完后，不但房子四壁空空，连买锅的钱都没了。

按当时的计算，这个房子绝对是个负现金流，但他之所以出手，一方面是这个房子在大学附近，租金有保障，衰退对他的威胁不大；另一方面是他不认为高涨的通货膨胀会长期持续，利率也会下来。

果不其然，他买的时候，利率是21%；一年以后，利率降到14%。同时，由于飞涨的物价和房租，一年以后他的房子就是正现金流了；三年以后，他发现他不用付房贷了，因为，出租那部分的房租可以支付所有的房贷。

这就是这位老兄的第一桶金。由于他没有房贷要付，摆脱了“月光族”的日子，可以拿出更多的工资收入来投资，以后的投资更是一路顺畅，越滚越大。

但对于这个房子而言，直到今天，没有任何一个时候是有正现金流的。可他在动态过程中把握机会，实现了正现金流。这是个在利率下降过程中，伴随房贷减少，动态寻找正现金流的例子。

再讲个例子。2002年，我在中国买第一套公寓的时候，市面上同样的房子，其房租是4000元的样子，房贷的支付额是6000元，也是负现金流，不合算。但是，国内的收入增长很快，高端房租在涨。等到房子交割的时候，房租已经涨到6000元。两年以后，布置上好的家具，房租涨到8000元，实现了正现金流。同样，在这个过程中，也是没有一刻，房子是有正现金流的。

其实，现金流的计算很简单，像所有的商业活动一样，计算收益和成本。主要就两个因素。一个是房贷，另一个是租金，二者由国际大气候、国内小气候决定。

可以利用宏观大气候来实现正现金流：

(1) 利率下滑，利息支出下降。

(2) 经济好转，通货膨胀，租金上调。

也可以利用具体地区、房子的小气候来实现现金流：

(1) 翻修。买房子后，通过翻修涨租金。

(2) 自住加出租是个好办法。

(3) 只付利息的按揭，这个办法在美国湾区很流行。

(4) 加大首付，改变功能，变度假房。

总结这么多，天上掉馅饼的事情是很难遇到的，要投资房产的朋友，不要妄想会有静态的好项目等着你。如果你觉得房价看涨，可以用以上手段在运动中做到正现金流。不过，运动的方向要搞对，要看清形势，不要站错队。房价要是跌的话，正现金流可以让你安心等待，等待下一个激动人心的时代来临。

房地产投资和股票投资的一个显著不同的地方就是房地产市场可以踩准市场机会，我在前面一再说明过，而股票是无法准确踩准的。股票市场价格反映了全部的已知信息，所以只能用懒人投资法，采用定投的方法。

房地产市场可以用趋势踩准，除了我上面说的趋势办法之外，还有一个重要的指标，就是房地产市场和股票的波动挂钩。这样的研究很多人已经做过了，而且发现了房地产和股票的相关性。房地产价格的变化，通常要比股票价格的变化晚上半年到一年。这个规律在中国内地、中国香港、美国、日本、欧洲都被屡次证明。当然也不是100%的准确，只是大体有这样一个规律。

股票价格上涨之后，早期投资人的收益增加了，他们会选择落袋为安，挣到的钱最终是要用于改善生活的，所以这些钱最终会流入房地产市场，推高房价。不信你去看看华尔街的那些年终奖，最终都流到哪里去了。很多华尔街工作的金融界人士年终奖金的梦想就是买个曼哈顿的公寓。

当股票市场价格下跌之后通常会引发经济危机，钱包会缩水，失业率会上升，于是房地产市场也会跟着衰落。股票比实体经济提前半年到一年感知到经济的变化，因为股票价格反映的是对未来的预期。房地产价格是根据实体经济的变化而变化的，所以房地产价格要滞后于实体经济，因为人们有工作之后才会有钱去买房子。

2007年，中国股市大爆发，由于各种原因，资金迅速进入股市，一路把股价推到新高，这个时候投资理财论坛上很多人在讨论是否要去中国购买股票。我写了一篇文章，用股票和房地产的关系来解释，此时不是买股票的最好时机，而是买房子最好的时机。

如何在股市大发横财

2007年4月29日

by Bayfamily

A股屡创新高，满仓的人欢呼雀跃，空仓的人望洋兴叹。股市的前景难以预测，即使是泡沫，也可能越吹越大，没有人知道何时会破灭。市场已完全失去理性，大家不关心公司的盈利，赌的是还有多少傻子愿意冲进来玩击鼓传花的游戏。

无论你是做多还是做空，同样风险巨大，赚钱的人多半是靠运气，赔钱的是因为时运不济。企业的总利润比每年印花税还少，市场完全是赌场，和在拉斯韦加斯押红押黑没什么区别。

可如何利用这个赌场发财呢？我先给你讲个故事。

这个故事可能很多人都听过。历史上，加州的第一个百万富翁叫 Sam Brannan，他是在 1848 年的淘金热中大发横财的。他之所以成为百万富翁不是因为挖到了金子，他根本就没去挖金子。1848 年，当发现金矿的消息传来，所有人往山里去的时候，他连夜赶回旧金山，把所有五金商店的工具一扫而空。当旧金山的人一窝蜂去挖金子的时候，他靠卖五金工具发了，去挖金子的人，反而没几个发财的。

A 股市场，已经创造了两万亿元人民币的财富。市场不可能永远这样疯狂下去。当一切平静、盛宴结束的时候，上证指数，有可能稳定在 3000 点，也有可能是 10000 点，还有可能回到 1000 点，这不重要，就像买 Sam Brannan 工具的人能不能挖到金子，对 Sam Brannan 而言，根本不重要。我只知道，将有上万亿元人民币的资产要从这个人手里，转到那个人手里。有人是赢家，有人必是输家。

谁是赢家、谁是输家呢？历史经验告诉我们，有钱人是赢家，普通人是输家；老手是赢家，新手是输家。研究中国台湾的历史数据表明，大机构是赢家，小股民是输家。在国内，沪深两地的老股民是赢家，内地的新股民是输家。

沪深股市的日成交量能达到 3000 亿元，每月的印花税、手续费达到 600 亿元，一年 7000 亿元。沪深两地的证券公司、基金经理今年是大赚特赚。我估计最终财富转移到这两个城市的总量将在万亿元以上。这可能是国内历史上，最大的一次财富大转移，而这万亿元人民币最终会落入两地的金融行业的从业人员和成功的个体投资者。

如果你今年突然有了一千万元，你会怎么办？是继续赌，挣下一个一千万元呢？还是保值为先，留着大头再说呢？我觉得大多数人会选择后者。在国内，如何保值呢？答案只有一个，房子。

所以我告诉你，沪深两地的房子，特别是高端的房子一定会大涨特涨。万亿元人民币的财富，数千亿元的佣金，加上5倍的贷款杠杆，会把两地高端的地产筹码一扫而空。

股市只要再有几个震荡，赚钱的老手们感到要落袋为安的时候，这笔钱就会立刻砸在房地产市场上。证券公司、基金经理的分红通常在明年年初，那时这笔钱也会结结实实地落在房市上。

今年年初，当美国房市一片萧条的时候，纽约的楼市异军突起。为什么？华尔街分红了。华尔街的大红包，去年年中的时候就已十分明显了，可房市却等到它们分红之后才开始涨。提前入市的人，是坐地等着收钱。

几年前，当谷歌要上市的时候，报纸杂志、主流媒体在不停争论，到底应不应该投标？当大家在争论是投80美元？还是120美元的时候，有人就开始在库比蒂诺（Cupertino）购房静候了。因为无论上市结果如何，他们都是最后的赢家！

今天的股市和所有这些盛宴一样，你只需静静地等在食物链的末端，财富就会乖乖地钻进你的口袋。

勤快人理财法基本的内容就是这些。勤快人适合房地产投资，而房地产投资需要做好以上的几个注意事项。但是无论如何，任何人都是有惰性的。时间一长总是会懒散。怎样才能一直保持一颗勤劳勇敢的心呢？这就是要想明白，自己为什么要投资？

第九章

投资不是为了退休

01 为退休而投资是令人丧气的

在美国，投资理财在很大程度上是和退休联系在一起的，我在美国第一次接触的投资入门读物，也是教你如何为退休生活而投资的。然而我觉得为退休而投资，是一个最无聊、最无趣、最让人丧气、最让人失去奋斗精神的理由。

为退休而理财就好比中国旧社会常说的“人活着一辈子就是为了攒棺材板钱”一样。你在年轻的时候存一些钱，这样你死了之后可以给自己买一口金丝楠木的好棺材。如果你没钱，可能就是草席子卷一卷就被埋掉了。

全世界几乎没有哪个地方像美国这样对着年轻人天天宣传退休的思想。20 多岁的中国年轻人，几乎都没有像美国人这样想着退休。当美国年轻人每个月忙着数自己的 401K 这颗金蛋有多大的时候，太平洋彼岸的中国人正在四处盘算着到哪里去开个公司，怎样赚钱，商业模式是什么。美国社会把提早退休作为梦想进行宣传，让整个国家失去了朝气。

年轻人很难接受为退休而理财这样的想法，这样的想法也很容易被“活在当下”这样的口号所推翻。退休都七老八十了，走也走不动，跑也跑不动，要那么多钱干什么？因为舆论宣传上把退休和投资挂钩在一起，所以很多年轻人压根不想着投资的事情，吃光用尽再说。

如果你追溯人类历史，甚至不用回到古代的人类历史，看一看其他国家的文化，一般都没有人是为了退休攒钱去投资的。农业社会养老问题是通过家庭内部解决的，在中国叫作养儿防老，也就是说多生一些子女，为自己养老做准备，等你老了，将会有孩子来照顾你。

其实为了退休你不需要多少资产。因为退休之后通常你有社保，或者有年金。更重要的是，你的开支降了下来，你不再抚养孩子，你的房贷也基本付清了；你身材走样了，你对衣服和穿戴失去了兴趣；你甚至对这个世界失去了探索的兴趣，不再热衷于旅行。你的生活没有那么多的开支，因为你也不必生活在物价高昂的城市中心或者是学区房里，而可以选择住在廉价的远郊。

很多人梦想着六十几岁刚退休的时候，就去周游世界，但是旅行很快就会变得索然无味。因为旅行的意义是时空变幻，就像你在房间里待久了，要出去走走透透气一样。反过来，如果让你一直长时间地生活在户外，大部分人也是受不了的。老了之后的长期旅行也是一样，会让人觉得又无聊，又不适应，走遍千山万水，还是自己的家好。等你过了 70 岁手脚不灵便的时候，大部分人选择不再出门旅行。

你可能说如果我不旅行，我有钱可以吃好穿好住好吧？其实年纪大的人，真是无法吃好，无法穿好。自己不能像年轻时那样随意地放纵自己，大口吃肉，大碗喝酒，你需要顾及自己身体的健康和饮食的平衡。穿好就更是一个笑话，因为你身材渐渐走形，地心引力把你连皮带肉一起往下拉，你会觉得穿什么样的衣服都不得劲儿，最后的选择都是以宽松为主的松紧带衣服。住好也是一句空话，因为老人无法管理好太大面积的房子，而一些适合老人休闲疗养的地方，总的来说要比市中心好学区住房要便宜一些。

如果你理性地想想，只要你保持和退休前近似的生活方式，退休的时候，你需要的金钱其实并不多。大部分退休前攒了很多钱的人，他们最终都没有能力把自己的钱花完。而老人最需要的亲情、亲人的陪伴和子孙同堂的快乐，往往又和金钱的多少没有太大关系。

年轻人如果是抱着为退休而投资这样的想法，往往容易失去对投资的热情。他们经常想这些钱也许已经够养老了，养老的钱已经够了，我又何必努力存钱和投资呢？

但是为什么偏偏美国把投资和退休两件事情绑定在一起呢？你问问所

有的人，打开所有的财经杂志，都在说：你退休之后的金蛋有多大？你攒够了吗？

我觉得主要原因还是来自税法和华尔街，退休基金 401K 和华尔街有着非常密切的利益关系，是华尔街推动了税法改革，生出了 401K 这样的怪胎，逼着大家把辛辛苦苦挣来的钱给华尔街管理，让它们挣钱。

既然投资不是为了退休，那我们为什么要去投资呢？为什么不能保持吃光用尽的状态，有一天过一天呢？

其实投资理财有远远比退休更加高尚和激动人心的理由。那个理由就是为我们拥有更多的财富而投资，为我们的自由而投资，为我们能有更多的选择而投资。

02　为自由而投资

钱不是万能的，但没有钱却寸步难行。在职场上竞争非常激烈，当你年轻的时候，你只需要出卖自己的劳动力就可以了。我说的劳动力不仅仅是体力，也可以是智力和脑力。但是随着年龄一点点地增长，等到中年的时候，你会发现自己在这个世界上的竞争力会逐渐下降。

无论你是从事体力工作，还是从事智力工作，无论你是蓝领阶层还是白领阶层，甚至不论你是前台的秘书，还是一个程序员，你会发现所有的雇主都喜欢年轻人，因为年轻人学习新知识速度快，负担和牢骚少，而且没有那么多坏习惯。

我自己也做过雇主。对于雇主而言，最喜欢雇用的人是工作了 3~5 年的人。这样的人有一些经验，你不需要从头训练。对于雇主而言，大部分应聘者工作经验在 5 年以上的，就没有太大区别，但是有 10 年工作经验的人的工资要大大超过有 5 年工作经验的人。

这是 20 世纪 90 年代我还在中国的时候就观察到的现象，以前的国企都是论资排辈，你年龄越大资历越高，收入也就越高，所以让每个人都觉得自己只要在一个企业一年年地熬下去，生活就会越来越好，越来越有奔头。

改革开放之后，外企进入中国，颠覆了很多人在这方面的思考。我们大学毕业之后，有的同学直接去了外企，他们几年后就被提升为项目经理或者是部门一个小小的主管，他们有的时候会管理一些年龄比他们还大的人，而当这些小小的主管在聘用新人的时候，他们的一个基本原则就是不会雇用比他们年龄再大的人，或者比他们经验更丰富的人。

我们换位思考一下，如果你是一个30岁的主管，你愿意雇30岁以下的人，还是30岁以上的人？除非是对一些特殊技能有要求，你肯定愿意雇用比你更年轻的人，因为你指挥得动他们。哪怕他们年轻经验少，你也更愿意花钱培训他们，而不愿意去雇用那些有可能在你面前倚老卖老的人，比你年纪更大的人。

总的来说，随着年龄的增长，雇员在市场上的竞争力是逐步下降的。你可能会说：我在公司勤奋努力，我独当一面，做个经理或主管，这样总可以了吧。也许我的脑力和体力不如年轻人，但是我有丰富的管理经验，我懂得如何与人相处，我还知道如何管理一个项目的进度，对公司内部流程熟悉，知道如何调配各方面的资源，按时准确地完成一项任务。

非常可惜地告诉你，在一个企业里，即使你一层层地升了上去，但是随着你的职务越高，你的竞争优势也在同步下降，并不是你的管理能力变差了，而是需要的职位变得越来越少。

一个公司可能需要10个入门级别的工作、两个中层、一个更高级的主管。那么这10个入门级别工作的人，最终他们都去哪儿了呢？因为主管只有一个，那剩下的10个人随着时间的推移，都去哪里了？

当然整个社会经济在发展，公司在增多，但是人口总量其实没有什么太大的变化。那10个在入门级别职位的人，其实有9个被淘汰掉了。大部分公司选择的方案都是5年内，你或者升职或者被淘汰掉。

被淘汰掉的，往往是离开这个公司，继续做入门级别的工作。或者他们继续做那些本质上是入门级别的工作，但是为了好看前面加了一个“高级”（senior）的标签。随着时间的推移，他们一天天地变老，在这个层次上的竞争力就会越来越差。当你过了40几岁的时候，你可能会惶惶不可终日，即使你还能保住最底层的工作，你也会发现你的重要性越来越低，学习能力越来越差，一有风吹草动，就浑身紧张。

竞争可能是来自公司内部的，也可能是来自公司外部的。毕竟谁也不想永远做最底层的工作，谁都有生存的压力。即使你在一个公司里表现出色，升了主管，并且常年政治正确，跟对了领导，甚至还需要团队一起努力保住自己主管的饭碗。但是当公司整合或者公司被出售的时候，整个团队就不一定能够保住了，而这一切又完全不是你和你的工友通过努力就能够把握的事情。

一个失业的中年主管，除非是他主动跳槽，如果是被动裁员，其实很难一下子找到另外一个主管的职务。因为每一个主管的职务都被很多入门级别的人虎视眈眈。为了保证自己能够在职场立于不败之地，于是每个人只能拼命地混圈子。混圈子（Networking）对于有些人可能容易，但是对于大部分在美国的老中来说是一件痛苦的事情。你总有一种要凑上去，人家又不带你玩儿的感觉，在硅谷你经常会听见老中嫉妒老印管理层爬得快，其实是我们老中在美国不擅长混圈子。

03　不堪的中年人

我博士毕业后的第一份工作才干了几个月，就看到了一个活生生的案例，也给我结结实实地上了一课。我刚刚到湾区不久，互联网泡沫破裂的经济危机风暴就如期而至。一开始还只是股市剧烈下跌，人心惶惶，就业市场还好，还没有出现大规模的裁员潮。

大约过了一年，就业市场开始变得特别的糟糕。“9・11”事件之后的就业市场简直是降到了冰点。有一次，我对面办公室来了一位客人。说他是客人，其实是我们同一个单位的同事，只是另外一个部门的。他当时应该有50多岁，也是一个中国人，虽然我们平时很少说话，但是我知道他是从大陆来的中国人。

他性格也不是特别合群，很少跟我们老中交往，也从来不和我们说中文，张嘴都是用英文和我们交流。不过没有关系，每个人都有自己的世界观，有自己的想法，我还是很尊重他的，经常和他一起吃饭聊天，听他说说办公室里的八卦故事。

但是那天，他几乎是在用一种哀求的方式与我对面的主管说话。他工作的那个部门因为经费的原因被砍掉了，他需要在企业内部找到一份工作，否则只能被裁员回家。

我们部门还好，最近刚刚接到一个比较大的项目，需要一些人手。而坐在我对面的就是我这个部门的主管，他相对年轻，那个时候还处在事业的上升期。

这位不说中文的老中开始自我介绍，说明他们部门的不幸以及为何他原来的主管推荐他到这里来碰碰运气，看看有没有工作机会的来龙去脉。接着他就开始述说自己的工作能力、他的编程能力以及他做过的很多项目。

我没有参与他们的讨论，只是在远处静静地听着。一个已经在职场上混了 20 多年的中年人面对一个比他年轻 10 多岁的人，低声下气地说话请求他的帮助，那感觉就像是沿街吆喝着出卖体力的下岗工人。当年中国有大量工人下岗的时候，不少人在街边举个牌子写着“泥瓦工”“电工”之类的招牌找工作。当然最惨的就是那些举着“力工”招牌的人，也就是他有力气，其他什么技能也没有，或者是他有各种技能，但是他对工作也不挑，只要给口饭吃他就干。

一开始这位老兄说得还没有那么惨，只是介绍一下自己，带着讨好的口气，但不知道什么原因，那个主管似乎对他的自我介绍并不感冒；或者主管在忙着其他什么事情，无暇顾及这件事情。主管回答的言语中有一些犹豫，大概意思是他会认真思考一下，过几天之后再给这个老中一个准确的答复。当然明眼人都知道，这是一种婉拒，就像在商店里购买东西的时候，你对售货员说你再看看一样，多半你是不会再回头的。

我们这位老中可能是吃过类似委婉的闭门羹。他离开主管的办公室，在走廊里走了十几步之后，又重新回到那个主管的门前，这次简直是用哀求的语气在和他说话。

他说他有两个孩子，都在上大学，所以他面临的处境非常严峻。只要再熬过这两三年，孩子大学毕业就好了，眼下这份收入对他和他的家庭很重要。虽然他说话的时候总体上还是有尊严和体面的，但我也能感到他也是在硬着头皮说话，难过得快要哭出来一样，像我小时候申请减免学费一样的尬尴。

后来我望着他远去的背影，发了一会儿呆，仿佛可以想象自己的未来。如果我和他一样，这样稀里糊涂地混到中年，每天过着吃光用尽的日子，有点风吹草动，也免不了要找人摇尾乞怜。我坚定地给自己下了决心，这样的日子我可不要过。

04　财富会给你带来自由

另外一个给我上一课的人是一个中国香港同胞，我们单位的宣传部门里有一个来自中国香港的移民负责做各种海报和网站的设计工作。他比较早就到美国来，应该是 20 世纪 70 年代的移民。他经常和我一起吃午饭，他普通话说得不是很好，用半生不熟的普通话和夹着英语的中文，和我闲聊一些私人的话题。

当时我刚刚工作不久，一次他语重心长地对我说，买房子千万不要申请 30 年的贷款，而是要申请 15 年的贷款，最好是 10 年的。我不是特别明白，因为在我的投资理念里，低息贷款总是时间越长越好，这样通货膨胀可以抵销一部分本金，我就问他为什么。

他说 30 年太长了，你很难有一个 30 年稳定的工作。年轻的时候咬咬牙，15 年也就付清了。而 15 年贷款比 30 年贷款每个月并不是多付一倍，只高 30%的样子。这些钱如果你不用来付贷款，稀里糊涂也就花掉了。咬咬牙 15 年付清了，就不用为每天的工作提心吊胆。

后来我才知道他工作得不开心，他和他的上司、同事相处得并不愉快，但是他一直选择忍让。他忍的一个原因，就是他的房贷还没有还清。如果他选择不忍，和同事与上级直接爆发冲突，有可能他就需要辞职或者离职。失去工作，没了收入，延误了贷款，银行就会收回他的房子，把他赶到大街上去。他的忍让可不是一天两天，他在这个岗位工作了将近20年，也就是说他可能也忍了这么多年。我在工作单位几乎就没见到他笑过一次，他总是没精打采地哀叹着，各种抱怨。随着时间的流逝，他越来越没有勇气辞职到外面的世界去看一看。

所以他反复说，他最后悔的事情就是年轻的时候没有对自己稍微狠一点，稍微节省一些，贷款做成15年的，而不是30年的，也许他现在房贷就付清了。在美国一线城市里，房贷付清了他就可以实现财务自由了，不用再看上下级的脸色行事。

“自由”，是的，就是这两个字。早日拥有选择自己生活的自由，其实才是投资理财的第一目标。

哪个人不渴望自由呢？无论是中国还是美国，美国人民热爱自由，而中国人民又何尝不是呢？

政治自由跟普通人其实没有特别大的关系，但是不知道为什么，人们像着了魔一样为之付出巨大的热情。其实和你真正息息相关的是你自己的财务自由、生活选择的自由。

我投资理财的最大动力就是自由。拥有财务的自由，才会拥有生活的自由；拥有生活的自由，才会拥有选择的自由；拥有选择的自由，才会拥有思想的自由。

我不必去看别人的眼色行事。我工作不开心了，我可以直接和我的上司顶撞，不用担心失去这份工作。我不用特别担心这个季度或者下个季度的业绩，我也不用担心自己是不是在公司里负责核心业务，更不用钩心斗角抢任务，以避免在公司里被边缘化。我可以凭着自己的喜好而不是外在的压力工作。我拿一份工资，所以我上午9点钟来，下午5点走。我可以更好地平衡自己的生活和工作。社会大的经济环境有变化，经济危机来的时候，我也不用夹着尾巴做人，浑身紧张。

没有一定的物质财富，人要活得憋屈一些。这些还是次要的，大丈夫能屈能伸，一时的委屈、一时的忍让也算不了什么，更关键的是心灵的自由和思想的自由。

我们每个人来到这个世界上，并不是为了朝九晚五每天坐在办公室里，也不是为了参加冗长、低效、无趣的会议的。生命只有一次，你的每一分钟逝去之后，就再也没有了。我们最渴望的就是做自己喜欢做的事情。也许你喜欢读书，喜欢写书；也许你喜欢绘画，喜欢舞蹈；也许你喜欢鼓捣发明创造，喜欢创业。

总的来说，在你实现财务自由之前，大部分情况下，这些兴趣业余爱好都只能是业余的。你没有办法全身心地做你真正想做的事情，所以你也没有办法探索自己内心的渴望。到底那些梦想是不是自己最想做的事情？还是只是因为得不到而形成的短暂好奇。

比如，也许你觉得你有绘画的天赋，但是因为你不可能全职地投入去进行绘画，所以你永远不知道，自己会不会成为下一个凡·高；再比如，你想做一个职业的旅行者，做一个伟大的探险家，像日本探险家植村直己一样勇敢地去漂流亚马孙河并写下伟大的游记，但是因为你还要养家糊口，你有很多责任，所以你做不到像他一样去探险。那些你儿时的美梦，就只能永远地停留在幻想之中。

我们每个人生下来都和所有人不同，即使我们是同卵孪生，我们也不希望和别人过一模一样的生活。生命只有一次，我们内心深处都渴望这一次生命过得与众不同，过得光辉璀璨。没人喜欢被金钱奴役，被金钱驱使着做单调无聊的重复工作。

我想相当一部分的中年人可能都听说过，或者读过那部以画家高更为原型的小说《月亮与六便士》。很多人都可以理解那种对自由的渴望，但是大部分人做不到画家那样的决绝，抛弃一切的物质生活去追求自己的理想，追求自己的自由。做不到的原因，还是他们没有实现物质上的自由。

有了一定的物质基础，我们就可以按照自己的喜好选择自己的职业。我们可以去做那些我们认为有乐趣、有意义但是收入不高的工作。当然重要的前提条件是你必须在你还年轻的时候就要做到有一定的物质基础。等到你都七老八十了，快退休了才有一定的物质基础，到那个时候什么都晚了，你的一辈子都过去了。所以关键是不但要有钱，而且要在年轻的时候有钱。

就像那些搞科学研究的人，不但要拿诺贝尔奖，而且要在年轻的时候拿诺贝尔奖，不然荣誉的光环照耀不了你几天。

你可能会说，我这个行业是越老越吃香的，我也特别喜欢我这个行业，我热爱我的工作，我的事业蒸蒸日上，所以没有必要投资理财。我可以举个例子来反驳你：越老越吃香，工作稳定的职业之一就是拿到终身教职的大学教授。大学教授和中医老先生一样，圈子里有自己教过的学生，有曾经的同事、门徒等，越老的教授在学术界的地位越高，越光芒四射。

可是就算这样的职业，当你获得财务自由之后，你能够做的事情也会多得多。我认识一个从麻省理工学院退休下来的教授。其实他还没到退休年龄，完全可以再干几年，很多学校都抢着聘他干下去，但他还是选择了退休，原因是他不想受到比如发表一定数量的论文，或是争取一定的科研项目经费等学校的硬性指标约束。

这位麻省理工学院的教授选择退下来，是因为他有一个做得比较成功的公司，赚了一笔钱，不再需要花时间申请项目经费，写灌水文章，而是自己花钱来做科研。这样他可以把自己生命中余下的还有创造力的十几年时间用在真正解决问题的研究上。

财务自由给人带来的好处不是在沙滩上无聊地闲逛。财务自由对你的事业也是有帮助的，你可以一门心思做自己最想做的事情。财务自由对每一个人都很重要，而无论你是蓝领还是白领，是从事体力劳动还是智力劳动。钱把社会的各个部分联系在一起，这样可以实现大规模的合作。很多时候人是有惰性的，在没有金钱的压力的时候，很多人可能选择懒惰。可是金钱的压力也的确让人失去心灵的自由和创造力。

我觉得自己不是一个特别懒惰的人，我不会因为有钱就躺在沙发上，每天看看电视。混吃等死的日子无聊透顶，我有我自己的梦想，无论是在自己的事业上还是自己的生活中。人们的这些梦想，这些计划统统可以归结为一句话，就是“自我实现”。

亚伯拉罕·马斯洛（Abraham Maslow）的人的需求层次理论，可能你也听说过。人的需求分几个层级，最下面的是安全，中间是食物和温暖以及人和人之间的感情，再上面是权力等，最上面的一层就是自我实现。

这个“金字塔”结构很容易理解，它是把各类需求按照金字塔形状来描述的。上级的实现必须依赖下一级的实现。如果你没有满足安全的需求，有再多的钱，也没有幸福感可言。比如你是黑社会的老大，靠贩毒挣了很多钱，但是因为你随时会被追杀，你并不会因为拥有这些钱而拥有比常人更多的幸福感。

如果你在缺乏最基本的物质保障、缺乏财务自由的时候，就去追求自我实现，你也一样没有幸福感。因为你会担心如果自我实现没有成功，就会从金字塔的上头一路跌落下来。

人的一生唯一有意义的事情可能就是自我快乐。古希腊人伊壁鸠鲁在数千年前就想明白了这个道理。对于不信宗教的人来说，人既没有来生，也没有来世。我们只是世界上的一些原子出于偶然原因结合在一起的。当生命逝去的时候，这些原子也会重新分散在大自然中去集合下一个生命。在这个短暂的集合中，我们唯一能获取的就是快乐。

快乐的最高等级就是自我实现。一个例子就是各种政治大人物，他们每天忙碌的主要目的其实是自我实现。他们已经不愁吃、不愁穿，但为什么还要每天忙国家大事呢？因为他们内心深处渴望自我实现。

其中一个例子就是特朗普，虽然我和很多人一样不喜欢他。他本可以过着逍遥的日子，带着模特娇妻，在庄园别墅里度日，但为什么要吃力不讨好地去竞选这个总统，然后每天被人骂呢？因为他要自我实现。

比较一下你会发现历史上的政治人物基本上都是在安全以及基本的财务自由没有实现的时候，就去追求自我实现。那个自我实现是不靠谱的幻影，他随时都有可能因为政治失败而变得一无所有，轰隆隆地掉到金字塔的最下层。

而特朗普则不一样，他即使自我实现失败了，也许没有连任总统，也许在总统期间被弹劾了，但是他依旧可以退而求其次，回到金字塔的中间过着富足无忧的生活。

在美国，人们在选择政客的时候，更愿意选择那些已经有了财务自由的政客。因为实现财务自由的人，从政的目的可能相对更单纯一些，或者是为了证明自己的理论是对的，或者是为了实现某一种理念，或者仅仅出于单纯地想帮助他人。而一个一文不名的人成为政客，选民对他会天然地感到警惕。

05 财富的负面影响

李敖说过的一句话让我印象很深，而且我觉得他说得也很有道理。他说一个人如果想做一点事情的话，是需要有点小钱的。他劝每一个要从政和打算追逐自己理想的人，先赚点钱再说。

李敖说，人一天都不可能撇开物质上的需求。你甚至可以撇开你的伴侣、你的父母，但是绝大多数人是无法撇开对孩子的责任的，所以哪怕你想出家做和尚，你也需要有些小钱，这样可以安置好自己的亲人。

大部分工作、大部分职业一旦变成了挣钱的手段，就会变得特别无聊而且无趣。在我看来，最主要的原因是大部分挣钱的职业都要求从业者有比较高的综合素质。你不但要聪明，而且要情商高；不但会说，而且要会写；不但要学会管理自己的情绪，而且要去学会引导别人的情绪。

比如，如果你是一个非常聪明的人，当你事业稍稍有成的时候，你多多少少需要做些管理工作，而管理工作就不免要和各种各样的人打交道。智商发达的人往往情商会偏差一点，很多烦恼都是在与人打交道中生成的。反过来，如果你是一个特别喜欢跟人打交道的人，你的情商很高，但是你的智商往往有限。这种情况下，你又难以胜任非常具体的工作。

所以一个十全十美的工作，一个自己非常热爱的、有稳定回报的，又非常符合自己性格特点的工作，简直和老印开中餐馆一样稀少。理论上成立，现实中很少。至少我可以说大部分人找不到，我看到的是更多的中年人在小心谨慎地熬日子，工作只为挣钱。

当然，人的欲望是无穷的。对于钱的欲望也是无穷无尽的，最好的办法还是控制自己的欲望。对金钱无休止的欲望也是会毁掉一个人的幸福和快乐的。最好的状况还是有一点钱，享受财富给你带来的自由状态。太多的钱不会给人带来更多的快乐，反而会成为你生活和生命中的负担。

比如，没有人会喜欢与比他们高一个财富等级或者社会等级的人交往。大家总体上是喜欢跟他们同一个社会阶层的人来往，你最真心、最亲密的朋友往往来自同一个社会阶层。

所以当你有钱之后，你就会发现你比普通人可能要更加孤独一些。不是说你认识的人少，你认识的人可能还多了，或者更多的人认识你了。但是你能记住的人就那么多，当你变得有钱之后，能够和你或者你能够跟他无所不谈的人，会渐渐变得稀少，因为世界上还是穷人多。

有钱之后，你自己的心态也会发生改变，尤其是你知道“别人知道你有钱”之后。如果只是你自己知道你有钱，问题还没有那么复杂。别人知道你有钱之后，而且是你知道“别人知道你有钱”之后，你就会忍不住猜疑和防范别人，这是一个很复杂而且绕口的逻辑，但是似乎千百年来，很多富人都明白这个逻辑。大部分富人选择低调和隐藏，也是出于同样的考虑。

太多的金钱，会让本来比较亲密的朋友变得疏远，会让你对每个陌生人带着格外的戒心。钱能够给人带来便利，因为你通过钱可以控制更多的资源。但是管理钱本身也是一个麻烦的事情。比如，你能够看到有钱的家族，他们花很多的精力在财产的分配上。亲人之间会因为遗产和公司的控制权弄得反目。中国古代有句老话叫作“皇帝之家无父子”。财富和权力类似，都会侵蚀人心，让亲人为了继承或者管理权打得不可开交。

也许我受中庸之道的影响，我感觉如果你想获得钱给你带来的最大快乐，那么你应该小富即安。常言道，能力有多大责任就有多大。当你拥有更多的财富的时候，你就会忍不住去承担更多的社会责任。当然这没有什么不好的，本来富人就应该承担更多的社会责任。比如比尔·盖茨先生把他绝大部分的时间花在各种慈善计划上，把他手中的钱花出去，为社会谋取更大的福利。所以如果你想成为钱的主人而不是钱的奴隶的话，最好不要拥有太多的钱。

2006年的时候，我综合考量了这些问题，觉得给自己定一个不大不小的目标更加合适一点，但是具体怎么定呢？我又能怎样激励自己的斗志去实现这个目标呢？这个时候，我不得不搬出“理想”这个魔幻工具了。

第十章

为追求财富正名

01 理想是提高执行力的灵丹妙药

为什么要投资？因为我要有钱。为什么要有钱？因为那是我的理想！

理想和信念的力量是巨大的。树立理想和信念最好的办法就是说服自己。只有说服自己，才能说服整个世界。如果一个人真心想做成什么事，上帝都会跑过来帮助你。人世间有些人能够做成一些事情，有些人做不成一些事情。很大的一个因素就是你是否真心地说服自己，让自己充满热情和决心去做成这件事。

你管这个说服自己的过程叫作洗脑也好，叫作树立志向也好，这些都不重要，最主要的是给自己形成一个明确的决心和目标。

那些有宗教情结的人，往往可以做成更大的事情。那些为理想而奋斗的人，最终他们的目标往往都可以奋斗成功。没有理想、没有目标、没有坚定意志的人，很容易一时兴起，三天打鱼，两天晒网。过了几天，碰到一些困难，他们就会给自己找出很多理由。

当大自然剥夺人类爬行能力的时候，又给了他一个行走的拐杖，那个拐杖就是理想。没有理想的人就像一艘无舵的孤舟，终将被大海所吞没。不肯为理想奋斗的人，就像黑夜里的流星，不知会陨落何方。

投资理财也是一样，一类是有理想的人，他们知道自己为什么要投资理财，为什么不是过一天算一天，收支平衡即可；另外一类人，他们只是简单地喜欢财富带来的快乐，财富能让他们消费更多的东西，他们并没有认真地把投资理财变成自己的理想。他们只是为了更好地生活，或者是退休时拥有更多的钱。

然而，如果投资理财只是为了吃吃喝喝，为了获得更多的财富从而享受更好的生活，那么无论是你在存钱的过程中，还是在投资过程中，一旦面临困难，你就会不断地给自己打退堂鼓。你会对自己说我又何必呢，我投资也好，赚钱也好，不就是为了更好地生活吗？那么现在我又何必让自己这么焦虑呢？

就投资理财而言，肉体上的痛苦很少，大部分是精神上的压力带来的痛苦。当年做出投资决定的时候，需要你用精明的头脑判断出未来的风险，但是当面临风险的时候，人们总是害怕，因为风险会给人带来很多不确定性，比如你出 100 万美元去买一个商铺，那时你的心里会忐忑不安。如果只是为了贪图财富和享乐而进行投资，你很快就会质疑这是不是一个正确的决定。为什么要让自己这样心惊肉跳呢？为什么不太太平平地过日子，过好每一天，活在当下呢？

“活在当下”，这是一句特别流行的话，人们的大脑大部分时候并非在理性地思考，而是被语言中的一些修辞所左右。修辞能够影响我们的情感，可是修辞并不会给我们带来最大的收益。

我觉得这些类似“活在当下”的心灵鸡汤、口号、修辞是用于宽慰我们的，但是不能用来指导我们的行为。行为是需要用理性逻辑来指导的，各种“鸡汤”和口号是当我们遇事不顺、不愉快的时候，用来舒缓一下自己的，这些口号只是安慰剂。未来固然有很多不确定性，但是如果你现在压根不计划，光想着这一分钟、这一秒钟的感受，然后高呼口号“活在当下”，这是不智慧的。

投资理财领域，如果有什么口号能激励我们的斗志，那就是“人生如逆水行舟，不进则退”“人无远虑，必有近忧”。

02 消除负罪感

与人为善是一种与生俱来的本能，拥有财富会让人多少有一点负罪感，损人利己的事情就更难长期激发人的热情。钱多有负罪感是不对的，只要你拥有的财富不是用非法手段获得的。那么你拥有的财富越多，证明你对社会的贡献也就越大。你每创造一块钱，每拥有一块钱，就为社会创造了远大于一块钱的财富。

社会并不是一个零和游戏，并不是说你拥有一块钱，别人就少了一块钱，每一个获得财富的人其实都在创造财富，哪怕你获得这个财富的过程并不是生产实物。

实物生产固然重要，但是非实物生产也在整个流通过程中创造了财富。比如商人在商品交易的过程中实现了财富的增长。投资人购买股票，把资金直接交给公司的生产者，当公司生产出商品、发放工资的时候，购买股票的人也获得了财富。

并不是只有在工厂或者在农田里干活的人在创造财富，华尔街也可以创造财富。你炒股获得收益的时候，说明你协助了社会资源的合理分配，你的这部分收益促进了社会资源的合理分配，创造出来了一部分财富；你炒股亏损的时候，你就为社会消灭了一笔财富，因为你把社会资源与资本引到了它们不应该去的地方，浪费了资源。所以一个人如果获得了更多的财富，只要是合法合理的，无论你是投机行为，还是商品交换，其实都是在为社会创造财富。

人们经常把投机和投资这两个概念分开，经常说某些人是投机者，而另外一些人是投资者，比如他们会说巴菲特是一个投资家而不是一个投机家。其实投资和投机本质上并没有什么区别，从行为上来看，他们都是在某个时间点买入某个投资品，过了一段时间再把这个投资品试图以更高的价格卖出，无论他们是否成功。

人们用贬义词和褒义词来描述投资和投机，就像战争中胜者为王一样。打胜仗的人或者投资成功的，他们就把这个行为叫作投资。而那些可怜的失败者，他们通通被归为投机分子，然后再非常鄙视地对他们说，要投资而不要投机。

其实这些评价往往是事后诸葛亮，事前的时候哪里分得清谁是投资、谁是投机，只不过是同样一个行为的褒义描述和贬义描述而已。

如果硬要区分的话，也许有人会用投资时间的长短来区别投资和投机。比如长期的价值持有者是投资，而每天买进卖出的交易者是投机。其实投资和投机无论长线还是短线，对社会的贡献都是一样的。没有短线的投机者市场，哪来的流动性？投资者又如何能够顺利地买进以及变现自己的投资资产呢？

投资和投机，长线和短线，并没有道德上的高低贵贱之分，如果说有什么区别的话，就是赚钱与否的区别。如果你赚了钱，总的来说你就为社会创造了财富，就是好的。比如短线投机者，如果赚了钱，那多半是因为你填补了某一个市场缺乏流动性的地方。投资者如果赚了钱，那多半是因为你把大众的资金正确地引向了某个产业方向。

就拿我们大家都熟悉的特斯拉公司的股票作例子，特斯拉公司的股票上涨了，你投资的钱就帮助了这个产业，带动了电动汽车和清洁能源的发展。但是如果特斯拉公司最后破产了，你的投资打了水漂，那就说明你误导了社会资源。这些社会资源本应该投资到更有价值的产业方向或者管理团队身上。

而短线投机特斯拉股票的人，他们的贡献就是让特斯拉的股票不至于暴涨暴跌。另外，当长期投资人无法兑现的时候，或者无法正确判断股票价格的时候，投机者会给市场增加一定的流动性，帮助投资人判断股票应有的价格。

大家也许都懂股票的道理，但是关于房子的道理，大家有时就会有些糊涂，好像投资购买房子、收取房租的“包租公”“包租婆”都是有罪的人。比如我说要跟着年轻人去买房子，在前一章我介绍了一个又一个这样的案例，你会觉得我是在剥削年轻人吗？

其实不是，正是因为有我们这样的投资人提前买入了房子，才促进了开发商在那里盖更多的房子。开发商盖了更多的房子，未来年轻的人搬入的时候，房价才不至于出现更大幅度上涨。

投机者或者是投资者，无论你给投资人什么样的称谓，他们最大的贡献就是对市场价格进行引导，让市场提前看到未来哪里的价格会上涨。然后把社会的各种生产要素，无论是土地、承包商、混凝土还是砖头，都调集在最需要生产的地方。

别忘了大部分房地产投资者，哪怕是为大家最鄙视的短线“房产达人[1]”（house flipper），他们买进的房子最终都是要卖出的。因为买进的房子要卖出，他们对市场的总体供需并没有什么影响，他们做的一切只是让价格变得更加平稳。

因为大部分人对房地产投资者都存有一些偏见，所以我专门写了一篇文章来论述这个观点，为投资理财的人正名。

投资的伟大意义

2007 年 5 月 19 日

by Bayfamily

古今中外圣贤们的共同特点是重道德、重农耕、轻商业，一个比一个视金钱如粪土。无论是亚里士多德还是孔老圣人的门徒们都认为商人把货物从甲地搬到乙地，不劳不作，凭空吃差价是件很不道德的事情，子曰：“君子喻于义，小人喻于利。”

亚里士多德说：“他宁愿捐弃世人所争夺的金钱、荣誉和一切财物，只求自己的高尚。”圣人们认为生产实物的和关心理想道德的人才是高尚的人，只有小人们天天想着如何把别人的钱财搬到自己腰包里。

撇开他们的论断不谈，单就思维方式而言，圣贤们似乎思考过流通领域产生的价值，没有看到商人在商品交换时优化社会资源带来的价值。这种思维方式，在东西方都持续了很长时间，时至今日，大家普遍还是对投资的人有负面印象，感觉他们不务正业，囤积居奇、卖空买空更是大逆不道，天人共愤。

第一个突破这种思维的是亚当·斯密，他说每个人在追求个人财富的时候，社会整体会通过无形的手，促进社会整体利益。农民种地，面包师烤面包，商人买卖，每个人为获取自身最大利润做出的努力，会让社会财富最大化。

和圣贤们的论断相比，这简单却极富创造力的论断是多么不一样啊！

① 指购买一处房产并对其进行翻修，然后将其出售以获得更好的投资回报的人。

你也许会问，商人的价值我懂，把货物从甲地搬到乙地，付出劳动，提高了资源配置效率，创造了价值。甚至炒股对社会的贡献我也懂，因为炒股增加了市场的流动性。可倒买倒卖、坐地涨价到底为社会创造了什么价值？连柏拉图老前辈都认为，秋天买稻米，春天原地加价卖出的行为根本就是罪恶的。

我先讲几个例子，让你明白坐地涨价、倒买倒卖并不都是十恶不赦的。

历史上每当有天灾引发的大饥荒时，易子而食、析骸而炊的惨剧就难以避免。每到这时总有灾民抢吃大户，囤积居奇的商人被大家一抢而空。政府往往也是严厉打击乱涨价的商人，甚至逼他们卖粮赈灾。道理很简单，别人都快饿死了，你怎么能乘人之危，大发国难财呢？天天读圣贤书的父母官是不会“坐视不管”的。

可现代的经济学理论表明，正是这些读圣贤书的父母官和抢吃大户的灾民害了老百姓。如果在灾荒年，可以维持自由、自愿的市场，保证商人利益的话，就会有很多人事先囤积粮食，灾荒年的时候粮食的供应不但不会短缺，价格也不会有大的起伏。

比如伊拉克战争打响前，很多人预测石油供应会受到影响，开始囤积原油，战争打响后，原油的价格不但没有急剧攀升，反而因为存货太多下跌。由于投机商的存在，保证了原油的平稳供应和世界经济的平稳运营。

再比如，由于美国农产品期货市场存在，农民便可以把所有的风险转嫁给别人，保证农场的平稳经营。农产品期货市场的投机商和囤积居奇的商人一样，获利的同时，为社会承担了巨大风险。只有判断正确的投机商可以获利，判断错误的当然是血本无归。在自由的市场经济条件下，优胜劣汰，社会整体对市场的判断会越来越正确，这就保证了价格和市场的平稳。

长期来看，普通人投资房地产并不会造成房价的上升。因为投资者买的房子，最终是要卖的，投资不会对市场的长期供求有任何影响。从短期来看，投资增加市场的交易量和流动性，便于大家买卖房子。正是由于投资人的存在，反而让有住房需求的人可以住上更便宜的房子。

20世纪20年代，是美国铁路泡沫的年代，随着经济的发展，铁路运费开始上升。很多人投机铁路，铁路大亨们造了大量铁路以图获利。但后来由于铁路造得太多了，导致运费急剧下跌。投机铁路的人血本无归，但运费却降下来了，需要铁路运输的人反而捡了个便宜。

我刚到美国的时候，往中国打电话一美元一分钟，后来赶上网络泡沫和网络扩张，现在往中国打电话，一美分一分钟，整整降了一百倍。

事实证明，投机商蜂拥到一个行业，会加大对这个行业的投入，容易形成泡沫，泡沫崩溃后，会留下廉价的实物资产造福社会。

投资的人也不例外，投资会在短期内提高市场价格，把未来的市场需求提前表现在价格上，对社会的资源投入形成提前导向。比如美国的佛罗里达州，由于预测到“婴儿潮一族”（baby boomer）在未来会大量涌入，2000年后，大量的投资者涌入，哄抬房价。房价急剧上升，带动了开发商在最近一年开发建造了大量房屋。随着供应加大，投资者撤离，房价下滑，为将来的婴儿潮一族留下了廉价的房屋。试想，如果没有这些投机分子，婴儿潮一族怕是退休了就更买不到房子了，如同灾荒年的农民们彻底没粮吃一样。

“房产达人”（house flipper）对于房地产而言更是意义重大，因为他们为开发商分担了风险，让开发商可以专心盖房子，不用担心卖不出去和未来价格的波动，和期货市场对农民的意义一样。

事实上所有的投机行为，囤积居奇，倒买倒卖，只要没有垄断行为，对社会都有贡献。它们起到了经济向导的作用，为社会创造了价值。它们合理地调配了社会资源，预测了市场走向，降低了实业面临的风险。

但为什么社会总是视投机行为为不耻呢？总认为他们是社会的吸血鬼呢？我看一是“圣贤书”读得太多，流毒犹在；二是凭直觉思维，没有看到生产实物以外的价值；三是红眼病。常见的论调是，人人都搞投资，社会怎么办？不会人人都去投资的，就像不会人人是和尚、人人是农民、人人当兵一样，社会分工而已。只有对经济走向有敏感嗅觉和正确判断的人，才会在投机活动中长期立于不败之地，他们对社会资源也会产生正确的引导作用。

投资理财的同志们，你们是背负小人之名，行伟人之业，我在这里为你们摇旗呐喊。投资是件利国、利民、利己的伟大事业！

这篇文章写过之后将近10年，到了2017年的时候，我又写了一篇文章来说明这个口号背后的普通老百姓投资理财的经济规律。

从投资者的社会贡献说起

2016年前后
by Bayfamily

现代经济学认为所有的交易只要是自愿的，并且不涉及违法行为，则都是好的。因为每次交易，交易的双方如果出于自愿，那么都是因为交易能够增加自己的收益才会进行。投资房地产过程中，买卖都是自愿的，投资房地产的行为应该属于亚当·斯密所说的“每个人都为自己的利益而努力，全社会因此整体而获益”的范畴。为什么从经济学理论上来看，好的投资和商业行为反而不容易被社会认可呢？

我们先看几个例子，来正确理解投资房地产者的社会价值。

商人从江西100元一斤买入茶叶，运到辽宁200元一斤卖出，获利100元，而作为一个传统的农业大国，中国历史上有很强的重农抑商倾向，儒家传统思想认为商人没有创造价值。因为茶叶是茶农生产的，凭什么你一转手就牟取暴利。大家只看到了生产实物者对社会的贡献，却没有看到流通和贸易对社会财富的贡献。

现代社会中对经济学有些了解的人就不会这样认为，商人实际上创造了200元的价值。因为如果没有商人的协助，江西的那一斤茶叶没有需求，是生产不出来的，或者因为没有商人的购买，江西的茶叶根本就卖不到100元的价格。如果没有商人的工作，农民的收入就少了100元，社会的总财富就少了200元。农民、商人、消费者是在协作基础上的非零和博弈，共同创造了200元的价值。

下面看第二个例子。商人在春天，100元一斤买入茶叶，原地不动，到了秋冬加价到200元卖出，获利100元。这在中国的传统思维里，叫作囤积居奇，凭什么不劳不作，凭空获得100元？

了解现代经济学的人会知道，即使不涉及搬运货品，商人创造的价值也是100元。因为如果没有商人春天收购茶叶，囤积起来，到了秋天大家会沦落到无茶可喝的地步；或者到了秋天，茶叶价格由于供需不平衡，涨到天价，造成大家都喝不起。但是秋天买茶的人通常不会这么想，他们会觉得奸商凭空让茶叶涨了一倍，从自己的口袋里硬生生地抢走了100元；或者是从心理层次，总觉得付出辛苦努力的人创造了价值，倒买倒卖的人没有。他们没有看到倒买倒卖的人的资金成本、对价格趋势的判断，以及最重要的——对春天茶叶增产的贡献。

价格是由供需平衡决定的。商人春天买入茶叶，秋冬卖出茶叶，买卖平衡，对茶叶整体价格的影响其实是零。由于商人春天的收购，茶叶反而增加了产量，其实对茶叶的价格降低做出了贡献，如果没有商人，茶叶的全年整体价格应该更高。

第三个例子就是大家所熟悉的，只是把第二个例子中的茶叶变成房子。茶叶是可用可不用的消费品，一提到房子，一旦和自身利益息息相关，一旦涉及大的数字，大家就情绪激昂，脑子也开始变得不理性。投资者100万元买入一套房子，一年后200万元卖出，获利100万元。

如果你明白经济学基本原理，就知道投资者对社会的贡献和买卖茶叶的商人没有任何区别。房子和茶叶本质没有任何区别，都涉及各种生产要素，比如土地、劳动力、技术等。如何把这些生产要素有效地组织起来，最有效的就是价格指引。买卖过股票的人都会知道，市场在任何一个价格点上，永远是供需平衡的，就是一半人看跌，一半人看涨。如果没有投资的人，开发商在100万元这个价格位置上就会担心卖不出去，降低自己的开发量。投资人对社会的房子总需求也是没有任何改变，因为投资买进来的房子，最终都是要卖出去重新回到市场上去的。打击投资者，只会让房子的建设量变得更小，人为造成短缺。

这也是越限购房价越涨的道理。因为越限购，开发商越是看不清未来的市场销售前景，盖出来的房子自然就少了。越是打击投资者，市场越会没有人接盘，越会导致后期的房产短缺。你可能会认为房子和茶叶不一

样，茶叶是可有可无的东西，房子是刚需，投资者在我前面抢先一步，不劳而获就赚了一倍，凭什么？

首先，在一个自由买卖的市场，投资者是不可能长期获得高额利润的。如果把风险因素考虑进去的话，投资者实际的获利空间不会大于这段时间的资金成本。对于未来市场的判断都已经反映在当前价格上了。投资者谁有资金都可以进入市场，按照微观经济学市场充分竞争的理论，获利不会大于资本成本。换句话说，你光看见吃肉的了，却没看见挨打的。

对于投资而言，长期来看并不会造成房价的上升。因为投资者买的房子最终是要卖的，投资不会对市场的长期供求有任何影响。即使不卖也是要出租的，通过租房市场减轻买房需求和压力。

从短期来看，投资增加了市场的交易量和流动性，便于大家买卖房子。长期来看，由于投资人的存在，反而让有住房需求的人可以住上更便宜的房子。2007年美国的佛罗里达州，房价曾经也被投资者抬高了好几倍。开发商争相开发建设，遍地都是楼盘，但是遇到金融危机，投资者血本无归，也为佛罗里达州留下了大量的空置楼盘，从纽约州来的真正要退休的人低价搬入。如果没有这些投资者抬高房价，刺激生产，恐怕这些退休者最后住不到这些便宜的房子。

我们社会的很多问题看似是分配不均导致的，其实它们是错误的观念导致的。圣人们认为生产实物的和关心理想道德的人才是高尚的人，只有小人们天天想着如何把别人的钱财搬到自己家里。当我们碰到某种社会问题的时候，本能地喜欢把社会问题归结到某一类特定人群上。套用零和博弈的思路，似乎所有的问题都是这些人的贪婪所致，是他们抢了我口袋里的钱包，所以才导致我今天的问题。

“二战”时身处德国的犹太人、苏联当年的地主都曾经背过这样的黑锅。比如苏联曾经认为农民之所以穷，都是地主剥削导致的。这表面看起来很有道理，农民辛辛苦苦劳作一年，凭什么要把收成的一部分交给不干活的地主？其实地主和农民不是零和博弈关系，而是非零和博弈关系。地主在挑选佃农、管理土地、市场预测方面的努力被大家忽视。地主和农民共同工作，才能创造出更大的价值。土地一旦管理不善，将会导致粮食减产、食品短缺和饥荒的惨剧。

面对投资者，人们的本能反应也一样，首先是把各种贬义词扔到投资者的身上，诸如奸商、投机商等，甚至动用法律手段进行打击。其实对投资房地产的看法也是一样的，你可以说特朗普是炒房的，也可以说他是地产大亨，名称只会让你困惑。如果没有看到投资者创造的价值，恐怕也只会让供应不足，房价一路攀升，最终受苦的还是真正的购房者。

限购貌似可以短期抑制需求，但是经验告诉我们某种商品限购一定会导致这种商品价格奇高。限购和限产本是孪生，不可分割，往往同时出现，这边限购那边严控土地供应。改革开放前，肉、蛋、油等曾经限购，同期这类商品也常年短缺。

03　挣钱要理直气壮

美国4年一度的大选中每次都有政客跳出来，他们会主张瓜分富人口袋里的钱，然后把这些钱给穷人。这些政客的特点就是特别喜欢花别人的钱为自己买荣誉，就是花张三的钱给李四买东西，然后给自己冠个好名声，我从来不见他们把自己的钱都捐了。想当年共产主义运动的时候，很多革命者把自己家地分了，把自己家房子烧了，然后才投身革命的，这至少说明他们自己信念坚定。而美国主张高福利的总统，一个个都是卸任之后，自己大捞特捞。你看看克林顿家族和奥巴马家族当总统前后的财富增长情况就明白了。

我不是说国家不需要有基本的福利保障，这些都是需要的。国家需要为一些有残疾的人、丧失劳动能力的人或者老人提供最基本的社会保障。但是如果消灭了创造财富的激情，那么社会总财富就会变得越来越少。无论那些超级富豪拥有多少钱，其实他们拥有的钱并不是从别人口袋里掏出来的，而是因为他们创造的财富更多，他们拥有的财富只是他们所创造的财富中的一部分，甚至很多时候只是一小部分。

如果没有比尔·盖茨就不会有微软，没有史蒂夫·乔布斯就不会有苹果。比尔·盖茨个人财富虽然在全世界排名前三，可是他个人拥有的财富只占微软公司股票总市值的很小一部分。

普通民众容易觉得追求财富是个零和的游戏，有人多了一分钱，我就少了一分钱，所以社会上都会存在一定的仇富心理。仇富的心理在美国也很严重，因为美国民众觉得那些一夜暴富的人多多少少都有一些灰色收入，他们是在美国行业监管之初，法制不完备之时，通过官商勾结、政治捐款、国会游说，狠赚了一笔。

美国民众仇富心理形成的一个原因是，总体而言，英美文化中的人们对钱这件事情保持高度的隐私，不愿意和别人分享；另一个原因是，一部分富人总是喜欢炫耀性消费，豪宅、名车、奢侈的生活方式也在一定程度上激发了人们的仇富心理。

可能你会认同一个人合法赚的每一分钱都是创造了社会的财富，但是你会质疑富人花掉的每一分钱，特别是那些奢侈的享乐，是不是对社会资源的浪费？

其实富人能够消费的财富并不多。一个大富豪能够消费掉的财富无非是一日三餐，可能外加几个普通人没有的管家、用人、秘书、司机等。比尔·盖茨也好，沃伦·巴菲特也好，他们一生花掉的钱，不见得比你我多多少。因为那些房子、珠宝首饰、艺术品本质上都是投资品，他们可能比你我实际的消费高出10倍、100倍，但绝对达不到10万倍或者上亿倍的程度。

因为一个人的肚子只有那么大，一天只有24小时。我在美国生活了这么多年，看到的富人把社会资源真正浪费掉的例子只有一个，那就是著名高尔夫球手泰格·伍兹的前妻把泰格·伍兹送她的豪宅用推土机推掉这件事情。

由于感情上的一些不愉快，这名女子为泄私愤，竟把一栋价值几百万美元的房子用推土机直接推掉了。虽然在法律层面上这是合法的，但是这真是一件人神共愤的事情。因为那栋房子里面凝结了很多工人的劳动时间。如果你不喜欢，你可以把房子卖掉，甚至把它捐赠出去。一己之怒就把它用推土机消灭掉，是对社会财富的破坏，也引起了美国人的愤怒。除这类现象，我很少能找到富人浪费了大量社会财富的例子。

04　葛朗台是个“好同志”

有钱人不可避免地把一部分钱存在银行里。拥有大额存款有时也会让人觉得富人们为富不仁。好像你把钱存在银行里，就是把社会上的财富锁了起来一样。

很多人都有这样的偏见，那就是只有消费才是一件利国利民的事情，因为每一笔消费都促进了社会的生产，只存钱就会抑制消费。社会的财富似乎应该在流动中才能被大家所掌握，才能生产出更多的财富，而把钱存在银行里，似乎只是吝啬鬼和葛朗台才会做的事情。

其实不然，这个观点就像我们曾经拥抱生产、鄙视消费一样不靠谱。存款其实是促进社会生产最好的方法，你把钱存在银行里，银行是不会让这些钱在保险箱里睡大觉的。银行会把钱投入生产环节，因为银行的钱需要贷出去，这些存款如果不投入生产环节，也会通过消费贷款被投到更需要的消费环节。因为总有人愿意支付更高利息进行消费，他们有比你更急迫的消费需求。

对社会最大的浪费，其实是那些不会给你带来快乐和没有意义的消费。比如酗酒或者吸毒，因为这些消费最终给你带来的是病痛，也不会让社会上的总体财富增多。

相比之下，存钱与投资是和生产与消费一样对社会有促进作用的事情，但为什么大家总觉得像葛朗台这个守财奴一样的存款行为是可耻的呢？

总体来说，人们对于财富的认识还是存在历史的惯性。人类进入资本主义时代的时间并不长，人和人通过和平合作的方式共同生产、创造出更多的社会财富的时间也不长。所以，自古以来处于不同文化背景下的各个民族都有鄙视富人的传统，而富人总是在不停地存款、放债。莎士比亚笔下的夏洛克，巴尔扎克笔下的葛朗台，甚至在一些文化背景里，人们认为借贷不可以收取利息，他们觉得利息是最不公正的，放债的人什么也没有做，凭什么就白白挣了钱呢？

今天我们知道利息的本质是期权（option），也是我们股票交易中经常说的期权。因为放债人把钱借出之后，他就失去了一个选择（option）。在没有把钱借出去之前，他的钱可以今天花也可以明天花。钱借出去了，那他只能明天花，他少了今天把这笔钱花出去的选择，所以他必须获得一定量的补偿。

这个人并没有坐在这里不劳而获。因为他失去了自己花钱的选择（option），而这笔钱将投入更需要它的生产过程中，这样会使整个社会的生产要素效率更高。只要你明白一些数学和基本的经济学常识，你就会明白，无论是葛朗台还是夏洛克，都为这个社会创造了大量的财富。

我说这些抽象的经济学概念就是想说明，挣钱是光荣的，存钱是光荣的，获得财富和拥有财富也是光荣的。大家没有必要为追求财富、投资、炒股这些事情而感到心虚和自卑。

美国虽然一直是资本主义，但也许是受基督教的影响，文化上还是多多少少鄙视敛财的。《圣经》中说："富人进天堂比骆驼穿过针眼还难。"很多人不敢把追求财富作为自己的理想，至少不敢在公开场合讲。我在美国听孩子们的演讲，有将来想成为总统、发明家、律师或者社区义工的，但是我很少听见哪个小孩能够理直气壮地说："我将来的理想就是成为商人，就是要去倒买倒卖、追求财富，变得有钱。"

也许大家心里会这么想，但是没有人敢像喊口号一样地把这句话说出来。事实上你会发现，当人过了青春期，步入社会、步入现实生活中后，他们的生活目标就是想拥有更多的财富。既然是这么想的，为什么要做伪君子呢？为什么不能大声地喊出来呢？

导致这种现象的一个因素就是我上面说的文化因素，我把这些讨论专门整理为一章就是想撕掉这些虚伪的面具。想挣钱的人可以理直气壮地站起来，大声宣布自己的挣钱理想。

有了理想，才有目标。有了具体的目标，为了这个目标，一个人就会制订出详细而周密的计划，一步步地去实现这个目标。我在2006年公开发表了自己的博客，大声喊出了我的目标就是"十年一千万"。

第十一章

普通家庭 10 年 1000 万投资理财计划

01 计划的出台

除了说服自己，我还需要一个外界的压力，为此我在2006年12月圣诞节放假的时候，写了一篇引发“百家争鸣”的《普通家庭10年1000万投资理财计划》。之所以用“百家争鸣”这个词来形容，是因为在投资理财论坛上大家就这个话题讨论了几乎10年，这篇文章的累计阅读量也达到10万次左右。

普通家庭10年1000万的理财计划

2006年12月25日

by Bayfamily

我的投资理财目标不大，有1000万美元就可以了。钱财多了有害无益，但适量的富足可以给人带来安全、自由、舒适和小小的成就感。我的计划是500万美元的时候，太太不工作，可以全心照顾刚上小学的孩子们，1000万美元的时候我退休。和va-landlord的目标一样。退休不是什么都不干了，而是不为衣食工作，彻底实现财务自由（Financial Freedom）。计划看起来好像太遥远，但我觉得再有10年时间，运气不太坏的话，在我们45岁以前是可以实现的。

我们家是湾区再普通不过的家庭了。家庭税前年收入20万美元不到，年终奖（Bonus）多的时候可以达到22万美元。6年前我们一文不名地来到湾区的时候，年收入只有14万美元，看着湾区的天价房价，感觉生活毫无希望。那时经过鳞次栉比的住宅区时，总是叹息何时才能有自己的家。

那时个别同事家房价已达80万美元，拥有自己的房子在我看来如天上的银河一样可望而不可即。

通过和湾区前辈的接触，明白投资理财的道理后，才渐渐明白发家致富的方法。只怪刚到美国时，中西部城市信息太闭塞，如果读书时就开始注重投资的话，资产应该是现在的一倍。5年前，我对太太说，5年后我们会有100万美元。我太太说我做梦，就是不吃不喝不交税，把工资全存下也不会有100万美元。我说不是这样算的。过去6年里，每年年终我都会计算一下家庭的账目，下表是过去6年账目的总结（单位：万美元）。

	2001/1	2002/1	2003/1	2004/1	2005/1	2006/1	2007/1
Cash	0.5	0	3	2	5	1	2
Stock	0.5	2.5	2	2	0	0	0
Retirement	3	6	9	12	16.3	21.05	29.2
House Equity	0	8	12	23	45	64.75	89
Total	4	16.5	26	39	66.3	86.8	120.2
Growth Rate		313%	58%	50%	70%	31%	38%
Total Debt							84

5年以后，我们果然有了120万美元。买房时间分别是2002年、2003年、2005年、2006年。地点是湾区和国内轮着来，这样的数据大家可能都看腻了，同样的故事在湾区千千万万的华人家庭里上演着。

我想说的是，如何从120万美元，再用10年左右的时间里，达到1000万美元。首先看增长率（Growth Rate）。头几年的增长率比较高，在50%~60%，因为还没有什么资产，最近几年下滑到30%~40%。主要原因是盘面大了，每年固定的现金进账相对减小。我估算了一下，未来3年里增长率会下降到15%，主要原因有两个：第一，杠杆（Leverage）用光了。我的投资策略还是保守的，每次至少10%的首付。现在总的贷款是80万美元，是我们收入的4倍。如加上其他房租收入，贷款只有3倍。债务资产比（Debt-Asset ratio）也控制在50%左右，就是说美国房价明天一气跌去一半，也不要紧。但杠杆确实是用光了，第一不能再贷款（Refinance）了，因为我们现在的利率很好；第二，大房子收益很差，小房子太辛苦，担心管不过来。未来几年的行情很难说，盘面大了，保本最重要。也就是说，我们家遇到了谷米家遇到的同样问题，增长的瓶颈问题。如果不开拓新投资渠道的话，10年后我们家的资产将只有250万美元左右，离1000万美元还很远。也许太太15年后可退休，可我还得再奋斗20年，才会有1000万，那时也是50多岁了，没什么意义。

春节时候，我用各种模型反复比较，除非是用特别大的杠杆，比如零首付，否则凭着20万美元的收入，是很难达到1000万美元的，要想用稳健的方式，10%的首付，固定的现金流以备不测的话，按历史平均回报，最多可以达到500万美元。这和我在湾区观察到的一致，在这里生活20年，头脑清醒善于经营的家庭最多也就400万~500万美元。

过去6年里，我的现金总是很少，要想达到1000万美元，又要规避过度风险，只有一个办法，就是增加固定的现金流。我家每年现金净存款是5万美元，我们每年基本上可以用它加上杠杆，投资30万美元的资产，如果每年现金净存款可以提高到20万美元的话，每年就可以加上杠杆投资120万美元的资产，10年1200万美元。如果10年房价回报是80%~100%的话，加上现有的120万美元，10年以后应该可以赚到1000万美元。

账算好了，还有几个问题要一一解决。

（1）如何把每年的净存款提高到20万美元。没什么好办法，趁自己还年轻，改行做金融，两年前改行的兄弟们，现在一年的收入已经到20万~30万美元了。争取趁这两年房事平稳，赶紧改行。3年后争取把净存款提高到每年15万~20万美元。

（2）房子多了的管理问题，我觉得湾区最大的优势就是房子贵。房子贵，所以2000万美元的资产也就是30~40套公寓。在其他地方，上百套公寓肯定管不过来。公寓数超过5套的时候，我就成立自己的管理公司，雇人来管。湾区的另一个优势是有便宜的劳动力（labor），不会英语的华人管管房子，每月1500美元就可以请到。

（3）入市时机。我打算房价涨起来以后再开始买。房子要么不涨，一旦开涨，会持续很多年。错过头里的10%的涨幅根本无所谓。现在的首要任务是积累现金，手上有现金，未来又有大笔的固定现金流作保证的话，就可以使用杠杆做更多的投资。过去6年，扩张太快，现金一直在一二万美元的样子。这几年停一下，3年以后我手上的现金应该在20万~25万美元。

(4) 现金流。很多人抱怨湾区找不到正现金流的房子，那要看你怎么算了。如果是只还利息的话，不是不可能。头几年会出现轻微的负现金流(Slight Negative Cash Flow)，35万美元的公寓每月的租金是1200~1500美元，在租控（Rent control）的区域，25万美元的公寓每月租金1200美元。我不怕租控，因为我只租给华人，他们过几年就自己买房了。未来三年现金流的状况会有显著改善，租金会上调15%~20%。

(5) 风险。如果房价不涨，持续下滑，我压根没有风险，因为我不会入市。10年后的资产可达到300万~400万美元。如果房价涨了一年又连跌十年，诱我入市，也没关系，因为有强大的现金流保证，我就长期持有，等待下一个高潮。事实上，房价下滑两年涨了一年又连跌10年，这种事情在任何一个国家从未发生过。我担心的是房价今年又开始一路猛涨，那我的计划就落空了，只能持币寻找其他的机会了。

(6) 如果像很多人预计的那样，房价这两三年持平，未来看涨，房价重复加州过去的四次循环的话，我可就发了，因为我的全部计划就是按这个准备的。下一个循环结束的时候，我45岁前资产肯定会超过1000万美元。那时我就把它们逐步全卖了，买个标准普尔500指数慢慢用，人生花不了那么多钱，再多也是无意义。

如意算盘打了一圈，各位见笑了。这里的大师很多，千万资产的就好几个。欢迎砸砖，也请前辈多赐教。人生要做的事情很多，不光是发财，但理财是人生要做的诸多事中必不可少的一件，如同娶妻生子一样。相对埋头苦干而言，理财劳神不多，回报丰厚。

博客文章和正式文章不一样，可以嬉笑怒骂，可以夸张不正经。

文章发表之后，网友的评论不一而足，有叫好的，有嘲笑的。我想大部分的人可能内心深处是嘲笑的，只是有些人出于礼貌没有当众嘲笑而已，大部分人都觉得我的计划是天方夜谭，可能只有一小部分人得到了启发，让他们敢想从前不敢想的事情，感觉眼前一亮。

别人嘲笑不要紧，我一辈子就是喜欢特立独行。成吉思汗有名言："人生至乐，就是打败曾经压迫过、蔑视过、欺辱过你的敌人，然后占有他的一切，看其终日以泪洗面。"我当然没有成吉思汗的野心，我只是喜欢他的强人思维。我一向认为，世界上最缺的就是看你笑话的人，最不缺的就是附和你的人。

现在回顾起来，我这个投资计划其实很不成熟，主要缺点有下面几个：

一、过度依赖曾经的经验，过去6年我实现了10万美元到100万美元的成功增长，但是未来是不是会出现一样的市场机会不好说。

二、对自己的挣钱能力的提高过于乐观。当时我是用调侃的口气说话，其实并没有决定去从事金融行业的想法。我只是觉得自己未来收入会变高一些。事实上，后来收入没有变高，反而更低了，因为我转身去搞创业去了，常年低收入。

三、受租金控制（Rental Control）的地方，房子是不可以买的。那个时候我没有经验，完全没有管理过租控的房子，想象得过于乐观了，房子超过5套也要自己亲力亲为，忘记考虑自己的时间成本。

四、对未来的计算也有些问题。后来湾区的确像我预言的那样，重复了之前的涨跌循环，但是光靠这一个涨跌我也无法挣到1000万美元。

不过，现在回顾，当时这篇文章在大面上的预测没有错，最重要的是这篇文章给自己树立了一个灯塔、一个目标，让自己可以去追寻。我当时也知道不可能对未来的每一个细节都能计划得那么周全。人生的关键是有目标，就像唐僧取经一样，知道往西走就好了。再弱小、再遥不可及的事情，有了目标都会一点点变成现实。取经路上自然会有孙悟空这样的人来帮你降妖除魔。没有目标的人，就像美国在中东，纵有天大的本事，一身的武艺，花了再多的人力物力，也是苍蝇乱飞，一事无成。

当然也有人平心静气地和我讨论我的目标，最大的质疑就是为什么要那么多钱。为什么要1000万美元，不是几百万美元就可以退休了吗？为此我写了一篇博客文章，叫作《为什么要“十年一千万”》，和大家解释为什么我要制订这个目标。

02　为什么这样制定计划

为什么要“十年一千万”

2007年6月1日
by Bayfamily

我是这个论坛里第一个宣布投资理财的计划是“十年一千万”的，也为此挨了不少砖头。有的网友有着同样的理想，也在我这里小声嘀咕了一下，但没大声宣布。阿毛今天问道：“为什么要一千万，这一千万是为安心呢，还是为子孙后代?”

当然都不是，没钱我也蛮安心的。财富对后代有害无益，我是一文也不想留给他们的。亚当·斯密先生说得好：每个人追求获得最大的利润，做自己擅长的事，就是对社会最好的贡献。

一个赚一千万的面包师比一个濒于破产的面包师，对社会的贡献要大得多；一个能赚一千万的投机倒把分子，比一个亏钱的投资商对社会的贡献要大得多。巴菲特先生，比你我对社会的贡献要大得多，即使他一文也不捐给社会。因为他正确地引导了投资，提高了社会效率。没有他，巨额的财富就会被浪费在低效的项目里。所以，对于每一个投资人来说，你赚得越多，对社会的贡献就越大。只要你不犯法，不搞垄断。

一千万是我的目标，一方面是因为有生之年，我只想做这么多劳动了。我一生短暂，只想奉献十年，通过赚一千万来贡献社会。我是在赚钱、投资、炒股的过程中，为社会创造财富。另一方面，我不是圣人。赚一千万也有私心。

(1)“生命诚可贵，爱情价更高。若为自由故，二者皆可抛。”

拥有一千万，可以换取财富自由，这样我的人生会更有趣，因为我可以领略更多不同的生活。人生短暂，我可不想一辈子朝九晚五地坐在隔间里。李敖同志讲过“人要做点事，是要有点小钱的”。我要想放心大胆地做自己想做的事，也是要没有后顾之忧的。小钱可以给我一点安全感、一点自由。

当然，你也可以说，财富自由纯粹取决于自己的舒适度，出家当和尚，立刻财富自由。我对财富自由的要求，比和尚要求高一点，但并不需要一千万，房贷付清，孩子上大学，有两百万足矣。一千万是为了上面更崇高的理想。

（2）我想我爱的人更快乐一点。我不想看到太太因长期工作而不能和孩子在一起，不能随意地干她喜欢的事情。我不想让我的孩子们在我有能力的时候，无法受到最好的教育。男子汉，大丈夫，做人就是要让自己快乐，同时让周围的人快乐。

（3）太多的财富是累赘。君不见亿万富翁，个个要保镖，担心被绑架。有钱人很难有真正的朋友。因为钱越多，人与人之间的关系越虚伪。要是我能赚一亿的话，对社会贡献更大，我只是说如果，没有吹牛的意思。

可是，我想自己的日子好一点，朋友多一点，不用花太多的精力想怎样花掉那笔钱的话，我就不能超过一千万。比尔·盖茨刚刚辞去总裁职务，现在沦落到要全职工作去花掉他的钱。过了一千万，财富有害无益，即使我再想贡献社会，也不想搞成那个样子。牛皮吹上天，满纸荒唐言，但句句属实，信不信由你。

当时我写这篇文章的时候，带着一些轻浮的语气。有的时候在网上说话太认真会吃亏，因为网上说话不仅仅是交流，更多的时候是打口水战、寻开心，用调侃的口气反而进退自如。当时并没有成体系地对很多问题进行思考，更多的理论是在我今天回顾的时候把它们整理出来。

如果有什么新的补充思考的话，就是我感觉一个人作为社会的载体，应该是丰富而全面的。财富只是我们生活中的一部分，当然我这本书因为写的都是关于财富的故事，所以在这里重点讨论财富的问题。

无论你有无宗教信仰，你总希望自己的生命过得更有趣、更丰富多彩。我们多多少少都有一些精神上的追求，而那些精神上的追求总是需要在满足了一些物质需求的基础之后才能去实现。

思考这些问题的时候，不可避免地就会涉及生死之说。虽然这本书不是一本哲学的书，但是因为投资理财涉及理想，而理想又涉及人生信仰等哲学问题，所以我后来又不得不再写一篇博客，那就是《我们为什么活着》，试图理性地探讨这些问题。这个话题很大，我只是很粗浅地论述了一下，每个人都需要建立起自己对生命的认知系统，我也不能例外。

我们为什么活着

2013 年 12 月 7 日

by Bayfamily

少年贪玩，青年贪情，中年贪名，老年贪生。

这几乎是最精辟的人生总结了。中年的我，对这句话中的四个“贪”字的体会比青年的时候更深。贪心很正常，不要让欲望的魔鬼把你吞噬掉就好了。碌碌无为的人往往做得很好，天才和精英们往往因为自己的能力比较强，陷入不能自拔的地步。君不见多少青春男女为爱情整日以泪洗面，君不见多少英雄豪杰折戟名利两关。打开新闻，几乎都是四个“贪”字惹的祸。从失恋毁容跳楼，到流量明星风靡神州，到贪腐官员阶下做囚。从古代秦始皇求长生不老，到今天的刘晓庆追求逆生长，人生的故事在不同的时代，以不同的方式一遍遍演绎着这四个“贪”字的故事。

第一次接触到弗洛伊德的理论时，看到他认为“人类一切行为的原动力都是性，一切都是性”的论断时，感觉这样简单的道理，被一个率真而聪明的人一语道破，而其他芸芸众生都是在街上看皇帝新装的懵懂的狂欢者。攻击他的人，不过是因为弗洛伊德扫了他们自欺欺人的好心情。

难道不是吗？年轻的时候，我们所做的一切都是在为获得异性做准备。无论是更好的成绩，更高的收入，更健康的体魄，我们陷入的不过是一个漫长的征服异性的征战。一开始是直接征服异性，后来是征服同性来获得异性。于是有《甄嬛传》女人后宫内斗，有潘金莲和李瓶儿死去活来。可是与人斗，男人和男人相斗，女人和女人斗，本质还是为了获得异性。

我们关心下一代的教育、婚姻，做“虎爸、虎妈”，希望给下一代留下一个好的基础。这一切的本质动力，都是性。似乎身体里面的DNA永不停歇地发挥着它的作用。我们自以为是的理性、理想，都是这些DNA希望疯狂复制自己的幻影。

我非常佩服弗洛伊德先生。有幸去过他在维也纳的寓所，一个不起眼的小博物馆。在这里，一个小小的人物发出了石破天惊的呐喊。我看到了他的手稿、他的照片，对他深深地表达了敬意。

不过，进入中年以后，发现性的能量似乎没有那么巨大。因为单凭“性”，似乎很难解释为何有人会为事业不惜牺牲，杀身成仁。很难解释，已经是亿万富翁了，为何还要再获取更多的财富。

除了性的力量，还有一个神奇的力量支配和主导着我们，那就是死亡。

我们的一切活动是为了更好地迎接死亡。这在逻辑上有些荒谬，但是我们的确千百年来重复着同样荒谬的事情。

表面上似乎我们很少会想到自己的死亡，至少对于年轻的人来说，死亡似乎是遥远的事情。但是对死亡的恐惧，像是终点站上一个矮矮的树丛，在夕阳西下的时候，会投射出很长很长的影子。

是的，我们所做的一切的第二原动力，就是更好地迎接死亡。死亡是一定的，无论是少年，还是老人，每个拥有正常智力的人，都清楚地知道这点，对于死亡的恐惧是无时无刻的。千百年来，这些恐惧改变了我们的社会、我们的文化，也改变了我们每个人的行为。

人类为了面对死亡带来的恐惧，自欺欺人地编出了四种方法。不同民族，不同时段，这些方法会以不同的面目出现。不过似乎我们人类已经黔驴技穷，再也编造不出超越这四个方法的新内容了。

1. 不死。无论是秦始皇的长生不老药、刘晓庆的逆生长，还是今天全民吃保健品、研究长寿村的秘密，都是不死的折射，也就是开篇所说的老年贪生。

2. 灵魂。用各种办法让自己相信，除了肉体之躯，还有灵魂的存在。灵魂可以离开腐朽的肉体升入天堂，在天堂可以永远地活下去。

3. 转世。典型例子就是古埃及人修建金字塔，秦始皇修建兵马俑，这都是对于转世的期盼。

4. 传奇。传奇是四种自欺欺人的抗拒死亡恐惧的方法中最理性的做法了。因为通过观察，理性的人们发现，肉体会腐烂，转世不靠谱，灵魂似有似无，通灵无法证明。传奇大约是看得见、摸得着的。传奇有很多种，可以是王朝帝国，可以是大公司，可以是各界名流，也可以是大学校园里捐赠的一把椅子。

瞧，为什么我们活着，一半的原因是我们身体的DNA需要复制，一半的原因是我们会死掉。我们之所以活着，之所以用今天这样的方式活着，是因为我们会死掉。话有些绕口，逻辑上有些荒谬，但是如果你细细地品味，就会明白的确是这样的。

生命本没有意义，追求意义的行为都是怕死的表现。我们只是亿万年前从宇宙深处飘来的一片DNA复制品，生命的原动力也是来自这片DNA所带有的神奇驱动力，它渴望最大限度地被复制。我们追求伟大光辉，是因为这片DNA的载体最终要死亡。

说得有些凄凉，真相冷酷并不代表人生就一定悲催。我觉得生命最美好的事情就是可以享受快乐，开始和结尾都不重要，人生的意义在于过程的快乐。做个快乐的人吧，给自己快乐，给自己身边的人快乐。我们不在意自己为什么活着，只在意怎样快乐地活着。

对于生死问题，古往今来无数仁人志士、先知、思想家已经想破脑袋了。我们能做的就是在那些厚厚的经典里面，寻找一点能够支撑自己信念的东西。说到这个，总是不可避免地讨论人生意义，而空谈人生意义是没有用的，就像空谈赚那么多钱是为了什么也是没有意义的。最终我们还是需要落实到具体的目标上，而只有那些具体落地的理想和目标，才能点燃我们生命真正的火焰，照耀我们前进。

除了投资理财，我的人生还有三大理想。如果都能够实现，我就会相对比较满足。我也不知道这些理想是怎么样稀里糊涂地钻进了我的大脑。久而久之，这些理想成为我人生抉择的指路明灯，这些理想能否实现也就成为我能否快乐的标尺。

第一个理想就是我感觉自己生活在这个世界上，从小到大，有人为我种地，有人为我生产粮食，有人为我生产家具，有人为我盖房子。我享受了这个世界提供给我的大量物质财富，所有我有义务去生产相当量的物质财富回馈社会。

也就是说，我需要尽可能多地创造物质财富，这些物质财富可以是具体有形的，比如一棵树，一样工具，组织大家一起创办一个企业；也可以是无形的，比如帮助社会提高了商品交换的效率，让社会更安全，让人民思想更解放。总之，社会对我不薄，我有必要反哺，这既是我的责任，也是令我愉快的事情。

我的第二大理想在思想领域。今天能够有幸福的生活，是受益于古代前辈们在思想上和知识上的贡献。我能够伸手打电话，出门坐飞机，生病有药吃，要感谢那些伟大的科学家和思想家。那些伟大的科学家和发明家在知识上和思想上的突破让我受益，是他们发现了新的自然科学定律，发现了人类社会更好的协作方式，发现了宪政政府抑制王权的重要性。总之，是因为有一些先贤，他们把新的思想、新的知识、新的信息带到了这个世界，而我是这些思想者的受益者，所以我感觉自己也需要生产足够多的思想和知识来反馈给社会。也许是我写的一本书，也许是我的创造发明，也许是我发现的一个新的知识理论，也许是我写的某一首诗，写过的某一篇散文或者是我写的那些博客文章。因为我生产出了有用的信息，反哺了社会。无论是在自然科学还是人文科学领域，只要我在从事这样的知识生产工作，我就是快乐的。当然，我生产的东西越多，我自然就会更加快乐一些，这个理想也是我多年坚持写博客文章以及写这本书的原动力。

我的第三个理想就是来自亲人和爱。人如果拥有绝对多的物质和精神上的财富，但是没有爱、没有亲人，孤独一世，那也是可悲和可怜的。我能有幸福的生活，是因为周围的人给了我爱，包括我的母亲、我的爱人、

我的朋友、我的亲人。所以，我也有必要把更多的爱生产出来反哺给他们。在我的博客里，我写的就是快乐自己，幸福他人，我拿这句话作为我写博客的座右铭。

当然这些爱不见得一定要给我认识的人，我也可以给我不认识的人。比如有的时候，当读过我的博客的网友给我回信表达感谢的时候，我就能感到快乐而满足。因为我知道给这个世界生产出了更多的温情，更多的温暖。就像当你行走在陌生的异国他乡，给路边的一个陌生人微笑；或者当你在下雪天，给一辆雪地里打滑的汽车推一把一样。一个小小的帮助会生产出格外的温暖，我并不期待得到什么回报。只是我想给这世界生产出来更多的爱，希望这些爱和温情能够被更多的人传播到更广阔的世界里去。

当然我相信读者不一定和我有一样的理想和目标，因为每个人的世界观不一样。大体而言，人过中年，总是有他精神层面的一些追求，不然生活就会变得行尸走肉般灰暗起来，仿佛每天都在混吃等死。

对我个人而言，实现这些理想的一部分就是我这个财富目标的实现。因为在这个过程里，三个部分都有了。在我的认知世界里，赚钱本身就是创造财富，赚钱过程中积累的经验就是知识，获得财富之后给亲人的都是爱与温暖。2006 年我几乎用了一年的时间思考这些问题，当一切都想好了，于是我就开启了我的“普通家庭十年一千万理财计划”的旅程。

这个投资的旅程一共分四部分。一部分是知识储备，其他三部分是实战。从华尔街到中国香港，从上海到美国湾区，从实物到虚拟。有意想不到的转折，有惊喜，有绝望，有突如其来的机会。我像一个在探险乐园里的旅行者，时而被惊吓，时而开怀大笑。你坐好小板凳，我把我后面旅途中看到的一路风景，一段一段地慢慢说给你听。

第十二章

从 MBA 到投行

01　为什么搞金融的人收入高

我的10年投资理财计划的第一步并不是去赚钱，而是去充电，我选择先读一个在职的MBA。很多人在走向衰老，开始回首往事时，可能都有同样的感触，那就是年轻时应该尽可能地接触更多的事情和更多的人。每一种经验、每一次经历以及和不同背景的人打交道对自己总是有好处的。

我读MBA的灵感也是来自我的一位朋友。这位朋友性格有些内向，说话有些结巴，口齿不是特别好，猛一看不是那种能够事业有成的人，但是他当时比我有钱多了，因为他在帮他的导师管理一个基金。

用他导师的原话说就是："你理应变得富有。"我想每个人可能都希望读书的时候能够遇到这样的导师，能够说出这样振奋人心的话。那位导师是某个大学金融系的教授，自己成立了一个投资基金，而我认识的这位朋友，就是帮他管理投资基金的对冲计算模型。

年轻人总是争强好胜，我觉得自己并不比这位朋友笨，甚至还觉得自己各方面能力比他更强一些，无论是数学还是和人沟通的能力。难道仅仅是因为一些机缘巧合，他做金融行业而我做理工，就让我们的生活有这么大的差距吗？

那时候我一直想不明白的一个道理就是为什么从事金融行业的人工资或待遇远远超过其他行业的从业者。为什么同样智力水平的大学毕业生，从事金融行业的获得的工资就比其他人要高很多？

在国内早期从事金融行业的大多是文科生。而在我们那个时代，文科生多半是班级里比较笨的，是因为他们读理科有困难，所以转而学文科，搞一些死记硬背的东西，所以理科生内心是有一些看不起文科生的，总觉得我们比他们更聪明一些。

然而我们这些自以为比他们更聪明一些的人，后来挣的钱却比他们少。这个事实让很多人愤愤不平，难道人生就是因为偶然而阴错阳差？行业的差异为什么会这么大？

20世纪90年代，中国还没有成熟的金融产业。我的另一位朋友到美国之后注意到这个现象，他的解释是：因为搞金融的人，他们的产品就是钱，既然他们的产品就是钱，常在河边走，哪有不湿鞋？近水楼台先得月，所以从事金融行业的人挣的钱自然就会多一些。

这样的道理实在经不住推敲，建筑工人从事建筑行业，而金融大亨们却住在各种豪宅里头。按照这个近水楼台先得月的道理，岂不是建筑工人的住房条件应该最好吗？

还有一些人认为是从事金融行业的人特别聪明，他们名校毕业，受教育的成本比较高，所以需要获得更多的收入来补偿他们在教育上的投入。

如果是医生这个道理也许说得过去，医生受教育的过程很漫长，所以医生获得的收入会稍微高一些，这是对他们的教育投入进行补偿。而金融行业不是这样的，你经常会看到很多非常年轻的金融行业从业者，刚刚大学毕业就可以挣很多钱。

还有一种说法认为金融从业者从事的工作非常重要，因为要管理动辄成百上亿的资金，所以他们从中挣一些钱也是可以理解的。

这个说法其实也站不住脚，因为从事重要的工作，不见得能多挣钱。举个例子，从事核武器发射的军人掌握着地球上的亿万生命，但是他们挣的钱并不多，只能挣普通军人的一份基本工资。没有什么比生命更重要，同样是治病救人的医生，在中国和美国，他们的工资待遇也有很大不同。

还有一种说法，就是从事金融行业的人特别聪明，工作格外努力，他们能够解决别人解决不了的问题。其实不是的，金融行业的大部分就业者，他们做的只是很机械重复的工作，并不比其他行业的人需要格外的智商，真正需要智商的行业也许是基础物理和数学。普通的投资银行里肯定不需要绝顶聪明的人，而往往需要像销售员一样的情商高的人。

金融行业的从业者收入，无论在中国还是美国，在日本还是欧洲都是偏高的。按理说，如果这是一个市场充分竞争的劳动力市场，应该有更多的人去从事金融行业，直到金融行业的工资降下来才对。但是我们始终没有看到这个现象，我们看到的是这个行业入门难，大家都挤破头想进到顶级投资银行里面去。

金融行业挣钱比其他行业要高一些，我觉得可能有以下几个方面的原因：

一、货币垄断。国家对于货币的垄断以及像华尔街这些金融机构所形成的行业垄断。国家对货币的垄断导致了货币的发行必须通过一些固定的渠道，那么离这些渠道更近的人，他们就可以优先获利。

举一个例子，美元总的货币发行量大约是 16 万亿美元，而这 16 万亿美元都是凭空印出来的。而比其他人优先一步获得这些货币的人，就能先挣钱。既然是凭空制造出来的，自然有人凭空受益。

二、行业垄断。搜索引擎谷歌的员工非常能挣钱，是因为谷歌垄断了搜索引擎这个行业。华尔街和屈指可数的大金融机构垄断了金融行业，无论是公司的股票发行，还是债券发行都要找这几个大公司才可以。比如一个美国公司要上市，只能去华尔街，只能去纽交所或者纳斯达克。有垄断的地方自然就有暴利。我们小的时候，副食店的售货员是个令人羡慕的职业，也是同样的道理。

三、人们的消费行为心理。前面两个原因还是无法解释，即使是黄金作为货币的时候，为什么开钱庄的人挣的钱也比普通行业的要多一些。

我觉得最主要的原因还是人们的消费心理，比如说当你去菜市场买菜的时候，明明只有几美元的差价，但是你不惜花上 10 分钟跟小贩们讨价还价。小贩在你身上多花了 10 分钟，也就多挣了 1 美元。

然而你在从事 1 亿美元交易的时候，你同样花 10 分钟讨价还价，来去的金钱数量就是上百万美元的。同样一个人拥有同样的情商，付出的劳动也是一样，一个劳动力产生的价值是另外一个劳动力的几百万倍。

你购买了一台 100 美元的咖啡机，如果你发现在网上能便宜 10 美元，你并不介意开车去把这 100 美元的咖啡机退掉，再到网上去买一模一样 90

美元的商品。然而你花 1 万美元买一枚钻石戒指的时候，你不会因为这个戒指多收了你 10 美元而再回去找商家理论，因为你心里的总价值已经被调高了，人们都是在用百分比衡量自己的行为。

你在餐馆里吃饭花了 50 美元，服务员对你毕恭毕敬，提供周到的服务，你心情一好就给了他 10 美元作为小费。你在投资银行工作，如果你能够让一个 1 亿美元的交易过程顺利和令人愉快，那么此时客户就实在不好意思只掏出 10 美元给你做小费了，而是拿出 100 万美元来给你。

在机器和人工智能取代人做金融交易之前，恐怕金融行业的收入会一直偏高。这些道理在我决定去读 MBA 的时候还没能想得特别明白。只是后来在投资银行工作了一段时间，才明白为什么金融行业挣钱。

比如说一个 1000 人的企业，员工辛辛苦苦工作了一年，获得了 10%的利润。为了简单计算，先说这相当于 10 万美元的利润。当这个公司要上市了，企业估值可能是利润的 20 倍，200 万美元。而这 200 万美元的估值中要拿出 5%给投资银行作为佣金。这样算下来，这 1000 个人辛苦了一年的收入，也就相当于投资银行 2~3 个人几个月的工作量。

你可能会问，上市公司为什么能付更少的佣金呢？既然市场是充分竞争的，为何上市公司不是只支付千分之一或者是万分之一的佣金？为什么愿意付 5%的佣金给投资银行作为上市的费用呢？

因为股票每天的价格波动就不止 5%，在这样大笔的钱剧烈波动的时候，人们不介意付出更多的钱以获得更好的服务。然而投资银行真的给社会创造了相当于估值 5%的佣金的价值，或者是相当于那 1000 个人一年工作的价值吗？我看没有。社会的确给金融行业的人支付了偏高的酬劳。

02 求知若渴

我去读 MBA 一方面的确是受到了金融行业的诱惑。因为我想，既然自己对钱有兴趣，为什么不进一步看看自己的这个兴趣能走多远呢？另一方面的动力还是想彻底搞明白金融和财务的一系列问题。我感觉自己所有的金融知识都是零零星星学来的。既然提出了“十年一千万”的口号，还是认真系统地学习一下相关知识为好。

MBA 的课程学了十几门，从必修到选修，学到的知识很多。知识分两类，有用的和无用的。大部分无用的知识，随着时间的流逝，自然会从你的记忆中淡去，就像我们在中学、大学学到的大部分数理化知识一样。淡忘并不要紧，很多知识是在记忆深处默默地做着储备。

学习的一个重要目的并不是立刻把这些知识用到什么具体的用途上，而是作为某方面的知识储备，让你对某一些领域的问题不再害怕。等问题来临的时候，你知道上哪里去寻找相关的资料。

我是理工科背景的，所以对于这一点有深刻的感受。比如我们大学一年级时候都学过复杂的高等数学，但是我敢说大部分人再也没用过高等数学，可是这并不等于高等数学没用，它最大的用处就是当你看到微分和积分符号方程的时候，不再害怕。

现在回忆起来，MBA 课程和知识点对我的投资理财经历非常有帮助，我简单整理一下供读者参考。

一个是微观经济学，这是经济学的基础科目。它让我明白了价格和成本是没有关系的，价格完全取决于供求的平衡。比如，我们一向认为一种商品的价格是围绕着它的生产成本进行周期性的波动。当市场价格超过它的生产成本时，就会有更多生产者涌入。当价格低于它的生产成本时，就会有卖家退出，这个动态的过程中实现了价格围绕着成本的上下波动。

这个理论听上去不错，但是在实际生活中其实是一个到处碰壁的理论。2005 年以后，当房地产价格开始飙升的时候，有人用同样的理论去预测未来的房价。比如，当时上海一栋楼的土建成本只有 2000 元每平方米，而当时的地价大概是 5000 元每平方米。那么售价怎么可能长期保持在 2 万元每平方米以上呢？

根据大家熟悉的理论，应该是大量开发商投入生产，商品房的价格下跌到 7000 元每平方米以下才是合理的，所以根据这个理论，有人就是坚持不买房，更有甚者是把自己唯一的住房卖掉，期待房价下跌之后以更低的价格买入。

然而，现实中这些梦想着房子会降价的人被不断打脸，房价非但没有低于7000元每平方米，而且持续高于2万元每平方米。然后上升到3万元每平方米、4万元每平方米，一路涨到今天的10万元每平方米，在整个过程中房价从来没有跌落到生产成本以下。

系统地学习微观经济学的知识才让我知道一种商品的价格和它的成本是没有关系的，市场价格取决于纳什均衡点，是买卖双方按照他们各自是否有其他更好的选择（Alternative Best Choice）而互相博弈的结果。既然是这样的博弈，房价自然可能是长期远远高于生产成本的。

明白这个道理可以帮助我们讨价还价。比如我们去旅行的时候，经常到自由市场上和小贩讨价还价买工艺品。小贩们总是喜欢开出一个很高的价格，然后等你杀价，我为此发明了一套讨价还价的方法，屡试不爽，每次都可以保证以几乎最低的价格成交。我在这个讨价还价的过程中，其实就是在寻找那个平衡点。因为这些摊子有很多商品雷同，我从来不关心小贩们开价是多少。我讨价还价购买商品的方法就是先给对方一个不可能卖给我的基价，注意这个价格一定要低到对方不卖给你才行。

然后我换一个小贩，在这个价格上往上加10%试试。然后再换一个小贩，再加10%。直到有一个小贩愿意卖给我。我用这样的办法买东西，在世界各国的旅行中很少吃亏。当然缺点就是免不了受很多小贩的白眼，因为我一开始开的价格总是低到他们愤怒得想打我。

微观经济学中另外一个对我有用的知识点就是市场效率理论。这个理论让我认识到各行各业，除非你拥有长期的垄断权，不然是无法实现长期高利润的。用通俗的话概括就是，马路上你不会随随便便看到一张真钞票，但是如果你看到的话，要赶紧把它抓在口袋里，因为你再也没有这样的机会了。用到房地产投资上，那就是好学区永远不会有正现金流的房子。如果有，那一定是转瞬即逝的机会，你要赶紧抓住它。

沉没成本和边际成本也是微观经济学的两个重要概念。沉没成本的概念对于买卖股票其实是非常有帮助的。人们在买卖股票的时候，因为出于期待盈利的心理，总是经常给自己设置一些错误的规定。比如很多人死守底线，不愿意以低于自己买入价格的成本去卖出股票。其实卖出股票，你最需要关心的是如何以可能的最高价卖出，你的买入价格已经全部变成沉没成本了，压根不需要考虑。

我们的一生中，过去的所有事情都是沉没成本。我们投入的时间、金钱、情感都已经沉没了。想明白沉没成本的概念，会让我们更好地放眼于未来。

边际成本是另一个给我深刻印象的概念。当你购买一样东西的时候，如果卖家的价格高于它的边际成本，他就有一万个理由愿意卖给你，即使这个价格远低于他的平均总成本。比如小贩卖东西的时候，进货价是边际成本，而房租则是总成本的一部分。这对我们讨价还价的时候，摸清对手的底线很有帮助。

不过学习一些经济学的知识也让我对美国的一些深层次的社会问题有了更深刻的理解。比如，很多已经是板上钉钉的经典经济学理论，为什么在现实生活中执行起来那么困难？每一个学过经济学的人都会告诉你，房租控制是毁掉一座城市最好的手段。可是并不耽误加州出台一个又一个的房租控制法令。所有的经典理论都会告诉你，工人罢工、工会集体议价最后伤害的是工人自己，可是这并不耽误工会的存在，并几乎把整个底特律的美国汽车产业弄破产。

这好比是今天已经有了现代医学，有了数理化学，但是并不耽误大家去相信巫术，或者用星座相亲是一个道理。且不说那些不读书的人，世上有太多的人，他们在读书的时候，很少把书上的内容和自己的生活实践联系在一起。书上的内容对于他们来说，就像是看动画片《哪吒闹海》一样，虽然看着很热闹，但是和他们的生活没半点关系。他们不会把书上的知识运用到生活实践中。另外，国家与社会，特别是民主社会，在权衡社会利益的时候，往往对短期利益的关注远远超过长期利益，短期利益是自己的，长期利益天知道是谁的。

所以，你经常可以看到那些拥有高学历的博士生们，那些系统学习过统计学理论的人，津津乐道星座与人的性格特征之间的关系，更有商学院的毕业生大肆鼓吹租控公共政策。

微观经济学还会告诉你垄断的力量。虽然之前我明白垄断的威力，但是我从来没有用图表和供需曲线去精确地描绘过垄断对商品价格的影响到底是多少，并不知道如何量化和计算这部分影响。学习了微观经济学，我可以精确地算出来，当一个国家或政府垄断土地供应时，对价格会产生多么大的扭曲影响，这些问题只用文字说明往往不容易，但在供求曲线上一目了然。

微观经济学还会告诉你，海关税收和抵制某一国家的货物到底伤害的是谁。写这本书的时候，中美正在产生贸易摩擦。学习微观经济学可以让大家对这些问题看得更加清楚，所有税收最终都是消费者买单，抵制某国的商品导致的结果也是两败俱伤，让第三国受益。

03 知识储备

对于宏观经济学，我自己感觉最有用的就是搞清楚了利率、GDP、货币政策、贸易政策等这些每天在报纸上看到的指标之间的相互关系，明白了背后的原理。此时你就可以看清楚报刊媒体新闻背后的故事，不会轻易被别人忽悠。

比如，宏观经济学解释了什么是钱，钱的本质是什么。宏观经济学也揭示了 GDP 以及一个国家的财富构成到底是什么，这让我更能看清楚中美之间 GDP 之间的差异，也能够看得清楚财富正在朝哪个国家转移。

如果 100 年前有人告诉你，中国香港有一天人均 GDP 将是英国的两倍，估计你会笑他们发疯了，然而这样的事情实实在在地发生了，而曾经辉煌的英国，人均 GDP 在今天只和美国最落后的几个州相当，仅仅是加州的一半，明白这些道理才能看清楚世界的财富往哪里转移。

对 GDP 的理解可以让我们大概明白哪些是舆论宣传，哪些是忽悠。比如经常有媒体说中国的 GDP 做假。这样的报道我在过去几十年里不知道看过多少次。另外还有人认为美国的 GDP 水分很高，因为据说美国 6% 的 GDP 是法律服务，20%的美国 GDP 是医疗保健，有人认为这是垃圾 GDP。此外，永远不断有政治人物出来批评不能唯 GDP 论，要考虑幸福感。这些貌似有道理的宣传，如果你仔细学过宏观经济学，就会自己分析和判断，而不再受到别人的蛊惑。

GDP 是测量一个国家和地区发展再精确不过的指标了，尤其是名义 GDP。当你到世界各地去旅行的时候，你几乎从一个国家的人均 GDP 就可以判断一个国家的市容和干净程度。读者有机会可以去看一看，比较一下西欧、东欧、中东、南亚、东南亚的各个国家，看看人均 GDP 能不能代表一个国家的发展水平。

宏观经济学也让我们更好地理解通货膨胀，之前我对通货膨胀的理解大部分来自自学。你经常会看到一些神奇的文章，比如输入型通货膨胀、农产品型通货膨胀。因为某些外界因素，导致某一类商品的价格上涨而引发通货膨胀。学完通货膨胀的理论，你大概知道通货膨胀就是钱发多了，其他都是用于掩饰的借口。你也知道对付通货膨胀的办法并不是拥有某一类不再增发的商品，因为世上没有永远保值的东西。

其实这些课最大的用处是让我对平时听到的一些基本概念有了更明确的认识。比如失业率并不表示没有工作的人的比例，而是那些努力找工作但是找不到工作的人的比例。明白了这个道理就可以知道特朗普竞选时打出美国失业率高的悲情牌是多么不靠谱。宏观经济学关于增长的理论，让我明白人口是决定性因素。一切增长背后的本质是靠人、技术和资本，而人工的增长是永远敌不过资本的增长的。

我这里不想把我学到的关键知识点都罗列出来。微观经济学和宏观经济学让我学会了用经济学的思路思考现象，厘清了大量基本概念。

我学完微观经济学和宏观经济学之后的感受就是，这些课程的基本知识与我们的生活那么贴近，也许都应该放到中小学阶段进行学习，就像基本的物理、数学常识应该是每个现代人都应该掌握的知识。

还有一些专业的课程对我也很有帮助，比如说会计（Accounting）和企业财务（Corporate Finance）这两门课。学习 MBA 之前，我看不懂一家公司的财务报表，也看不懂复式记账法，我也不知道如何对一家公司进行有效的估价。学习了这两门课，我大约可以从上市公司的财务报表中大体看明白一家公司的基本情况。投资这门课，更是让我知道怎样手把手地从最底层去给公司做一个估价。

金融衍生品交易是一门对数学要求很高的课程。那些复杂的公式，那些复杂的交易策略（Trading Strategy），渐渐在我的脑海里都被忘掉了，可是这些知识在研究如何进行各种渠道的投资时又会重新冒出来，这点我在后面还会仔细介绍。如果我当时没有上这些课程，那么可能就没有这样的知识储备，等这个问题来临的时候，我也想不到好方法去投资。

市场学（Marketing）这门课也很有意思。学习这门课之后，你会知道，市面上大部分商品的价格跟它们的生产成本没有关系，而完全取决于商家忽悠消费者的能力。人们的购买习惯是非常复杂的，不是简单地比对性能和价格，而是受很多心理因素的影响。人们在掏钱的时候，觉得自己是上帝。任何人一旦傲慢，智商也就自然直线下降。B2C 市场大量的消费品销售价格长年远远高于生产成本，比如 LV 包。

读书期间的另外一件乐事就是阅读了大量的案例，这些案例大部分可以当历史书来看。比如看到洛克菲勒经营房地产的历史，我就写了一篇文章，来说明地主是怎么分家的。

洛克菲勒中心分家的故事

2008 年 2 月 14 日

by Bayfamily

大家都知道纽约有个赫赫有名的洛克菲勒中心。洛克菲勒家族从 1932 年到 1952 年，在纽约的中城（Middel Town）先后盖了 12 栋楼，占地 12 个 acres（英亩），总面积 650 万平方英尺。这里一度是纽约人以及美国人的骄傲，虽然我每次去都特别不以为意，可纽约人把它当成宝，尤其是那个小溜冰场，我实在看不出有什么特别的地方。洛克菲勒家当年盖这个房子暗箱操作的事情可没少干，从地皮到特许经营权。在这些房子上洛克菲勒家族可是赚嗨了，哗啦哗啦猛收了三十几年的租子。

事情到了 1985 年，问题来了。首先是家族根深叶茂，子子孙孙，要分家产。不是每个人都对房地产那么感兴趣。房子不像股票，可以分得很细。当然过去中国人分家是另外一回事，老大东厢房，老二西厢房。你看，前些日子李连杰，在上海浦东最好的地段盖了个房子，然后向媒体宣布，打算东边这栋留给大女儿，西边这栋留给二女儿，整个还是一个土财主的脑子。老外分家要分个干净，何况这帮子孙们不再满足收租子过日子。最好是把房子卖掉，大家一分，然后该干什么干什么去。

要卖房子，麻烦可来了。第一是税。到了 1985 年，房子的市场估价是 16 亿美元。可在账本上由于长年的折旧抵扣（depreciation write off），房子的价值已经几乎是零了。这真是投资房地产的好处，明明是天价的房子，山姆大叔的账面上却过瘾地把它的价格当成零。以前申报折旧（claim depreciation）是不错，可现在一下子要交 16 亿美元的资本利得税（capital gain），洛克菲勒家可实在不甘心。

第二是名声。洛克菲勒家的老一辈对房子有深厚的感情，希望永远掌控房子的实际经营权，把洛克菲勒的名字永远继承下去。要是随便把房子卖掉，明天被人改成李嘉诚大厦，岂不是很伤家族的面子。

第三是房子的总值太高。一下子出卖，也没有哪个买家能买得起。如果弄个互换（exchange）来延税，也找不到类似的房子和买主。

怎么办？说来简单，就是再融资（refinance）。

首先是先化整为零，弄一个占 80%股份的房地产投资信托基金（Real Estate Investment Trust，简称 REIT）。在房地产投资信托基金的名下，出售 7.5 亿美元的股权。等于是扩招新股，股本进来的钱总不用交税吧。接着是发行 5 亿美元的债券，发行的是可转债，若干年以后，就可以转成股份。发行债券不但不交税，反而可以用利息来减税。后来日本人在 1989 年买了 13 亿美元中的大部分股份，当了冤大头的故事，大家都知道，我就不说了。

你看看，这样一来，洛克菲勒家占了 20%的股份，其他 80%的股份分散在其他千千万万的投资人手里，洛克菲勒家族保持房子的实际经营权。同时大量的现金进账，一分钱税也没有交。子孙们吃喝玩乐，分散投资。

好了，洛克菲勒的故事讲完了，很简单，是个大地主分家产和逃税的故事。

我们从中可以学到什么呢？

第一是要知道，在美国投资房地产是几乎不用交税的。无论是大地主还是小地主，我很少听说有人交过资本利得税。穷人有500K的免税，富人更是有无数的漏洞可以钻。不但不交税，折旧和利息还可以到处抵税。相比之下，401K的延税和Roth的免税实在不算什么。洛克菲勒家把钱取出来和我们做再融资没什么区别。买卖房子的税费很高，最好的办法就是长期持有，要钱的时候，通过贷款提现出来。

第二个是洛克菲勒中心当年估价用的数据非常有意思。在1985年，当时的估价是鉴于未来20年里，每年7%的房租增长，6%的成本增长和二十年后8%的资本回报率（Cap rate）作出的。后来实际的房租没有涨那么多，成本倒是呼呼猛涨。后来日本人退出，也是洛克菲勒中心濒临破产的原因之一。俗话说，买的没有卖的精。新手买出租房，老房主常常是玩了几十年了的老江湖。信息是不对称的，对于未来的房租估计不能太乐观，切记这点。

其他的比较精彩的案例，给我留下深刻印象的还有几个。比如，为什么计算机上会贴Intel标签？FedEx是怎么创业成功的？当然可口可乐和百事可乐的故事永远是经典，它们两家互相争斗的历史也可以反映消费者的弱点，那就是消费者是盲目的，他们根本不知道自己在买什么。而卖家永远在利用人性的弱点获取高额利润。如果你仔细想一下我们生活中的细节，不单限于奢侈品，甚至是一个纽扣、一袋大米、一块肥皂，它们都不会无缘无故地跑到你家里来。这些商品之所以跑到你家里来，你之所以买了这些商品而没有买另外一些商品，都是因为在成千上万个渠道和环节上被别人精心计算过。

04 次贷危机爆发

在美国给人的感觉就是你是自由的，你可以做任何你想做的事情，我感觉自己既然对金钱和投资这么感兴趣，那也许应该到金融业去尝试一下，人做自己感兴趣的事情总是对的。读过 MBA 的人都知道，学习知识只是 MBA 教学中很小的一部分。

更大的一部分是 networking，和各种各样的人打交道，其实就混圈子。我读的商学院是全美排名前 15 名的商学院，大部分同学毕业之后去了金融领域工作。我也给各个投资银行的工作人员打电话，与他们套近乎，争取寻找工作实习的机会。

但是 networking 实在不是我特别擅长做的一件事情，我擅于思考和观察，不属于能说会道的人。在美国更是这样，作为少数族裔，总有一种你努力挤进别人圈子里的感觉。这也有可能是我过于敏感，有的人和别人共事的时候，很自然就能成为这个团体里的领袖，而我不是，我更喜欢像一个局外人一样静静地观察。既然性格里不是领袖，那就不用勉强自己去做个领袖。

我 10 年投资理财计划的成功要点取决于自己现金流的提高，所以我很自然地就会想到去从事金融行业。而当我积极努力地联系各个投行公司，看看能否谋到一份工作的时候，又一个意想不到的事情发生了，那就是次贷危机。

如同“9·11”灾难发生的时候一样，次贷危机发生那一天的每一幕我也是一样印象深刻。次贷危机当然是有一个渐渐演化的过程。我印象中，从 2007 年一开始便是山雨欲来风满楼。做贷款的公司 Countrywide Financial 要破产的时候，我正在上投资学（Investment）这门课，老师解释了 Countrywide 是如何把房地产债券分成几段，然后合并起来打包出售。课堂上拿出了这个公司的财务报表，让我们看看能否分析出这个公司要破产。

从财务报表上根本看不出这个公司有任何破产的迹象。不但我们看不出，连专业人士也看不出。因为很快花旗银行（Bank of America）就花了几十亿美元买了这个公司。哪里知道其实是买了有毒资产，后来差点把花旗银行拖破产，财务报表只能是后知后觉，很难先知先觉。

这是我对次贷危机的第一次理性认识，但是整个次贷危机的高潮点是美国政府宣布不救助雷曼兄弟而让其破产的那一天。之前美联储局救了

Bear Stearns，把该公司用两美元一股的价格转给了JP Morgan。我当时看到这个消息的时候还在想，怎么美国跟中国一样，也搞大国企并购。到了9月份，雷曼兄弟不行了。美联储、财政部部长和华尔街所有的银行大佬在一起开会，决定救还是不救雷曼兄弟。

那天是2008年9月13日，如果我没有记错的话是一个周六，当时我正在上一堂课，那时手机已经普及了，大家一边听着老师讲课，一边都在等着当天下午的新闻，每个美国人都在关心那个会议的结果。

课上到一半的时候，有一个同学举起了手，老师问他有什么事。那个同学对老师说，我只是想跟老师和同学们说一下，联邦政府和华尔街的银行家们决定不救助雷曼兄弟。

教室里发出“轰”的一声，大家交头接耳地议论着。以前的各种金融危机，普通老百姓都是吃瓜群众，看热闹不嫌事大。但是那年是我们临近毕业的时候，大家从吃瓜群众变成了群众演员，金融市场的好坏直接关系到我们的工作与就业。

老师让他在讲台上把这条新闻读一下，然后沉思了一会儿，静静地说，这非常有趣，咱们看看接下来会发生什么。我能感觉到教室里沉重的气氛，很多人脸色铁青。因为读MBA需要很高的学费，有些人背负了比较重的贷款，这个时候大家最需要的就是一份高薪的工作。而经济危机的到来，尤其是直接由金融行业爆发的经济危机，让每个人的未来都变得前途黯淡。

这场灾难现在回想起来仍然历历在目，和我回忆中“9·11”那个早晨简直是一模一样。因为美国政府宣布不救助雷曼公司，第二天危机就全面爆发了。市场上大家谁也不相信谁，因为大家不知道下一个倒闭的公司是谁。很快美联储不得不到国会申请7000亿美元的救助计划，而且还说即使给了7000亿美元，也不清楚能不能救活金融市场。但是如果不救的话，一切都将陷入彻底崩溃。显然当初那个不救雷曼兄弟的决定是错误的，金融市场一切的秘密就是信心，如果大家都没有信心的话，系统就会发生崩塌。

我就是在这样混乱的背景下，去投资银行找实习机会的。

05　投资银行

尽管我不是很喜欢 networking，但是我对华尔街和投资银行到底是怎么工作的却有着很浓厚的兴趣，所以很快就投身 networking 的洪流，不停地和投资银行校友们打电话，说一些言不由衷的话语，重复聊着一些快能背出来的话题。电话 networking 主要是介绍自己，然后顺便让对方感觉到，我对这个投资银行的工作付出了极大的热情。这样的招聘方式其实是非常荒唐的，但是不知道为什么这些年来投资银行一直保持这样的惯例。这也是我开始感觉到金融行业根本就和我原来想象中的不一样，那段时间可能是我一生中说过言不由衷的话语最多的时候。

不过我的运气不错，在市场最糟糕的时候，我居然在世界前十名的投资银行找到了一个实习机会，让我可以有机会在一线了解金融公司是怎么运作的。投资银行的收入虽然非常高，但是每天做的工作却不用费什么脑子，根本不需要一个聪明人从事金融行业，每个人就像一台大机器上的螺丝钉，只要把自己的那部分工作做好就可以了。

说白了投资银行就是一个中介业务，和普通的房地产中介没有什么区别，只是投资银行做的是买卖公司的中介业务而已。比如投资银行的大部分工作是做上市和并购，整个过程和买卖房屋的中介代理也没有什么区别。主要是和一个快要上市的公司领导套近乎，争取把业务揽到。谈好委托代理协议，然后帮着公司做估值，就像给房子做估值一样，然后按照流程办理上市手续。

这个过程其实很简单，难点就是你是否能经营好人际关系，需要的基本技能就是讨人喜欢，做好对人的服务工作。而作为基层的分析员，其实做的工作也没有智商挑战，只是把一些 PPT 和财务表格整理得漂漂亮亮的，不要有错误。

既然是个“拼缝”的买卖，社交就成了最重要的环节。我在那里工作的两个月中参加了无数次派对，即使次贷危机后金融市场已经糟糕到那个样子，大家还是忙于派对。差不多每周都有两个以上的派对。在派对上大家觥筹交错，谈论着各种天文数字和经济形势，喝得有些上头之后再回到办公室通宵熬夜地赶各种 PPT。

社交不是我擅长的，我的个性是擅长观察和冷静地思考，最不擅长的就是和人面对面打交道。有些人天生具有亲和感和号召力，我却没有这个天然的能力。我话不多，经常冷场。

我总体的感觉是金融行业的人并没有为这个社会创造出那么多的价值，金融公司和投资银行获取的高额利润并不是因为它们提供多么复杂的服务，而在于它们做的是高额的金融交易。社会出于各种原因，分配了太多的蛋糕给它们。

我当时做了一个市值大约 10 亿美元的上市案子，市盈率大约是 25 倍。我们几个人忙了几个月，拿到的服务费在 2000 万美元左右。也就是说投资银行基本上拿走了一个企业半年的纯利润，等同于 2000 个企业员工拼死拼活干了半年。这还是能够上市的公司，几千家公司里面才能出一家上市企业，大部分公司的利润率根本没有这么高。

所以投资银行的收入高，是因为我们几个月就拿走了几千人半年产生的利润。但是你说投资银行这些服务有多大的价值，或者难度有多高，却实在看不出来。无非就是整理一下财务报表，规范了一下法律流程，连财务审计和尽职调查（dual diligent）这些事也通通是外包的。

分配得不合理，导致很多人对金融行业趋之若鹜。可是金融行业的文化总是和我格格不入。我不知道该用什么词来描述，找不到一个描述这种感觉的词汇，也许就是浮夸和 Snobbish。在金融行业工作的顺利与否很大程度取决于他人对你的信心和信任，所以大家对外在的东西都非常关心。穿衣服要穿名牌，东西要用最好的，业余生活就是关心去哪里弄一辆好的跑车，到哪里去住一家豪华酒店，哪里去弄架飞机。说起话来要口若悬河、夸夸其谈。

虽然很多人受过良好的教育，都是著名高校的毕业生，可是他们特别看重那些虚无缥缈的东西，脑子里都是各种攀比和浮夸的人生观。

此外，因为投资银行的收入比较高，公司也会相应提高行业的准入门槛。门槛之一就是特别长的工作时间。投资银行的工作小时数经常会超过100小时每周，每个人累得像死狗一样。让人感觉投资银行里面的人都像是金钱和欲望的奴隶，没有自由。每个人心里算计的都是年终的分红有多少，内心并没有什么快乐。

相比之下，做我理工科的老本行，虽然金钱收入没有那么多，但是我很快乐，而且很自由。我不需要花那么长的时间做一些在我看来特别无趣和假大空的事情。所以我最后选择不去金融行业而是继续做我的老本行。因为我觉得金钱给予人的最大好处是自由，我可不愿意在以后10年或者20年的时间里，度过那么多通宵达旦加班的生活。

06　资产分析师

金融系统里的另外一个高薪的工作就是 Equity Analysist，这是一个需要冷静思考的职业，你需要观察一个公司的运转情况，然后估算出它们到底值多少钱，未来是否有增值空间。可是近距离接触后，我发现这些分析师的大部分工作基本上是盲人摸象。他们写出厚厚的分析报告，说得头头是道，可是那些头头是道的预测他们自己都未必相信。

我当时要做一家可再生能源公司的并购买卖，所以专门拿了一份花旗银行的分析报告来阅读，这个报告是由当时在这个行业里非常著名的分析师写的。分析了光伏产业的未来前景，比对了众多公司，最后得出的结论是光伏行业未来几年看好，而且中国无锡尚德将会一枝独秀。

我翻看了一下，就知道他其实是在胡说，他对可再生能源不了解，对尚德这家公司也不了解。我之所以敢说这样的话，是因为我的理工科专业领域跟尚德有很大的关联。我的技术背景让我对尚德看得更清楚，我知道尚德太阳能和其他公司无论从技术门槛和管理能力上其实没有什么太大的区别，而且整个行业面临严重的产能过剩。

果不其然，过了几年之后尚德破产重组。如果你现在再把这个分析报告拿出来看看，他的预测就如同说梦话一样，我记得那份报告里的财务分析，信誓旦旦地认为尚德太阳能的股票会超过100美元每股。

到底这些资产管理的分析师对于公司有多深的理解，我一直持怀疑态度。因为有非常多的数据，证明这些分析师给出来的报告并没有很好地指导市场投资到正确的公司上。哪些分析师有名，哪些分析师没有名，往往取决于他在圈子里的资历和人脉混得怎么样。

这也是印证了我一再相信的，在对市场未来的判断上，没有人是专家，大到对宏观经济未来的判断，小到对一个具体公司的财务判断。我后来自己创业的经历也证明了这一点，作为公司的创始人，在我掌握了全部的财务信息和管理信息的情况下，对于公司的未来我自己都看不清楚，更不要说分析师了。

07 MBA经历总结

我的MBA经历总体是正面的。我最大的损失就是金钱上的损失，我总共付了大约10万美元的学费。但是如果当时没有读MBA，这10万美元会被用来投资房地产，而按照后来局势的演变，我估计损失了100万~200万美元。

MBA学费虽然是大学学费，但是不能抵扣任何税费。我还是秉承以前的消费理念，学费贷款和其他信用卡贷款本质上没有什么区别，都属于超前消费。所以，MBA学费我也是老老实实地把它付掉了，没有申请一分钱的学生贷款。这样我在毕业的时候可以有一个比较好的状态，不用因为身上有财务负担而不得不去选择一些挣快钱的职业。

但是我并不后悔做这件事情，最主要的是学习到了知识，同时让我更清楚地了解自己是一个什么样的人，未来应该做什么样的事。

还有一点，就是在帮助公司上市的过程中，我认识了一些企业家，在和他们的交往过程中，让我对创业有了进一步的了解。在我以前的记忆中，创业的人都是一些八面玲珑的人，或者有资本和渠道的人，后来我发现创业其实需要的是一些意志坚定的人，他们并不需要能说会道，甚至性格偏内向和冷静。

投资银行实习快结束的时候，一个资深的 MD 约我一起喝咖啡，他知道我有博士学位之后，语重心长地对我说："你还是去做实体企业更合适，我们这些人没有一个人知道怎么样像垒砖头一样，把一个公司一点一滴地建起来。你和我们不一样，我们这里只有你知道。"

也许是被他的真诚所感染，也许是被他忽悠得自我感觉良好。之后，我决定先尝试一段创业的生活，我的创业故事可以写成另一本厚厚的书。限于篇幅，我这里不说那里面的酸甜苦辣了。创业鲜有一帆风顺的，大部分创业公司三年就倒闭了，其余的 90%都变成了鸡肋。我的运气和那些创办"鸡肋"公司的人一样。创业导致我长年低收入，远低于我找个大公司混日子的收入。现在想想要是当年不创业，我的投资理财之路，十年一千万的目标会实现得更快、更加顺利一些。

第十三章

从 100 万美元到 1000 万美元（一）

——抢房

100 万美元到 1000 万美元

你的存款只是允许你上车玩游戏的门票。游戏的胜负不取决于资本的多少，而是上车和下车的时机。你能住什么样的房子，基本上也取决于你游戏玩得好坏，或者你是否参与到这个游戏当中。

01 在上海购买第二套住房

当目标确定，理想定好，知识储备完毕，一切理论问题都想清楚之后，就要开始埋头苦干奔向1000万美元的目标了。不付诸实践，再好的道理都是空话。我在投资银行工作的时候，一个同行对那些媒体上经济评论人非常不屑地说："你别看他们夸夸其谈，口若悬河。明天真的给他们100万美元让他们对赌试试做到15%的年收益，恐怕他们会吓得屁滚尿流，落荒而逃。"

光要嘴皮子是没有意义的，实践才是检验理论的唯一标准，所以我一向欣赏王阳明先生。因此在后面几章里，我会尽可能地把自己制定投资目标后的10年投资历程，以实录的方式呈现出来。无论你同意还是不同意我的观点，这是我们这个时代，我们这代华人，实打实的历史记录。

现在回想起来可以把"普通人家十年一千万理财计划"的投资经历分为三个阶段。每个阶段都完成了一个重要的投资工作。当然这个划分并不是绝对的，因为很多投资都是连续的，这样划分只是让读者便于理解。

我在做一个投资的同时，另外在关注着其他的市场。我这里基本上是按照具体落实的行动而划分阶段的，并不只是自己关注的投资对象，一个好的投资者其实是在不断地关注着周围有可能出现的投资机会的。

2007年的时候，根据我对加州房地产形势的判断，在我制定的十年投资理财计划里，决定先不再买房，而是等一阵子再说。加州的房地产投资规律性很强，过去三十年里经历了四次涨跌起落。为了更好地执行制订的计划，我当时在投资理财论坛上，提出的口号是"三年不买房"，并把这一个策略在网络上用博客公布出去。

2007 年，我的十年计划的头一年里，我最关注的还是在中国国内的房地产。由于在北京的买房计划迟迟无法落实，我用手上几乎所有的存款在上海买入了第二套房子。

当时大部分回中国的购房者，只是为了做退休的打算，或者实现给家人改善生活的愿望。很多人说在中国买一套房子，现在给自己的亲戚住，老了之后他们可以回国有地方住。这些打算背后的逻辑是中国比美国的物价便宜，有更多的亲情，适合养老。

换一句话就是，美国的钱好挣，中国的钱好花。所以在美国挣美元以后，按照 1∶8 的汇率兑换为人民币，到中国消费。

我可不这样想，如果你看日本，以及中国香港、中国台湾、韩国、新加坡这亚洲四小龙的历史，你就会大体预测到再过几十年，等我们老了的时候，中国的物价会变得异常的昂贵。国内的核心城市，根本不是普通退休美国老人可以住得起的地方。老了退休应该在美国住才对，而中国是在快速发展的阶段，所以现在应该赶紧在中国挣钱才是重要的。更为现实的模式应该是倒过来，在国内来挣钱，回美国来养老。

2006 年夏天，虽然房价比起几年前已经涨了一倍多，但上海的房地产依然非常抢手。于是我利用回国探亲的机会，去落实购买第二套住房的计划。按照我自己原先想好的投资理念，打算投资上海的 2 号地铁沿线住房。2006 年夏天上海的房价已经今非昔比，2001 年的时候，我们在美国工作的白领双职工可以在上海的几乎任何地方买得起房子，2006 年只能选择内环线以外的房子了。我当时看中一个在长宁区天山路的楼盘，专门委托了一位在房地产公司工作的亲戚，让他帮忙找开发商打一下招呼。

那天是早上 9 点开盘，我因为要陪母亲吃早饭，所以 11 点才赶到现场。我去的时候，售楼处说房子一套都没有了。真的就是这样，整个楼盘开出来，一个小时就全部卖完了。很多人拥挤到售楼处，销售人员对所有人都是摊着手，用扩音器喊：“楼盘已经全部销售完毕，请大家不要滞留。”房子没有了，即使我们打了招呼，找了关系也没有用，因为全都卖完了。

亲戚埋怨说："你为什么这么晚才到？"我哑口无言。其实现在想一想真的是怪自己，没有把买房子作为最高的优先级。因为买房子毕竟是买东西，买东西的时候人总觉得自己花钱，应该被当作上帝一样服务才对。

我和很多人一样低估了国内一线城市的购买力。1990 年的时候，国内每年建成的住房面积是 1000 万平方米。2000 年的时候，国内每年建成的住房面积是 1 亿平方米，整整涨了 9 倍。2010 年的时候，国内每年建成的住房面积是 10 亿平方米，又涨了 9 倍。即使这样也挡不住汹涌澎湃的购买力。涨了 100 倍的产能在任何一个国家早已过剩，但是国内城市化大潮汹涌澎湃，一线城市的住房永远盖不完，永远都不够。

等人群渐渐散去，我找到公司里的熟人询问情况。那人客客气气地说他也没办法，都是定金塞过来买房的，也许等几天会有人退出来，到时再给你们消息。我觉得他是友好地宽慰我们。抢到篮子里的都是菜，这个楼盘是不会有人退出来的。

亲戚宽慰我说这个楼盘其实也有很多问题，不买也罢。首先离一个废水处理厂比较近，偶尔能闻到一些臭味，另外，此地和中环高架路也比较近，比较吵。其实，买房子哪里有十全十美的，十全十美的房子哪里又轮得到我。

我的态度还是很坚定，我说这次回来一定要买一套房子。因为我知道这样的机会失去之后，恐怕未来几年就再也没有了。他后来想了想和我说，也许我们可以去浦东看一看。他的另外一位朋友，在那里开发了一个新的楼盘。但是那里既没有地铁也不是很繁华，而且不是 2 号线沿线，恐怕买了会出租不出去。因为那个时候，很多人担心上海的房价已经涨得太高了。报纸上到处都是类比日本当年的房地产泡沫的文章。我的这位亲戚也是有过很多年投资经验的人，他建议我不要去买太偏僻的房子，核心区的房子可能更加保值。

我说没有问题，因为我在美国的经验告诉我，房价涨起来的时候，是边缘地带的涨幅更加可观一些，因为世上总是穷人多。

就在我要离开上海的最后一天，亲戚帮我联系好了。去看楼盘的那一天，我记得下着小雨，浦东那片地方因为有很多建筑工地，所以一路泥泞不堪。目力所及之处全都是脚手架和工地，一眼望不到头的在建项目。

那个楼盘不是很抢手，虽然规划了两条地铁线在楼盘附近，可是规划毕竟只是规划，还没有建成。周围基本上也没有什么配套服务设施，到哪里都不方便。

尤其让人不安的是周围大量的在建楼盘，附近也没有什么像样的产业。当时浦东的产业都集中在张江和金桥，陆家嘴也集中了很多金融公司。我看的楼盘在联洋附近，虽然也在内环线里头，但离小陆家嘴还有一定的距离。这次我的运气很好，经理热情而且客气。因为还没有正式开盘，所以整个项目的楼盘都摆在那儿让我随意挑。

这几乎是我这辈子从未有过的经历，整个楼盘十几栋楼、几百个单元任我挑选。经理对我说："要买哪个，你挑吧。"

我当时被一个现在看来可能是错误的观点所引导，就是只想着 IRR 而忽视了 NPV。IRR 和 NPV 是两个投资领域经常用来评价项目好坏的指标。IRR 就是内部收益率（Internal Rate of Return），说白了就是回报率。NPV 是净现值（Net Present Value），大白话的说法就是赚了多少钱。

按照 IRR 来选择的话，要买小房子，特别要买犄角旮旯的楼层，比较差的便宜房子。这些房子的成本低，而升值的比例却要比那些面积大、楼层好的房子要高一些。所以宁可买两套小房子，也不要买一套大房子，因为两套小房子的回报率要高一些。在美国也有类似的说法，就是要买同一个社区里最小的房子。大房子的价格会被小房子的价格往下拉一些，而小房子的价格会被大房子往上拉一些。而且越小的房子，越便宜的房子，越容易出售和出租，流动性也会更强一些。

但是我忘了一点，就是买房子本身是有时间成本的，购房也是有机会成本的。同样花了一个月的时间，项目 A 的 IRR 是 20%，投资额是 100 元；项目 B 的 IRR 是 10%，投资额是 1000 元。项目 B 的 IRR 比项目 A 要低，但显然是更好的选择，因为项目 B 的 NPV 更大，挣到的钱更多。此外投资机会也是稍纵即逝的。如果机会只有一次，你应该尽可能地买最大的那个房子。

这是后来我越来越少用 Excel 表计算来决定投资的一个原因。很多投资因素在 Excel 表上是没有办法体现出来的。Excel 表可以算出你的投入和产出、你的回报率以及各种情景。但是事后往往完全不是那么回事，因为有太多不确定因素，人的因素也没有办法被计算。这里的一个例子就是你的时间成本和机会成本，后面我还会讲其他的例子。

我当时选了一套两室一厅的公寓，面积 100 平方米。虽然当时有房型更好的楼层，三室一厅，150 平方米的。

经理对我的选择表示惊讶，因为我选的是一个两面全黑、夹在中间的房子。我也没有选择接近顶部尽可能高的楼层，而是选择了一个在五层楼的房间。他跟我说了这个房型的弊端，并且建议我选择建筑两端的、面积更大一点的房型。

我没好意思跟他解释我的“投资理念”，那些今天看来幼稚可笑的理念，只是说：“两室够用了。”

他也就没有多劝我。只是说：“你看中了就好，我帮你记下来，你回去吧，等开盘的时候我告诉你，你来办手续。”

我和他说我人在美国，开盘的时候可能没有办法来办手续，能否委托他帮我把手续都办了，他说没有问题。因为他自己就是开发商，负责整个项目的总经理。

不过我还是吸取之前的教训，把定金付给了他一些。他说：“你不要给我钱，还没有正式开盘。”我却无论如何让他把钱收下，连张收条我都没有要。这套房子总算买了下来，虽然不是最好的选择，我当时应该买最大、最贵的那套房子。不过，买到总比空手要好，人生哪能十全十美。这个投资能够跑国内一次就搞定，现在看来，最主要的原因还是清晰的决心和周围人的帮助。

02　房市判断

我能这么坚定决心地继续购房，一方面是因为自己仔细研究过日本、韩国、中国台湾、中国香港在经济腾飞的时候房地产的一些变化过程；另一方面应该感谢微观经济学的一些基本知识，这些知识能让我对一些简单的经济现象做出正确的思考。

当出现第一轮房价暴涨的时候，国家紧跟着出台了一系列的房价调控政策。这个政策开启了后面漫长的十几年房地产调控。几乎每次房地产价格出现暴涨，一些新政策都会随之而来。每一次房地产新政的出台都叫“新政”。后面因为不断地加“新政”，媒体为了区分，干脆起名“新新政”“最新政”。政策的目的是防范宏观经济的风险和产业的过度扩张。

感兴趣的读者可以自己到网上搜索一下2003—2013年一系列房地产调控历史。“国八条、国五条、新国八条”，政策密集到几乎每隔半年就出台一个“新政”。

经济学常识告诉我们，一种商品价格上涨是供需不平衡造成的。所以，抑制房价的最好办法是加大供应，如果想改变人们对未来的预期的话，最好的办法就是改变人们对未来供应的预期。

在控制房价方面，美国完全是不管，美国各级政府经常喜欢出台低收入人群保障房政策。其实你有足够多的人生经历，你就会知道，这样的事情在美国的政治、经济生活中也经常发生。任何一条法规或政策的标题，永远是符合人心、符合大众意愿的，任何政客和领袖都不可能与大众的意愿为敌。

但是魔鬼在细节里。细节分为两部分，一部分是无法落实的事情；另一部分是可以落实的事情。真正可以落实的内容往往是政策制定者最真实的意愿，至少能反映政策执行者的意愿。而那些无法落实的细节只是一些说辞。

比如为了防止恐怖分子在美国搞破坏和类似“9·11”这样的事情再发生，美国政府需要在全国各地加强情报收集工作并在海外搞监听。可是民众往往对政府侵犯自由和民众隐私表示警惕。所以这个法案出台的时候就不能叫作《监听法案》。如果叫《监听法案》，那么十有八九，老百姓就不乐意了。小布什总统管这个法案叫作《爱国者法案》。谁能不爱国呢？特别是“9·11”之后，美国人的爱国情绪到达了顶点，所以这样的方案就很容易通过，并获得老百姓的广泛支持。

我生活在美国的十几年里，所有的房地产调控都是美国联邦政府在唱高调，树立爱民形象，美国地方政府忙着捞钱，趁机加税和推高土地价格。总体而言，美国政府没有任何控制房价快速上涨的意愿，因为控制房价对于地方政府简直就是与虎谋皮的行为。

如果一个人打算找一只活蹦乱跳的老虎，商量能否借其皮一用，大部分人会觉得他是疯子。难道真的有民众相信政府会主动降低房价？殊不知，高房价对于地方政府和老虎皮对于老虎一样重要。

因为政府需要卖土地，从而获得大量的收入。所以房价越高，土地价格才能卖得越高，政府才能有更高的收入。哪个机关或者是单位会嫌自己收入多呢？很多城市的财政收入靠卖地挣钱。没有这些收入，政府如何给公务员发工资和奖金，如何搞基础设施建设和谋求产业的发展呢？

治大国若烹小鲜，政府和老百姓过日子本质没有多少区别。政府要花钱的事情太多了，要扶贫，要搞人才引进，要置办医院、学校、养老院。哪个地方不需要钱？事实上政府缺钱的程度比我们普通老百姓还要严重。

我们老百姓一般手上有一块钱，就当一块钱花。个别如我这样省钱节俭的主儿，有一块钱还恨不得只花五毛存五毛。

政府则不一样。在美国，我从来没有见过哪届政府会省钱下来给下一届政府用。政府一般都是超前消费，因为下一届的政绩属于下一届的，我在任的这一届政绩才属于我。为了政绩，政府往往喜欢用信贷的方式超前消费。

大部分情况下，很多国家的政府，特别是地方政府对钱的渴望，就像是太平洋上遭遇海难的人对淡水的渴望一样。只要看见水就会慌不择路地赶紧往喉咙里灌，真的渴极了哪怕海水都敢喝。这个时候你要跟地方政府说，希望你们能够平抑房价，多供应土地，这样我就可以买得起房子，这和与虎谋皮有什么区别？

一方面，美国地方政府总体上来说是把城市当作公司一样来经营。政府都希望城市做到产业兴旺，这样有税收。所以政府往往对引进和发展产业都是不遗余力的，无论这个产业是制造业工业、高科技产业还是商业。因为有产业就有税收，有税收就有钱，有钱就能摆平很多事，能摆平很多事才能有政绩。

另一方面，每个城市的管理者天然地会把人都看作负担。没有哪个城市希望这里来更多的人，因为每个人对于城市的管理者都是负担。政府需要管好他们的吃喝拉撒、衣食住行。外来的人孩子要上中学小学，所以需要花钱去建中学小学；外来的人会生病，所以需要去建设医院。好人来了，坏人也会跟着一起来，所以就要有更多的警察和更多的监狱。每多一个人，城市服务设施统统要跟上，而这些都是需要政府花钱的。

所以作为城市的管理者，他们永远希望的是，最好有不生病、不生孩子、不会老的年轻人来到这里把产业建起来。所以你可以看到一个怪现象，大部分城市把土地优先留给产业。他们喜欢盖商业楼、商场、工厂。尽管有时候土地明明不缺，他们也不喜欢供应土地盖住宅。而且进来的人口最好是高端的没有本地户籍的人口。这样所有的社会负担统统可以扔下，养老上学的这些事统统和城市管理者无关。最好这些人老了，自己回原籍养老，再也不要来找我。

当美国地方政府抱着这样的管理模式和想法时，你可以想象，美国一线城市里的房地产价格怎么可能会降下来呢？事实上可以看到每一轮出台的限制房价政策的最终结果，都是美国地方政府趁火打劫，顺便捞钱。比如房地产调控各个执行条例中，最容易落地的，也是地方政府最喜欢干的一件事情，就是在交易环节中加税。加税不会让一件商品的价格变得更便宜，交易环节交税只会增加商品的成本。

就像明天猪肉价格如果高涨了，你在交易环节去加税，规定猪肉每次交易都要交20%的税费，这样只会让猪肉的价格变得更贵。一套房子买进的时候是100万元，卖出的时候是200万元。投资人赚钱了，往往让人看着眼红。如果这个时候政府进来要让投资人缴50万元的税，那么实际上会把最终的交易价格推到200万~250万元。因为这50万元的税是由上家和下家共同分担的。要看上家和下家谁的议价能力更强势，谁就分担得更少一些。在当年政府出台这些政策的时候，几乎所有的税费都是下家承担，结结实实地推高了房价。

但似乎民众并不明白这一点，总感觉惩罚了上家，好像自己就能占到什么便宜一样。这让我想起小的时候看过的一个童话故事，一只狐狸给两只狗分一根香肠。这个香肠一开始分得左边大一点，右边小一点，两条狗就喊着说分配不均。于是狐狸做裁判，把大的那头咬掉一些。咬掉之后分配又变得不均匀，因为小的那头变大了，于是狐狸接着把大的这头再咬掉一截。这样来来回回，最后香肠都被狐狸吃走了，两条狗什么也吃不着。

大部分国家的房地产调控差不多就是这个样子，政府以各种房地产调控为目的出台的各项政策，其实最后都是肥了地方政府，害了对住房有刚需的人。这样的事情只有老百姓亲身经历，用真金白银去买一次二手房才会知道。因为你会发现自己居然要交那么多的税费给政府。今天在很多国家的一线城市买一套二手房，税费没有几十万元是下不来的。一手楼盘也因为二手楼盘有这几十万的税费，所以也毫不客气地把自己的价格抬高几十万元。

2006 年以后在投资理财论坛上，有相当一批人认为上海、北京、深圳的房价不会像曼哈顿和中国香港一样狂涨。因为这些城市没有天然的地理屏障，不像曼哈顿和香港都是孤岛，所以土地紧张。这些城市都是平原，可以像摊大饼一样无限扩展。他们其实忘了，地理上没有孤岛，但是人心有孤岛，再宽广的平原也是可以制造出稀缺的。

因为我投资房地产，所以无论是在文学城的线上，还是生活中的线下，总有人跑过来向我请教买房的事情，所以我干脆把这些道理写出来和大家分享。写这些文章虽然我一分钱的好处都没有，但是就像我一直相信的那样，当你为他人做好事的时候，冥冥之中，上天总会以一种特殊的方式回报你为他人付出的努力。写这些文章虽然没有人给我稿费，但对我最大的帮助就是通过写作厘清了自己的思路。

此外就是在和投资理财网友的互动过程中，加深了我对很多问题的理解。我的印象中 2007 年的时候有两个投资理财的网友，他们的投资都比我更加激进、更加大胆，所以我印象深刻。

一个是当时倾其所有在深圳买房子。2007 年的时候各地还没有出台限购政策，深圳房价开始上涨。有人游行示威，希望政府平抑房价。这位网友在网上跟我聊他的投资经历，当时他觉得自己的投资杠杆已经加到自己都不好意思说了，他把所有的美国信用卡通通刷爆了，所有能贷的钱能借的钱都借光了，在深圳购买了三套房子。

另外一个人没有和我深入交流。他只是简单地跟我说，他计划此行在上海高校附近购买10套老公房。最后我不知道他的落实情况怎么样。他因为在美国和加拿大都生活过，知道高校周围的小房子永远都是容易出租的，有年轻人在的地方就永远有钱可以挣。

我觉得自己没有他们那么极端。然而现在回首往事，在你看清了市场趋势的时候，他们这些极端的做法是对的。

当然认为房价一定会降下来的，政府一定会把房价控制住，甚至会重演日本房地产泡沫的观察者也不在少数，尤其是在大众媒体上。

曾有一位财经评论人是某个国际著名投资银行的经济顾问，号称自己预测了1997年泰国的房地产崩盘，所以他用同样的道理搞预测。而他自己的名头又是挺唬人的，又是兼任这个基金的首席经济学家，又是兼任那个投资公司的首席经济学家。他不断在电视媒体中露面，甚至号称暴跌就在某年某月之前必然发生。

我在投资银行和金融系统工作过，所以我知道这些所谓的首席经济学家是个什么样的货色。其实他们对未来的判断能力和你我差不了多少，但是他们喜欢口若悬河地说一些经济学名词，让听众听得似懂非懂，感觉他们是牛人。然后用讨好听众的方式说一些义愤填膺的话，利用道德绑架让听众听着舒坦。听众觉得牛人的观点和自己一致，所以会产生自己也是牛人的幸福感。

其实他们最关心的是如何成为网络红人，他们没有什么真知灼见，也不诚实，并没有能力准确地预测未来。

那些他们用来吹牛的曾经的预测记录，也都是经自己粉饰过的。比如看跌的人会坚持看跌，直到市场下跌了，他就会以此作为证据说明自己多么厉害。其实他们对未来的预测能力和巫师祈雨没什么区别。你不断说明天要下雨，明天要下雨，坚持一年，终于有一天下雨了，然后你就说自己有先知先觉的本事。

网络红人里大部分人都需要去弄个冠冕堂皇的头衔但还有一些是底层

起家的，比如当时在深圳就有个赫赫有名的网络红人，这位先生高峰的时候，粉丝上百万，每天发一篇文章论证深圳的房价为何会下跌。当现实不断打脸的时候，粉丝愤怒的时候，他们又会自圆其说，说中国不是一个正常市场。那逻辑好比祈雨的巫师说，不是我的巫术不给力，是老天爷不遵守气象学规律一样。

其实只要仔细分析一下，看他的背景是什么就能看穿把戏。他做过房地产开发吗？他系统地理解过金融和经济的基本原理吗？其实这位先生什么都没有，他只是利用民众的情绪宣泄，给自己圈粉。

我是喜欢从数据入手分析问题的，当时我写了这样一篇博客告诉大家房价恐怕还要再涨一阵子。

在过去十几年的房地产价格暴涨过程中，由于舆论受到管控，大部分明白人选择不作声。当时敢于坚定地看涨的人，屡次警告年轻人，赶紧买，不买还涨。实话听起来难听，可是你要理解后面的道理，而不要用动机猜测他人意图。有些人因为自己亲自参与房地产开发，他自己是房地产公司的老总，所以他知道是怎么回事。他知道政府的心态是怎么样的，他也明白地方和中央是怎么互相博弈的。他们也老老实实地说了一些真话，结果挨了无数多的砖头。“良药苦口利于病，忠言逆耳利于行”，这话不但是对皇帝适用，对老百姓也适用。

其实大部分老百姓和昏君并没有什么区别。这不但对于任何国家都适用，对美国也非常适用。你可以看到当无数政客在上台演讲的时候，他们从来都是没有底线拍老百姓马屁的。老百姓怎么可能没有错误呢？老百姓经常性地显示出乌合之众的很多特质。只是因为你手里多一张选票，难道你就真的变成上帝且永远正确了吗？

除了经济网络红人，即使到了 2009 年，上海本地看空房地产的人也不在少数。当时有几个上海本地的名人在媒体上说，上海的房子要跌。他们算了一下，自己的孩子不缺房子，因为自己有房子一套，爷爷奶奶有房子一套，外公外婆有房子一套。由于独生子女政策，大部分上海的孩子最终都有三套房子，至少能继承的房子就有三套。所以未来的房子肯定过剩，房价要跌。

这样的思考方式最主要的问题就是只看到了自己认识的周围人的小圈子。用小圈子的数据采样来替代整体。他们没有意识到支撑上海房价的不是本地人。本地人在计划生育的影响下的确是人口越来越少。但是每年那么多新毕业的大学生，那么多带着梦想到一线城市打拼的年轻人。他们才是撑起房价的顶梁柱。

03　上海卖房

2006 年我在上海买入第二套投资房之后，房价就是一路噌噌噌地暴涨。两年不到，2008 年 2 月，房子交付给我的时候，房价已经从我买入时候的 100 万元涨到了 230 万元。也就是说房子我一天还没有用过，房价已经涨了一倍多。

因为房价上升，我这套房子的贷款杠杆率自然也就下降了。根据我的勤快人理财法，需要不断保持房地产杠杆率才可以。另外，虽然我每个月都负担着贷款，但是未来有多少房租收入还很难说，因为那个地方房子不是很好出租。

国内房地产没有再融资贷款（refinance）之说，所以很难从房子里拿出钱来。我找了几家银行咨询，它们告诉我的消息都是最多可以用房产抵押做一年或者三年的贷款，没有长期贷款。这么短期的贷款对我没有什么意义。既然房地产投资的秘密就在于杠杆，当杠杆消失了之后，房地产投资的回报就不如股票了，所以我要想办法加大杠杆。

另外，2008 年国际金融危机爆发，美国股市一路狂跌。美国的房地产市场在 2008 年的时候并没有出现急速下挫，基本上是持稳并稍稍有一些回落，这里面很大的原因是联储局一路降息硬撑着房地产市场。

可是在我看来，当时美国的房地产下跌已经是不可逆转的事情了。只是没人知道下跌会持续多久，也不知道会下跌到什么程度。我感觉抄底的机会在一步步朝我走来。市场的变化基本上与我之前的预期相符。如果这次加州房地产市场的变化和前四次一样出现下跌和反转，那我投资计划的外部条件就基本形成了。

问题是根据我这个投资计划，市场最低点的时候我手上需要有现金，不然抄底机会来的时候没有现金也是一场空。

综合以上各个方面的因素考量，我需要把第二套房子卖掉。这三个原因就是：房子可能租不出去，杠杆需要增加，需要准备美国抄底资金了。

所以我委托一位同学把房子简单装修了一下，总共花了 5 万元，然后放到市场上。一方面是看看有没有机会把它出租出去；另一方面也同时挂牌销售，如果能卖掉干脆就卖掉吧。

为了计算可能出现的局面和权衡各种投资回报，我做了一个复杂的 Excel 表格，几乎和投资银行做投资的表格一样尽善尽美。很多指标都列出来，各种情景分析弄得明明白白。无论我怎么计算，Excel 分析的结果都是支持我卖出这个房子。两年不到涨了一倍，后续市场风雨飘摇，现在还不赶紧卖了套现，更待何时？

然而今天看来，这个 Excel 表格完全是我一厢情愿的想法。或者夸张地说，我还没有一次投资决定正确是因为 Excel 表格的数据提供了有用的帮助。大部分时候是自己辛辛苦苦整理出来的计算结果反而误导了自己。主要原因就是投资过程的影响因素太多，不可知因素太多。迷恋 Excel 表格的计算让我忘了很多公式以外无法计算的内容。这个教训很深刻。本次房子的卖出就是一个例子，后面还有其他例子我会和读者分享。

2008 年夏天，美国一片风声鹤唳，但恐慌情绪还没有传递到国内。国内普通民众还都是看热闹，一副吃瓜群众事不关己的样子。电视里都是经济学家做科普，解释为什么会有次贷危机。老百姓听得云里来雾里去的，感觉很新鲜。作为亲历者，当时既买卖了房子，也经历了投资银行破产。我认为其实直到今天，都没有一本中文书籍能把次贷危机到底是怎么回事说清楚。

2008 年国内正在准备北京奥运会。坊间的流言是北京奥运会的时候房价是不会下跌的。我觉得这几乎是玩笑话。北京奥运会跟全国的房价一点点关系都没有。不知道为什么很多人会把这两件事扯在一起，即使有关系的话，可能也是局限于某些特定地区。比如，因为工地停工的关系，奥运会对北京房价可能会有一些影响。

无论怎样。我都清晰地记得2008年夏天的时候，虽然所有人都看到金融风暴已经形成，但房价并没有发生大幅下跌。这就是我一再说的房地产市场具有很强的黏性。房地产市场效率不像股票市场效率那么高。金融市场上的一些动荡并无法立刻反映到房价上，而是有几个月的滞后时间。

如果你是一个勤快人，就可以利用这几个月的时间来把握市场的脉搏，抓住市场时机。在房地产投资上，我就是一个超级勤快的人。至少在那几年的时候，精力充沛，斗志高昂，每次回国内出差和探亲，我都会利用这些机会做房地产投资的功课。

我把房子挂出去不久，很快就有一个买家来买，是在浦东一家大银行工作的一对年轻夫妻。我对此印象深刻，是因为当时银行坐班管理严格，他们很难工作日请假出来签合同。而我又是只能在国内停留几天就跑的人。这对年轻夫妻是解决自己的刚需住房，虽然我那个小区周围各种服务设施还没有上来，但是对口的中小学是浦东比较好的学校，且和我的房子只隔着一条马路，他们刚刚有了孩子不久，所以想把我的房子买下来。

由于政府不断出台调控法规，让当时的房地产交割已经变得有些复杂，主要是转移贷款的手续非常麻烦。每付一笔钱都要办一些手续。买卖双方都需要有比较好的信誉和诚意才能顺利成交。中间有人变卦，都不知道该怎么收场。当时是我第一次在中国卖房子，感觉过程非常复杂。为此我由衷地感谢美国的那些律师们，让老百姓生活中少了太多不必要的烦恼。大部分美国人也没有意识到自己享受到的便利，也不太懂得珍惜。

等我收到了最后一笔钱，整个交割过程结束之后，我不知道为什么忽然对这对年轻夫妻产生了一种深深的同情。230万元在当时还是一笔巨款，即使是在银行工作，2008年的时候，收入也不是很高，所以这对年轻夫妻需要承担很多年的债务，慢慢偿还。

我当时非常确信房价过几个月会下跌。下跌之后，他们夫妻之间会吵架，会因为白白损失的几十万元弄得不愉快，也许会互相埋怨对方。不知道他们是不是能够平静地度过这段令人折磨的时间。另外，他们还有一个刚出生不久的宝宝，我非常为他们即将到来的家庭风暴感到担心。

而这一切可能只是因为我比他们拥有的信息更多一些。大家都是普普通通的老百姓，虽然一切都是自愿的，但是我内心总有些占了便宜般的忐忑不安。房地产交易和股票交易不同，股票交易你是看不见你的对手的。房产交易，站在你对面的是有血有肉的大活人。在来来回回办理交割手续过程中，我感觉他们是很好的人。当然，现在再想一想当年的担心其实是多余的。房地产投资真的不知道谁是杨白劳，谁是黄世仁。也许他们当时会有一些摩擦，但是这么多年过去之后，还真的不知道到底谁应该感谢谁。因为现在那套房子涨到了 1000 万元左右。比我卖出的价格差不多涨了三倍多，谁笑到最后还不一定呢？

04　融化的冰棍

扣除贷款，我手上拿到了将近 180 万元的现金。我实际的投入是 40 万元左右，两年回报三倍多。数钱的快乐大约只持续了一天，我就一下子又慌乱了起来。

我决定卖房的时候，我的一个上海的亲戚就问我："你拿到钱打算干什么呢？"我也不好明确告诉他我要干什么，我那么复杂的投资理财计划，我的"会走路的财富"理论，我的懒人和勤快人理财法也不是三言两语能说得明白的。但是我知道当时大多数人没有选择卖出，是因为国内没有什么其他好的投资渠道，手上的现金除了投到房产，别无去处。

2008 年底次贷危机爆发几个月之后，美国的房价就像雪崩一样地下跌了。我印象中 2009 年元旦那天去看一个湾区的二手房。中介开玩笑地说，他等了几个小时，只等到我一个人。上海的房价下跌要比美国的房子下跌再晚几个月，但是到 2009 年春节的时候也是一片哀鸿遍野，我卖出的那个房子，房价大约下跌了 20%。

那个开发商总经理跟我亲戚夸赞我的投资本事大，他说境外的人士肯定是掌握了什么特殊的信息，能够这么准在最高点把房子卖掉，以后他要多请教我一下。我听了这样的夸赞，心情却一点也高兴不起来。也许是我天生有很强的共情倾向，我会忍不住想象一下买我房子的那对小夫妻不知道正在受着什么样的煎熬。

这是一方面，另一方面我为自己手上这180万元现金如何快速投出去也是煞费苦心。现金就像冰棍一样的，当你把冰棍从冰箱里拿出来攥在手里，它就会融化掉。这个道理我懂，可是即使我明白这个道理，在执行层面上，我依然没有办法100%地做到冰棍不融化。不动产的好处就是“不动”两个字，因为不动的原因，所以资产就容易被保留住，冰棍就不会融化掉。

那个时候还没有今天这么严格的外汇资本管控。2009年3月的时候，我看到美国的一个好学区的核心区的房子，开出来了之前一个不敢想象的低价。美国市场上好的机会渐渐多了起来。于是我把这180万元中的50万元汇回了美国，打算用这笔钱来抄底。

50万元换成美元，差不多是7万美元的样子，分两笔汇回了美国。不过“冰棍”融化事件还是不受控制地发生了。我之前开的车被撞了，要换一辆车。当你手上有钱的时候，特别是刚刚赚了一笔钱的时候，你本能地想犒劳自己，去买一辆价格比较高的车。一般人们购买大宗商品，比如自住房、汽车的时候，往往是奔着自己能力上限去的。同样一个汽车销售员（Dealer）在给你洗脑做工作，你手上有钱和没钱的时候效果是不一样的。有钱往往就管不住自己，抵挡不了销售员的甜言蜜语。

因为人的内心深处多多少少都是想对自己好一些，特别是当你衣食无忧的时候。于是汇过来的这7万美元并没有全部用来抄底买房子，而是当场融化了一大块，去买了一辆好车，显然当时买车不是这笔钱最应该去的地方。如果当时按照我的计划，同样一笔钱用在投资上，几年之后就会变成十辆车。当然你也可以反过来说，如果这笔钱用于投资，那么结果是冻结在不动产里，我可能一直都享受不到一辆好一点的车。

汇回美国的现金在融化，留在国内的现金也在融化之中。一个亲戚找我们借钱，因为他想买一套房子。当一个人找另一个人借钱时，最容易想到的就是刚刚卖了房子的人，因为他们手上有大量现金。

虽然我明明知道自己有本事把这借出去的 40 万元用几年就变成 400 万元，但是亲情很多时候是不讲道理也是没有办法拒绝的。人活在世上，各种情感关系交织在一起，不是所有属于你的钱你都可以做到 100%的控制。至少家庭的财务需要夫妻双方共同决定，该借出的钱还是要借出的。借出了 40 万元，我的“冰棍”又少了一大块，剩下的钱已经不多了。

读者这个时候可能会意识到，这些冰棍的融化现象在我的 Excel 表格中是永远无法显示出来的。人并不是机器，没有办法冰冷地按照计算公式去完成计划。

05　一个变四个

像每个焦虑的孩子需要尽快吃光阳光下的冰棍一样，2009 年底的时候，我无论如何要把这些钱投出去。当时我在上海看中的是浦东陆家嘴世纪大道一带的老公房，就是以前在 20 世纪 80 年代，上海市为了迅速解决住房短缺问题，大批量用预制板建造的面积比较小的公寓楼。

2009 年的时候，浦西传统的好学区已经开始被浦东的好学区超越。道理很简单，浦东来的是全国各地最聪明、最能折腾的一些人。作为新移民，他们的后代勤劳而有压力，所以学习成绩自然比浦西的那些传统的上海人要好。就像美国最有成就的人往往是第 2 代或者第 1.5 代移民一样。

当时那一带的房子一套大概是 60 万元，单价是每平方米 2 万元。这些老公房面积狭小，一般是 30 平方米。小户型的房子比较抢手，因为大家买这些房子的主要目的是挂靠上学指标。这样的小户型房子流动性比较强，变现快，容易出租。我算了一下手上尚未融化的“冰棍”，利用贷款，剩下的钱做首付可以一下子买四套这样的房子。

购买四套房子的总价在 300 万元左右，这样可以把我的杠杆水平重新提升到 60%以上。另外租金和房贷基本打平。当时上海按照户籍指标的限购政策还没有出台，你一下子登记拥有多少套住房都没有问题。但是贷款审查已经开始变得严格，银行不太会批准我的四套房子贷款。

所以我找了中介咨询。他说唯一的办法就是我四套一起买，不同的银行同时收到四个贷款请求，它们彼此之间是不通气的，一起做贷款可以绕开银行审批的问题。于是这就成了我的计划，一次买四套。我把这个任务委托给了我的好同学，然后我自己就赶着回美国了。我每次去中国只能是出差，经常只有一两天的时间，无法长时间逗留。

我的同学过几天给我打电话，说我要买的房子没有那么多，目前只找到两套合适的。于是这个事情就耽搁了下来。因为永远都没有办法凑足四套一起买，不知不觉就又拖了大半年，拖来拖去的另外一个原因是我自己在犹豫。当时我手上的钱是100多万元，我在北京也看中了顺义的一套联排别墅，手上的钱也够买下，但是出于各种原因也是没有买。其间我还看中了一套将近200平方米的位于上海人民广场的公寓，我可以买下是因为当时中国的外资银行给外籍人士有特别优厚的贷款条件，只是手续很复杂。

可是机会就在我的权衡、等待、凑够四套房子一起买的过程中悄悄地溜走了。当时我对后面的市场走向也看不清，我总感觉下跌可能要持续一阵子，所以内心深处也是犹犹豫豫。时间在流逝，“冰棍”也在融化，我依然无法把手上的钱花出去。

到了2009年9月，也许是上帝厌烦了我的犹豫。只听见“轰”的一声巨响，中国政府四万亿刺激计划就来了。

巨响之后，中国房价开始暴涨了。

06 抢房

2009年，随着国际金融危机的加剧，全世界都开始量化宽松政策，各国纷纷出台各种刺激计划。美国的量化宽松政策似乎对市场的影响很缓慢，但中国的刺激政策是迅猛、高效和立竿见影的。

2009年9月，中央政府一不做、二不休来了一个4万亿元的刺激计划，地方各级政府纷纷跟进。据估计，2009 年底各种平台机构累计在一起的刺激经济资金达到了 30 几万亿。

量化宽松其实就是信贷宽松。在通胀的作用下，最直接的受益者就是离钱比较近的那些人。通货膨胀本身并不会消灭财富。通货膨胀的主要后果就是把 A 的钱神不知鬼不觉地掠夺到 B 的口袋里。离新发货币最远的就是 A，最先拿到新发货币的就是 B。第一个拿到钱的人，在物价没有涨的时候，他们有足够多的机会买进廉价资产。最后一个拿到新发货币的人，等待钱流通到他手里，资产价格已经上涨完毕，他原来的钱就缩水了。

那年我印象中 2009 年那一轮的房价开始上涨是来自北京，因为那里离刺激计划新发的货币最近。4 万亿之后，北京的房价在一两个月的时间里噌地一下，涨了 50%左右。

我在北京的亲戚告诉我，说我看到的所有房子都没有了，房价一下子涨了很多。我问："哪里涨了？是城里还是外围？"他说："都涨了，所有地方的房价都涨了，所有的房子也都没有了。"

北京某著名的房产开发商在一个采访中，描述了他当时看到的一幅惊人画面，就是一个楼盘在开盘的时候因为有太多人过来买房子，不但挤坏了门，而且半个小时全部卖光。有人因为买不到房子，在售楼处现场哭泣。不是简单的哭泣，而是号啕大哭。

这位开发商观察了一下那几个号啕大哭的妇女，让他感到惊讶的是，看那些人的穿着和言谈，一点都不像低收入阶层，甚至有的人是开着豪车而来。显然她们不是因为刚需满足不了，没法结婚或者没地方居住而号啕大哭。他感觉这些人大哭最大的原因是她们觉得自己错过了千载难逢的上车机会，是因为错过了赚钱的机会而哭泣。

当看到这则新闻时，我吓了一身汗。根据过去的经验，上海和北京是此起彼伏的。这次上海比北京稍微慢一点，但是疯狂的热情很快就会传递到上海。读者对研究历史感兴趣的话，可以看看深圳、上海、北京三地的房价每次暴涨的特征。全国性暴涨每次都是某一个一线城市率先发难，半年一年后传播到其他两个一线城市。2004 年领涨的是上海，2009 年是北京，2016 年是深圳。你只需要关注新闻，就能够比其他人抢得先机。

我连夜打电话给上海的同学，想了解上海的房价。他回答不是很清楚，因为大部分人不会每天盯着中介问房价。当时中国房地产有很多论坛，人们可以畅所欲言。我晚上也经常去那些论坛上逛一逛，看一看市场的行情。

不看不知道，一看不得了。市场行情就是我卖掉的房子已经涨回了我卖出的价格，而且比我卖出时的价格还要稍微高一点。这是一个令人恐怖的消息，就是你以为自己很幸运地摸到了最高点，占了便宜，结果发现自己一脚踏空。

不单是一脚踏空，我的那根取出来的“冰棍”还融化了一半。

所以我没有什么选择，就像热锅上的蚂蚁一样，我需要尽快地把手上的现金变成房子。在美国的钱我已经无能为力了，因为美国的市场可能还要再跌一段时间。中国那边已经很明显触底反弹了。正好出于公务我来到上海，我来到浦东那个我原先计划买入四套的小区，毫不犹豫地把市面上的每一套房子都下了单。

那位中介小哥看到我这么豪爽高兴坏了。他觉得我是一个土大款，怎么一下子要买这么多房子。我懒得和他废话，就说这里可能要拆迁了，我想多买点。他听了认真地对店铺里的其他客户大声喊：“大家赶紧买，这里要拆迁了。”

其实我哪里有什么拆迁的小道消息，不过是当时人困马乏随口的搪塞。不过我后来想想，那些人听到我这样的恫吓，也许能下决心买房，也算是帮了他们一把。对于我来说，赚钱和吃饭一样，一个人赚钱不如看到更多人一起赚钱更有意思，看见其他人挣钱我也开心。这大约也是我这么多年一直在投资理财论坛上笔耕不辍的一部分动力吧。

我的出价没有人接受，因为大家都在抢房子。后来我跟中介说，我只有钱买一套或者是两套。那边有两种主流户型。30 平方米的 A 户型和 70 平方米的 B 户型。如果是 A 户型我可以买两套。如果是 B 户型，我的钱只能买一套。中介小哥知道我不是土豪大款，热情瞬间掉了一半。

不久，有人同意卖给我一套 A 户型的房子，我毫不犹豫地签了合同付了 1 万元定金，可是还没高兴一分钟，付完定金我马上就后悔了。

因为我又陷入了两难的境地，到底是买还是不买呢？如果不买可能会错过。如果买，又没有办法凑两套或者更多一起去办贷款，因为需要一起买才行。只买这一套A户型的小房子会变得可惜，上海当时已经出台了贷款相关的限购政策。市面上已经出现了“房票”这样的新鲜词汇。房票就像计划经济时期的副食品券一样，“房票”用了就没了。

卖家催得急，因为等不到第二套房子成交，这个A户型的房子在我付了定金之后，也只能硬生生地退了回去，这是我这么多年的唯一一次定金损失。又等了几日，终于有一个B户型的房子出来了，我几经周折终于把它买了下来。这次虽然有一点小的损失，但不管怎么说，我还是买回了这里的房子。

当读者读到我这些故事的时候，可能因为年代的原因，对当时的财富和价格没有直观的感受，会质疑我，觉得我这么辛辛苦苦地折腾到底值得吗？

我可以简单告诉大家一些价格的比对。被我卖掉的那套房子，我买入时差不多是1万元每平方米，总价100万元。我卖出的时候是2.3万元每平方米，总价230万元。我写这本书的时候，现在那个小区是10万元每平方米，总价1000万元。如果当时不进行置换，我在这套房子拥有的净值差不多是1000万元。按照中国工程师的20万元年薪计算，差不多相当于其50年的全部工资，一个大学教育程度的工程师一辈子的收入。即使按照美国一个大学毕业生6万美元的税后收入，这套房子的净值也差不多将是美国大学教育程度就业人员25年的全部税后收入。

你瞧我根据勤快人理财法，按照Excel表格的计算执行投资计划，折腾一圈儿落得什么好了？原本100平方米的房子被我变成了70平方米的房子。本来不用折腾就是1000万元的资产，被我辛辛苦苦一下之后变成了700万元。

这个教训很深刻，不动产、不动产，恒心一条就是要不动，买卖过程越少越好。你在Excel表上有很多因素是考虑不到的。你能考虑到有人会来找你借钱吗？你能考虑到朝令夕改的限购政策吗？你能考虑到外汇突然被管制了吗？你能考虑到你内心软弱，没顶住销售员的三寸不烂之舌吗？

根据我后来的经验，勤快人理财法最好的办法还是再融资贷款，想办法把钱借出来，最好不要买卖，每次买卖都是伤害。

买完那套70平方米的房子，我手上还有20几万元，连套最小的房子也买不起了。正当我犯愁的时候，一位同学介绍我参与了当时的另外一个房产投资。这是一个游走在金融管理灰色地带的房地产集资项目。按照规定，开发商在建筑封顶之前，是不可以卖房子的。这个开发商胆子大，他用集资的方式来把图纸上的房子先卖掉，然后用集资款再去盖房子。按理说这是违法行为，风险比较大。但是我觉得房价飙升的时候，开发商跑路的可能性很小，于是把剩下的钱都投了进去。果不其然，开发商信守承诺，准时交房。

这一轮下来，我的一套房子变四套房子的勤快人理财计划没有实现，建筑面积数略有提高，差不多是一套房子变成了一套半房子的样子。

不过，从我到美国的第一天起，永远有一群人宣扬“中国崩溃论”，也不知道他们是基于什么样的心理，总是盼着中国崩溃。这些人因为盼着中国崩溃，所以就找各种证据支持自己的观点。他们中间有的是著名的经济学家，但更多的是普通老百姓。

我写这些文章的时候，一种深刻感受就是你永远叫不醒一个装睡的人。这些人看不到中国的巨大变化和快速的财富积累，脑子里一直还是僵化的意识形态斗争。

于光远是改革开放之后中国一位比较有名的经济学家。我读他的回忆录，记得他说的一件事。1979年，改革开放之初，当时他所在的经济研究所里一个年轻人去香港考察，回来后在所里做汇报。那个年轻人用统计数据说香港有多富裕，人均工资有多高，商店里商品有多丰富。相比之下，中国大陆有多穷，比它们差很多。

40年后，历史的车轮翻转了，但还是会有人别有用心地给你说：“中国人有钱又怎么样？富裕了又怎么样？治安好又怎样？网络发达，生活方便又怎样？他们能投票选总统吗？”

第十四章
“啃老”　是可耻的

01 如何在一线城市拥有自住房

在亚洲很多房价昂贵的城市里，都普遍存在“啃老”现象。最常见的就是年轻人靠父母的财力帮助购买婚房，而子女往往又对婚房提出了一些要求，比如必须是市中心的，至少是两室一厅的，俗称“一步到位”，不然不婚不嫁。

我常常能听到这样的牢骚，比如上海、北京市区这样的一套房子至少要 600 万元。普通年轻人 20 万元一年的工资怎么可能买得起？不啃老怎么行？当然也有很多人觉得一线城市房价太高，不合理、不科学，因为殷实之家的中产阶级靠工资也根本买不起房子。

同样的现象也发生在纽约、东京这样的城市，只是这些城市的文化圈里没有“啃老”这个风气。但是年轻人一样会觉得愤愤不平，抱怨房价太高，民不聊生。现在似乎华人把“啃老”的风气带到了美国。在洛杉矶、旧金山你经常可以看到华人给刚刚工作的孩子买房子，如果不是全款，至少也是父母负担所有的首付。

很多抱怨房价高的人其实没意识到收入和财富是两件事情，就像速度和位移是两件事情一样，为此我专门写了一篇博客文章解释了美国华人的“亨利族”现象。

HENRY 族：高收入，但不富裕

By Bayfamily

在美国的 20 世纪 80 年代，甚至到 20 世纪 90 年代初的时候，六位数

的年薪是一个很多人向往的数字。除了从五位数跨越到六位数给人带来的心理感觉以外，更重要的是当年10万美元的年收入的确能够带来非常好的生活。年薪10万，意味着度假、大房子和好车。

由于通货膨胀的原因，特别是医疗和教育费用的上升，1980年的10万美元年薪，相当于今天的24万美元左右。可是在美国的中国人，特别是双薪的家庭，即使家庭收入达到20万~25万美元，通常还是会有一种感觉，就是收入高，但是没有富裕感。

一个新名词，叫作HENRY（即High Earning Not Rich Yet，首字母组合在一起就是HENRY），也叫“亨利族”，这个词用来形容在美华人，再合适不过了，家庭税前年收入达到20万美元，在美国是Top5%的水平。很多老中都能达到年入20万美元的水平。在美国这样一个富有的国家，又是Top5%的收入，为什么还会觉得日子过得紧巴巴呢？因为你是“亨利族”。对“亨利族”来说，再高的收入也是镜子里面的繁花，是无法切实享受到财富的。

其中有以下几个原因：

第一个原因是“亨利族”多半是没有家底的。财富的积累是需要时间的。刚刚高收入几年能够积累的财富和祖上传下来的家产是不能比的。今天在北京和上海的外地人也是一样，在这样的大城市里很多名牌大学毕业的高收入年轻人，为了一套房子要花上十几年的积蓄。而同样在这些城市里的当地人，往往父母就拥有好几套房子，即使学历低、收入低，富裕的感觉是不一样的。

第二个原因是年龄，20岁拥有100万和50岁拥有100万是不一样的。很多老中，颠沛流离，到了美国，读完书，已经是30好几。等到少有积蓄的时候，已经是40多岁的人了。美国年龄在45岁的家庭，平均净财富为64万美元，高学历的更高。如果按照年龄排名的话，老中的财富并不突出。

第三个原因是支出。赚得多，花得多，好比是在消防水龙头下面洗澡，水冲得大，流得也多。过瘾可以，但是没有积累，最后还是没留下什么。“亨利族”都是注重教育的，往往不惜代价送孩子去私立学校，或者为了好学区，砸锅卖铁，住在好学区的破房子里，这样一来，当然富裕感下降。

第四个原因是收入来源。同样赚10块钱，来源方式不同，幸福指数是不同的。朝不保夕，看领导脸色的工资收入和稳定的被动收入是不可同日而语的。税务也不同，工资收入要交社会保障税。

说了半天，有什么破解之道呢？首先是认清形势，避免自己成为“亨利族”。《富爸爸，穷爸爸》里面的穷爸爸就是典型的“亨利族”，再多的努力，一生也不会有富裕感。其次，是要学会理财，或者投资，或者自己创业，或者看看哪里弄些被动收入。一是减一点税，二是增加安全感。

最后是调整好自己的心态，如果不幸干了一个自己特别热爱的工作，当当“亨利族”也没什么不好，毕竟富裕不是让人幸福的唯一因素。如果自己注定是亨利达人，干脆对自己好一点，该玩的玩，该花的花，及时行乐，反正也发不了财。

有一次，我在上海和一些亲戚的孩子们聚餐，这些快要结婚的年轻人抱怨上海的房价太高，然后每个人都在理直气壮地算计着怎么样从父母那儿弄到一些钱帮他们支付首付，我忍不住把他们劈头盖脸地臭骂一通。“啃老”是年轻人最没出息的表现，父母生你养你，成年之后，应该是自己动手打拼世界，反哺父母和社会，怎么能够光想着啃老呢？

他们说，大道理他们也懂，但是现实问题摆在那里，他们总感觉到自己要结婚，需要婚房。结婚生子需要最小的婚房也是两室一厅。双职工上班，所以只能住在交通便利的地方，按照自己的工资，一辈子也攒不出足够多的钱买房子。虽然他们也知道这样不好，但是除了“啃老”，到父母亲和爷爷奶奶那边搜刮一下，还有什么办法呢？

我给他们讲一个很通俗的道理，那就是在股市里头最后拥有最多财富的人显然不是一开始资本投入最多的人，而是能正确把握市场机会、能够更准确判断股价涨跌的人。房地产市场也是一样的，拥有大房子住的人，并不是带着最多资金进场的人。你只需要能够正确地判定，房地产未来价格的涨跌起伏，在买卖过程中，你就可以最终获得最多利润，拥有最多最好的房子。

事实上，你只需要看看上海的历史变迁，你就可以明白，市中心的房子一直都是那些房子，可是人来来往往的，一会儿这些人住，一会儿那些人住。如果假设你自己是房子，从房子的角度来看，你就会发现原来住房问题是人和人在玩各种游戏。每个时代玩不同的游戏。比如新中国成立前是玩一个关于钱的游戏，谁有钱，谁住大房子。新中国成立后是玩一个跟队伍的游戏，谁跟对队伍了，谁住大房子。“文化大革命”是玩一个生辰八字的游戏，谁的出身好，三代贫农，谁住大房子。改革开放之后，又开始玩一个钱的游戏。所以一切的重点是你怎么玩这个游戏，能否玩好这个游戏，而不是去爹妈那边搜刮钱财。

喜欢收藏古董和艺术品的人都知道，最终大量古董和艺术品集中在古董商和鉴定师手里，不是因为他们工资高，靠省下来的工资来买这些艺术品，而是因为他们在倒买倒卖的游戏过程中，通过正确地判断市场价格而拥有了那些名贵艺术品。

投资理财论坛上也有人冒出来问类似的问题。不过这次是主动被“啃老”，是父母们也觉得孩子在世界各地的一线城市买不起房，不啃他们啃谁呢？

所以我想在这里大声地说：“啃老”是可耻的！年轻人“啃老”可耻，父母主动被“啃老”是一种溺爱。男儿当自强，男子汉大丈夫遇到人生困难的时候，首先应该是自己动脑筋想办法解决问题，而不是躲在妈妈裙子下面哭诉，没有经历这个过程的孩子是没有出息的。

我可以用自己的例子来说明，年轻人根本不需要啃老。只要你足够勤劳和聪明，在哪里都是可以自己解决住房问题的。

2012 年，我因为创业公司的事情越来越多，每年有几个月的时间在中国工作，所以我需要有一个自己的住房。那时公司业务一直没有做起来，投资人把我的工资压得很低，远远低于我在湾区工作时的正常工资。

但即使这样，我也从零开始，通过六年时间在上海解决了自己的自住问题。这是我在上海持有的第四套房子，买这套房子，我完全没有动用其他资本，也没有动用之前买的投资房，它们还在升值中。我在上海的自住房是个很新的公寓，在离地铁站200米远的地方，周围学校、商场、公园设施一应俱全，现在这套房子市场价格差不多有600万元。

我的亲戚们知道我房子多，但是我告诉他们买这套房子真正从我口袋里出来的钱只有30万元人民币。就是我只花了30万元，就拿到了这个600万元的住房，他们都很惊讶地问我是怎么做到的。

我说，道理很简单，看清价格走势，通过几次买卖就做到了。

我在2012年用30万元的首付买了一套60万元的小公寓给自己住。那套公寓在城市的边缘，也不是什么特别好的地方，但是附近正在建轨道交通。在我搬进去住了两年之后，轨道交通就通车了。

通车之后这里的房价就出现了暴涨，三年差不多涨了一倍多的样子。到2015年的时候，我以150万元把这套房子卖掉了，然后用卖掉的钱做首付买了一套300万元的房子，而这套房子现在涨到了600万元，就是这么简单。

熟悉国内房地产交易的人可能马上会反问，你是如何解决限购和二套贷款首付70%的问题的？每次我那些年轻的亲戚们向我陈述这些困难的时候，我总是气不打一处来。人的大脑是用来解决复杂问题的，不是用来给自己找借口的。如果作为一个成年人，这样的限购问题都解决不了，那还是老老实实躲在妈妈裙子底下当巨婴吧！

对于全世界一线城市的年轻人来说，要解决自己的住房问题，最好的办法是不要好高骛远，不要追求一步到位。你从外地来到一个陌生的城市，难道希望这个城市里的人都把最好的房子让出来给你，然后恭恭敬敬夹道热烈欢迎你入住吗？前面的人通过几十年的努力搬进了最好的学区、最好的地段，凭什么你一来就能拥有这些呢？

文学城投资理财论坛上，很多中产阶级和稍微富裕的人迁徙到大城市经常有这样的感慨：就是一线房子这么贵，谁买得起？有人还专门写文章，因为自己家境不错的亲戚在北京买不起住房，质疑中国一线城市到底谁买得起。针对这个问题我写了一篇博客。

房子这么贵，谁买得起?

2016 年 7 月 30 日

by Bayfamily

“房子这么贵，谁买得起?”每次房价暴涨之后，这句话是我最常听到的一句问话。这句话的潜台词就是，我都买不起，谁能买得起呢? 典型的以己度人的心态，把自己观察到的世界、熟悉的圈子推广到整个市场上去，以这样的心态去决定是否投资房地产其实是很不正确的。

印象最深的一次是2000 年的时候，一个在美国的50 多岁的上海人和我聊起上海的房价。当时人民广场的一个楼盘是5000 元每平方米。他虽然在美国年薪10 万美元，但是他在国内认识的亲戚朋友收入都不高，他的很多朋友当时正好赶上国企下岗。所以他认为上海房价贵得离谱，他对我说：“5000 元每平方米，谁买得起?”后面的故事我就不多说了，他只看到了他那个年龄段“50 后”人们的收入，没有看到当时“60 后”“70 后”快速增长的收入。

同样的故事还在不断上演，今天依旧有人质疑北京、上海、曼哈顿、旧金山的房子谁买得起，所以我们有必要仔细分析一下到底谁买得起这件事。

首先，全球都存在着“谁才能买得起?”这个问题，如果你看看全球市场，知道首尔、孟买的房价，那么你会更加惊叹，到底是谁买得起。

我们先看第一种情况，就是如果一个市场没有什么新增面积，100%都是既有面积换手，那么是否存在谁买得起的问题。

显然，无论价格多么贵，哪怕是1 亿美元每平方米，都不存在谁买得起的问题。因为只是拥有房子的人互相换手，换手价格无论多贵这个市场都可能是成立的。和当地人收入完全没有关系，而是与当地租金和收入有关系。但是如果只考虑房子的投资属性，从数学上讲，什么价格都是合理的。就像黄金和艺术品一样，任何价格都是可能存在的，是否合理那是另外一回事。这样的典型市场例子就是孟买。孟买不但是中产阶级买不起房子，就是一般的企业老板也买不起，只有已经有房子的人买得起，曼哈顿基本也是这个情况。

那么我们再看另外一种情况，就是市场不是完全封闭的，每年有5%的新增面积。

数学上讲，还是任何一个价格都是可能存在的。你会问，如果房价涨到了三倍，谁能买得起这些新增面积呢？其实很简单，因为贷款的原因，拥有房子的人，把自己的房子卖了，加大贷款额度就买得起。这样的例子在中国到处可见，就是所谓的改善型需求。原来住50平方米的房子，卖了变成首付买100平方米的房子。只要房价是持续上涨的，那么从数学上看这个游戏就可以一直玩下去。

第三种情况，就是一个全新的新城，从零开始，一夜之间供应了100%的面积。

这种情况，就需要真金白银100%地用新钱来购买房子，的确会出现买不起的现象。无论房价多么低，都会发生买不起现象。典型例子就是国内的各种新城和“鬼城”，“鬼城”的房价很低，很多地方房价甚至不到4000元每平方米，但是大家还是买不起。如果你贪便宜投资进去，还是会亏得一塌糊涂。

谁买得起这个问题还有一个陷阱就是错误估计大的宏观数据。一般大家对宏观经济数据喜欢用多、少这些定性词汇，对定量数据没有概念。我举一个例子，大家都在说上海、北京的房价高得离谱吓人，可是你们有没有算过，2015年上海城乡储蓄存款余额已经过了10万亿元人民币大关，北京差不多也是这个数量级。两个城市每年的新增住宅面积是2000万平方米左右。10万亿/2000万=50万。你们自己可以算算3万~5万元每平方米的房价到底合理不合理，老百姓到底是买得起还是买不起。

结论，一个地区房价高与低，合理还是不合理，不能只看房价和收入，要看这个城市住宅市场的构成，是否有大量的新增面积，是否待在这里的人都不愿意走。如果没人愿意走，凭啥你就可以轻轻松松进去呢？要用数学思考，尤其不能只看自己熟悉的圈子的人的收入，因为你的圈子可能很穷，也可能太富。

谁买得起？已经在那里有房子的人，再贵也买得起！

其实大部分时候你应该感到庆幸，就是当地人允许你参与到这个房地产博弈的游戏里。你要做的事就是如何早点参与到这个游戏里，然后击败别人变成赢家。香港人用的一句话叫作“上车”，你的工资只是给你攒够上车的门票。聪明的人都知道银行的钱不借白不借，利息抵销掉通胀后实际上等于白借钱给你，用自己辛辛苦苦攒下来的工资付清房屋总价的是傻瓜。

在世界上的很多地方，当地人为了保护自己，压根就不让你来参加这个游戏。如果你去纽约或者孟买，那里房价高到普通工薪阶层压根儿买不起“车票”，上不了车，完全没有机会参与到这个游戏中。在上海，你如果是单身外地人，压根不允许你买房。政府说结婚才能买房，丈母娘说买房才能结婚，真是要逼循规蹈矩的好男人跳楼。

在一线城市，你要计算的，不是说要花多少年的时间、攒多少的钱才能买到一个称心如意的房子，因为那是不可能完成的任务。你需要的是如何省吃俭用，用工资攒足够多的资本来参与到这个游戏里。

毕竟房地产和股票不一样，股票你可能有100元就可以开户，而在房地产这个游戏里，在中国的一线城市，最低的起始成本也要有20万~30万元。

我总是碰见有人说他们错过了最好的时代、最好的机会。事实上要解决自己的住房问题，永远都不晚。只是你不要傻乎乎地复制前人做的事情，而是需要自己独立思考，找到解决办法。2012年，上海的房价已经疯涨了10年。即使在这么晚的时候，我也只花了30万元就解决了我的住房问题。

其实我用的这个套路和我在湾区买第一套自住房的方法一模一样。即使今天，我依旧有勇气说，在世界上的任何一个核心城市，一个聪明人都是可以靠自己的努力解决自住房问题的，根本不用“啃老”。道理很简单，任何一个城市的老人最终都会离开人世，那些房子总是要给年轻人的。至于归属于哪个年轻人，那就看谁的头脑灵活了。本钱多少不重要，最关键的是你擅不擅长玩这个游戏，你是否能够准确地判断出未来市场的变化。

如何来判断未来市场的变化，总的来说还是“会走路的财富”那几条投资原则。

一个就是看这个地区未来会不会有更多的年轻人过来？这个地区是不是兴旺并充满活力？是否有新的产业？是否有特别的政治原因让更多的年轻人愿意来？宏观的层面，就是看一个地区长期的人口净流入和经济发展潜力。

在微观层面上，最简单的办法是跟着一个城市基础设施的建设。你可以靠近轨道交通，可以靠近重要的产业园，而这些都是规划上画得清清楚楚的。当然规划和现实还有一些差距。但无论如何你需要做的是买在那些有变化的地方。不要在没有任何变化的老城区里打转，在那些地方转是没有希望的，只有变化才能够产生机会。

02 关爱父母是美德

当然我在中国的买房也有不是那么成功的，这些不成功的案例往往是因为牵扯到很多其他因素。2011 年的时候因为母亲的住房比较老旧了，所以我决定给母亲购买一套公寓。

当时母亲已经 70 多岁了，我希望她搬到新一点的公寓楼里。原先的公寓楼建设于 20 世纪 80 年代早期，已经变得破旧不堪。2011 年是美国房地产入市最好的时候，我明明知道，这些钱如果投到美国，会有更多的赚钱机会，但我还是决定帮助我母亲去改善她的居住环境。人生有些事情可以等，有些事情不能等。对于 70 多岁的人而言，能享受到的东西越来越少了，所以不能等。

虽然我还有兄弟姐妹，但是我知道这样的事情，如果很多人参与进来的话，稍有不慎就会弄得兄弟不和，破坏了亲情。钱不是生活中的一切，亲情、友情、爱情都能够给你带来钱不能带来的美好。所以我没有和其他兄弟姐妹商量，只是独自一个人出钱给我母亲购买了一套公寓。

这是我在中国的第五套房子。

2011 年不是一个投资中国二线城市的好时机，基本上我买完了之后，中国的房地产价格就整体低迷了几年。这笔投资如果拿到美国来，我后来算了一下差不多可以增长到100万美元的样子。人生就是这样的，不可能每一分钱都用到极致，很多时候就是明明不可为，可是又必须为之。

不过亲情又是很复杂的事情。房子买好了，我母亲却坚决不住过去，说她喜欢原来的社区和周围的朋友，所以我花了钱，损失了投资增长10倍的机会，又没有帮上忙。只能等她以后搬过来，这一等就是七年。从经济上看，这可能是我在中国最糟糕的一个投资，不过我也不后悔，就当是亲情的消费了。

在中国或者在我后面所有的投资体验里，我自己的感觉就是买住房的时候最好只登记你一个人的名字。人们购买房子最容易犯的错误就是为了孩子着想，把孩子的名字也放进去，有的甚至把爸爸妈妈、七大姑八大姨的名字通通放进去。

投资是讲究效率的事情，放一个名字，一切都会变得简单，你要出具的文件和相应的手续都会变得简单。无论是买卖还是贷款，还是未来的再贷款都是一样的。

投资就是投资，亲情就是亲情。投资是逐利的，亲情是用来回味的，而“啃老”是利用亲情对他人的掠夺。投资和亲情不要纠缠在一起。

03　总结

我在中国的房地产投资，持续了将近十五年。因为持续的价格上涨，这十五年里其实任何时候都是买入的好机会，而且几乎在任何一个城市都是好的机会，无论你是在一线城市上海、北京、广州、深圳，还是二线城市南京、成都。

所以即使我投资时犯了错，错误地进行了置换，最后的效果也还是不错的。过去十五年是个闭着眼睛都能挣钱的时代，是一个站在风口猪都能飞到天上的时代，关键是你投资了还是没有投资。对于大部分喜欢投资的海外华人，如果你错过了这个机会，非常可惜。

当然也有很多人是因为长期不看好中国而不去中国投资，过去十五年里总有各种各样的人不断地唱衰中国。我就听过无数个版本的“中国崩溃论”，然而中国没有崩溃，反而越来越富裕。

未来会怎么样不好说，但我自己感觉最好的投资时间已经过去了，至少在房地产投资领域，因为农村已经没有什么年轻人了，不会有更多的新人从农村进入城市，所以三、四线城市会持续萎缩，而一线城市政府对人口的管控将越来越严格。

我的这些故事并不是让年轻人去盲目模仿。每一个时代的环境都是不一样的，不可以生搬硬套。我希望读者从我的故事里得到一些有益的经验和教训。“啃老”是可耻的，人活着要有骨气，要相信可以用自己的双手改变自己的生活状态和命运。

在投资理财的操作层面，我有这样一些建议。

一、选对大的局势比具体操作更重要，具体操作你可以有失误，可以不用特别完美。比如我一而再再而三地失误，但是一样挣钱。

二、年轻的时候，不能只关心周围一点点的小事情，而是要“胸怀祖国，放眼世界”。机会来自四面八方，眼界很重要。今天无论你是生活在中国还是生活在美国，尽可能多地了解世界上其他地方的事情，可能会对你的生活有所启发。

三、房地产投资和其他所有投资一样，没有人能够帮助你做决策。你需要独立思考，不要指望别人能替你思考。不能只是从名人的嘴里寻找答案，依赖名人替他们思考的人，其实是在逃避责任。要相信自己，要通过自己的艰苦分析做出判断，并勇于为这些判断负责。

四、还是那句老话，“没有人比你更在乎你的钱”。而另外一方面，“啃老”是可耻的，不劳而获只会让一个人离成功更远。爱你的亲人，不要把亲人的爱当作战利品。

第十五章

从 100 万美元到 1000 万美元（二）——抄底！ 抄底！

01 指数房

在我最初的“普通人家十年一千万”理财计划里，美国才是重头戏。在中国的房地产投资故事虽然写得很长，但其实我在美国花费的时间更长，毕竟我生活在美国，每次去中国都是来去匆匆，所以在这一章里，我主要回忆一下投资过程中的第二个重要阶段，就是美国次贷危机之后的抄底阶段。

美国房价是从 2008 年底开始一路走软的。我自己住的房子价格当然也在下跌，只要自己保持好的心态，自住房的涨跌其实是没有什么关系的，因为我每个月要付的贷款都是一样的。

房价下跌对我反而有好处，因为我可以交更低的房产税。当房价下跌了 20%的时候，我写了一封长长的信给当地的税务局，陈述我的住房估价是多么的不合理，市场的房价应该比它们给的估价更低一些。在那封信里，我运用读 MBA 时学到的知识，用各种方法给出房地产的估价，然后取了一个平均值和区间范围证明我的房子被高估了。

结果可想而知，税务局完全没有理我，既没有给我更低的估价，也没有回信反驳，账单上的金额一分没少。有本事你不付，政府马上来拍卖你的房子。当然我也可以去法院起诉，但我觉得这样是多此一举，有这工夫可以在其他地方挣很多钱。各国政府都是一样，仗着自己资源多，最不怕的就是和你打官司。

在整个次贷危机过程中，我一直用自己在美国买的第一套房子作为价格的标杆。房价不同于股价，没有什么指标来跟踪。美国仅有的几个房价指数也是全国性的，对于某个社区和城市而言，没有太大意义。我2002年买的第一套房子，同类的房子很多，流动性也比较好，所以用它的价格作为指数比较合理。这里为了方便阅读和理解，我暂时叫那套房子“指数房”。

我2002年买入“指数房”的价格是43万美元，2005年我以72万美元的价格卖掉。2008年底的时候，“指数房”价格大约跌到60万美元。2009年中的时候，价格大约跌到50万美元。价格跌到60万美元的时候，投资者先把房子扔给银行。跌到50万美元的时候，很多实际居住的人也开始把房子扔给银行，大量的法拍屋（foreclosure）开始出现。

这个道理也很简单，因为很多以72万美元购入房子的人没有付首付或者只有10%的首付，等房价跌到60万美元或者是50万美元的时候，对于他们来说经济上更好的选择就是把房子丢给银行。

而且美国的大部分地区有一个奇葩的法律，就是这种情况下银行没有权力去追缴债务人的债务，银行能做的事情最多就是把房子接手过来，然后给债务人一个不好的信用记录。

这个不好的信用记录，差不多需要3~5年才能完全抹掉。大部分人觉得3~5年不是什么大不了的事情，相对十几万美元的现金损失而言，把房子丢给银行是个更好的选择。所以他们并不是负担不起房子了，他们明明还能够负担得起，但是他们选择把房子交还给银行。

而且把房子还给银行，他们往往还可以免费多住上一年。他们可以理直气壮地停止付房贷，因为银行不会一夜之间把他们赶出去，银行走法律程序需要一年左右的时间。即使在银行走完了法拍屋流程之后，甚至法拍屋的新购买人来了之后，要无赖的房东还可以拒绝搬家，索要一笔搬家费。

所以次贷危机很大程度上是一个人为制造的危机，并不完全是因为银行把贷款贷给了没有能力负担的人造成的，也可能是银行的执行条款和法律的执行层面过于宽松导致的。这也是为什么除了美国，在全世界都没听说过有次贷危机的原因。

当这些房子拿出来做法拍屋之后，就会引起房价的下跌。随着房价下跌会引起更多的人选择把房子还给银行，进入法拍屋程序。这是一个自我加强的正循环，最严重的城市社区，比如斯托克顿（Stockton），最后的结果是大半个城市的住房统统换手一遍。

次贷危机爆发时，法拍房分两种，一种是短售（short sale），另一种是法拍屋（foreclosure）。短售指的是业主走正常的流程卖房，事先和银行商量好，并且获得银行短售许可的卖房方式。因为房子的价格已经低于贷款，所以卖多少钱就把多少钱全部给银行。选择短售说明业主还是认真负责的，短售对其信用记录的影响要比被法拍屋小。法拍屋就是很不负责任地把房子扔给银行，逼银行走法院拍卖的手续。一个人一旦有过法拍屋的经历，信用记录会严重受损。

我的“指数房”要是当年没有在最高点把它卖掉的话，恐怕我也会进入法拍屋或者短售的程序。因为这个房子的价格，后来又从 50 万美元跌到 40 万美元，从 40 万美元跌到 30 万美元。我不知道是否能够抵抗住诱惑。

02 抄底准备

从 70 万美元跌到 60 万美元的时候，还有很多勇敢者冲过去买。但是从 40 万美元跌到 30 万美元的时候，大家都吓傻了，没有人再敢进去。因为没有人知道市场的底部在哪里，整条大街上到处都插满了法拍屋标签。

可是我知道一切都会逆转过来，而且越接近底部，逆转得就会越剧烈。当时我在投资理财论坛上经常说的一句话就是“法拍屋，卖一个少一个”（one foreclosure sold，one foreclosure less）。

我几乎每个周末都出去看房子，甚至可以说我一直在出价并试图购买。但是我一直没有买到，因为我每次出价都很低，是当时法拍屋开价上再下压 30%~50%。我出的价格之低，让中介都懒得理我，觉得我完全没有诚意。事实上我也的确没有诚意，因为我手上的钱很少，当时我只有 5 万美元现金。我就用这点钱去摸到市场的最底部，买不到也没有什么，至少我不想接那个下落的刀子。

我不断看房、和很多中介沟通、不断出价的目的是“参与进去”（get engaged）。因为我知道光看新闻是无法判断市场底部的，而且市场真的触底时，就看谁抢得快。等触底反弹那个时候再与中介接触，建立人际关系就来不及了。

不过也有很真诚的中介建议我不要买。我记忆中当年帮我卖掉“指数房”的那位中介就是这样的，他说房子经常几个月租不出去，还是小心为妙。因为当经济危机来临的时候，住房的总需求也会减少，即使人口不变。租房的人也会压缩自己的生活开支，比如原来一个人住一套公寓的选择两个人合租一套公寓，失业的年轻人回到父母身边，失业的老人选择和兄弟姐妹或孩子们一起居住。

我原来想在大学周围买房子，那里的房租比较稳定，可是大学周围的房子价格总是很坚挺。和好学区的住房一样，下跌幅度不大，尝试了几次询价后，我基本上就放弃了。下跌幅度小的地方，上涨空间也有限。

在这个不断出价的过程中，我也渐渐摸到了一些门道。短售和法拍屋交易中，并不是出价高就能够拿到房子，经常会有些暗箱操作。有的时候，中介会想方设法不卖给你。

比如我当时看到一个四单元房（fourplex）在短售。这是一套四个单元的公寓房，这套房子临近一个数一数二的好小学，步行就可以走到那个小学，所以未来出租不会有问题。因为孩子上学，所以租金和房客会很稳定。我当时计算了一下，当时按照它的开价买下来就是正现金流。好学区且有正现金流的房子像宝石一样稀少，碰见了要赶紧抢。

房东是一个犹太人，拥有这四个单元快30年了。现在年龄大了不善管理，房子又出了几个比较大的维修责任问题，他就用60万美元的价格把四套房子一起拿出来卖。这样的房子在市场正常的时候价格应该在100万~120万美元。

我马上和对方的中介联系，中介倒是热情地带我去看房子。但是他用一大堆的理由跟我说这个房子有多么不好，有各种各样的问题，地基有问题，墙有问题，屋顶有问题，都是大修，简直要重盖了。我当时并没有完全听明白他的意思，我只是相信了他，表示感谢，谢谢他告诉我实情，不然一上来就搞砸了。

多年以后，等我有了很多管理房屋的经验，才明白其实那个中介是想把我吓跑。不知道当时他和有什么关系的买家已经谈好了，怕我出高价搅了局。现在想一想他说的那些白蚁和屋顶问题，其实都不是什么大不了的问题。只是在当时我还没有太多管理投资房的经验，所以被他说一说就吓怕了。那些问题现在看看可能也就是 5 万～10 万美元就可以全部解决。

这样的房子绝对是现金奶牛（cash cow），房子价格是 60 万美元，四个单元的租金每个月就 1 万美元，一年 12 万美元，资本回报率将近 20%。如果你玩过大富翁的游戏，就知道玩房地产这个游戏的秘密之一，就是要在早期有一头现金奶牛不断地给你生产出你买房子需要的现金来。只有这样才能持续买地盖房，成为游戏的赢家。

我在摸底的过程中还碰到过一个老中卖房子。应该说当时中国人卖掉房子的人很少，买房子的人居多。卖房子的人中，拉丁裔和非洲裔要多一些。帮我买卖指数房的那个中介在 2009 年的时候，他的生意糟糕透了。因为他之前都是做中国人的生意，次贷危机之后，一下子没人买卖了。他和我说："幸亏当时没有辞掉正式的工作，当中介只是兼职，不然现在要去街上要饭了。"

到了 2010 年，他的生意突然又好了起来，我问他是怎么做到的。他说以前中介广告他都是发给自己过去的客户，大部分是中国人，所以没有生意。因为中国人只买不卖，而且买房子不需要中介。后来他把代理短售卖房的广告专门发给来自南美洲和非洲的低收入人群，结果生意一下就好了起来。客观地说，在整个次贷危机过程中，走法拍程序或者短售的大部分业主也都是低收入人群，高收入人群在次贷危机过程中只是坐了一次资产账面上的过山车，并没有选择卖出，所以对他们没有实质性的影响。

当时碰到中国人在卖一套短售房，所以我就感到很好奇，当然我也不好意思直接问他们为什么要把房子短售出去。我只能跟他们说中文套近乎，我说自己信誉良好，卖房给我，把我的贷款申请提交给银行，贷款肯定能够批下来。那个老中支支吾吾地回答，不是很干脆，似乎恨不得我马上人间蒸发，最好别来烦他。当然，最后我没有买到这套房子。后来一个越南中介告诉我，她说这样的情况，多半是房东压根不想卖，只是走一下流程把房子转卖给自己的亲戚朋友，这样实际的拥有人还是他们自己，但是可以借这个短售的机会抹掉一些银行贷款，这样的短售房旁人自然是买不到的。

我计划买的房子是独立屋，但是公寓的房价其实跌得最狠。当时我刚到湾区租的公寓也有法拍屋和短售在卖，价格已经跌到大家无法想象的地步。因为2008年在房价高峰的时候需要25万美元才能买一套，而2010年的法拍屋价格只有5万美元一套，而且价格可以再商讨。2019年这些公寓的价格已经涨到40万美元左右。2010年，虽然我也觉得价格低得诱人，值得买入，但由于各种原因，我还是没有买到这个公寓。

人的因素是买卖房屋中最不可控的因素，出于一些特别荒唐的小因素，就会让人错过这样或那样的机会。

2009年的夏天，我出差去美国佛罗里达州开会，顺便去看我的一位朋友。他住在奥兰多。老中聚会总是忍不住谈论房子，当时的奥兰多与迪士尼周围的很多公寓都卖到了不可思议的低价。

我印象中一室一厅的公寓价格是5万美元左右，但是我那个朋友就是坚决不肯买。我说这是一个好的投资，你应该买下迪士尼周围的公寓，以后不愁租的。因为迪士尼会有游客来，现在经济萧条不容易租出去，以后经济好了肯定容易租出去。

但是他给我算了一笔账，分析了物业费和房地产税费，最后算下来一个月刚刚打平。他说自己忙活一场一分钱不挣，那又何必呢？所以不值得买。我说按照你这样的算法，哪怕这个房子价格跌到0，也不值得买，白送给你也不值得买，因为即使白送给你，你也还是基本打平，或者每个月挣100~200美元。你不能光看现在的收入来决定买不买房子，要看未来的收入和房价。另外，不能只看现金流这点小钱，要看房屋价格的变动和你能利用的杠杆。

最后这位朋友似乎买了一套，好像是用现金全款买的。因为贷款额太小，没找银行贷款。后来他跟我说一直不挣钱，于是他就再也没有买，最后似乎错过了这个历史大底。其实他当时借助银行的贷款杠杆，是有足够的能力一下子买到 10 套或 20 套的，如果这样，他的这些公寓也就成了他的现金奶牛。

03　股票与抄底时机

虽然我不炒股，但是次贷危机之后，我一直关注股票价格的动荡，因为股票价格和房地产价格有着相互影响的紧密关系。我只能凭着记忆回忆这段历史，有兴趣的读者可以比照一下实际的历史数据验证一下我说得对不对。

股票市场在雷曼兄弟倒闭之后开始一路往下跌。房利美、房地美、华盛顿互惠银行纷纷破产或者被政府接管。一家银行接着一家银行破产倒闭，到 2009 年初，股票价格跌得非常惨。对于市场探底的标志性事件，我记忆中有这样几个，一个是 AIG 破产了，一个是花旗银行的股票跌破了 1 美元，而花旗银行一年前还是 40 多美元一股。终于大家达成共识，银行太大了不能破产（too big to fall），连高盛这样的公司为了避免破产，也请求巴菲特伸出援助之手，巴菲特给了一个包赚不赔的可转债券的金融援助。2009 年初，作为美国工业经济、制造业的明珠，美国制造的标志，以实业为主的通用电气（GE）也摇摇欲坠，政府只能施以援手。

我当时不太信像通用电气这样综合性很强、既有实业又有品牌的企业会破产，所以格外关注这家公司。原来通用电气有一个非常庞大的金融部门，它的商业部门运行正常，但是它金融部门的有毒资产却要把整个通用电气帝国拖下水。

通用电气开了一个非常庞大的新闻听证会来证明公司不会受到大的冲击和影响。我仔细看了一下它们那天做出来的财务分析报告，我当时还不禁感慨，因为我知道那些 PPT 不知道是哪个投资银行里的 MBA 毕业生，用了不知道多少个不眠之夜赶出来的。

看完报告，我忍不住玩儿一样地买了一些花旗和通用电气的股票。我印象中只买了 100 股花旗、100 股 GE，花了不到几百美元。读了通用电气的分析报告，我也完全不能判断市场底部在哪里。我只想买一点股票作为一个标志，以后可以用来回忆这段历史。当时我太太和我说，我应该写写日记，把每天发生的事件和自己的感受记录下来，当风浪过去的时候，回头看看，提高自己的抄底水平。

那个时候，股票市场震荡剧烈。道琼斯指数多的时候一天起伏就有1000多点。每天对股票指数震荡的报道，简直就是如同家常便饭般的事情。没有人知道底部在哪里，专业人士不知道，我也不知道，但总会有无数的大师出来预测底部在哪里。

我印象最深刻的是，就连美国前总统克林顿都跳出来发表见解。在2009年初，大约是3月份的一天，股票大跌之后，克林顿侃侃而谈，痛斥本次次贷危机的根源，然后他说感觉市场还远远没有到底（This is still far from over）。这是他的原话，我印象深刻，他说我们犯下了很大的错误，需要漫长的时间才能修正。

大人物说出这样的话，说明市场真是已经到底了，因为市场没有更多的人看空了。

克林顿这句话说完，股票开始一路反弹，一口气不停，达成了一个完美的V形反弹。在我印象里，克林顿当时的讲话基本就是美国股市的最低点，是整个次贷危机的历史最低点。

所以你大概可以判断出股票的最低点和经济的形势并没有太大的关系。最低点取决于后面是否还有更多的空头，市场是否到谷底是看是否还有更多的绝望者。市场是否到顶点是看是否还有更多的乐观派。连前总统这样的人都说出绝望的话之后，那就说明不能再有更多的绝望者了，股票市场这个时候就到了最低点。当然这样说说容易，只能用来做大趋势判断，具体哪里是最低点，不确定性很大，这也是我从来不炒股的一个原因。

股票到了最低点之后一路反转上涨。是的，真的就是一路反转上涨，根本不给任何人上车的机会，一口气不停地涨了很久。我自己不炒股票，但是每天看市场的行情，我可以听到或者感觉到千千万万一脚踏空的人，发出痛苦的呐喊声。我的一个朋友就是这样，她是斯坦福大学学经济出身，但是在市场最低点的时候，竟然她也说定投的投资策略无效。现在回想起来，她应该和克林顿一样，都是最后一批绝望者。

经历过这样的 V 形反转，我更加对股市充满敬畏之心。这也是每次经济危机到来的时候，很少有基金公司敢把股票卖掉的一个原因。金融风暴来临之前，往往大家都能看到下跌趋势，但是没人能够控制好节点。股市会随时发生反转，让你一脚踩空，追悔莫及。

但是在房地产市场就不一样了。我每个周末都在看房子，摸着市场脉搏。2010 年，当股市大约上涨了一年，我给自己下的命令就是要开始买，而且一定要开始买。房地产一个循环就是十几年，一辈子没有几次这样的机会。而且为了这个机会，我已经整整准备了五年。从 2005 年起，我就期待着有一天房地产崩溃触底。市场崩溃我已经等到了，触底要是错过了，那就太辜负我五年的心血了。

因为我已经苦等了五年，所以我要毫不犹豫地“全仓”杀入。

04　艰难的抄底

抄底说说简单，可要“全仓”杀入，我哪来的钱呢？花钱的地方到处都是，存钱的篓子千疮百孔。因为付清了所有的 MBA 学费，买入了中国的房子，买了好车。这个时候我把自己在美国的所有的钱都汇总在一起，可以投资的钱大概也只有 8 万美元。

看着银行里的 8 万美元存款。我对我太太说：“我要买 8 套房子。”

她说：“你疯了吗？我们手上只有 8 万美元，你怎么买 8 套房子？我们目标小一点，我们买一套就可以了。”

“不行，我一定要买 8 套房子。”我斩钉截铁地说。这样的机会太少了，而且我盘算了这么久，我一定要买 8 套房子。

我这如同赴刑场就义般的口号似乎吓到了她，她都没有理我。她倒是好奇我有什么本事，能像变魔术一样，一口气买下 8 套房子。她同意我先买一两套房子，并且还说：“你从来没有在美国当过房东，根本不知道怎

样管理出租房，还是先实际一点，买一套房子练练手。再说，还可以等下一次经济危机再找机会。”

“我要买8套房子。”我还是那句冰冷的话，像复读机一样一字不差，像南极的石头一样冰冷而坚硬。

她没好气地走开了，懒得理我这个神经病。

我之所以用这样吓人的口气说话，是因为我知道，没有坚定的意志和钢铁般的决心，人是做不成事情的。

这个时候我在2005年以72万美元卖出的“指数房”已经降到了一个不可思议的低价——26万美元，比最高点跌掉了64%！我看到这个价格后，心怦怦直跳，就像小时候抓蟋蟀一样，小心翼翼地扑向我的猎物。我知道市场底部就在眼前，每下跌一步就越接近底部。因为仅仅两个月之前，“指数房”还是32万美元。两个月一下子又跌了20%，一切都完美地符合经典的市场底部的特征，持续下跌一个阶段后快速探底。

现在想起来，我真的非常感谢我买入的第一套住房。我不但从这套住房挣到了自住房的首付，而且因为当时市场上和这套房子类似的房子很多，让我有了一个自己熟悉的“指数房”，可以用其把握市场的脉搏。

“指数房”跌到26万美元的那个月就是当年整个次贷危机湾区房价的最低点。我还记得当时的那个法拍屋里面的样子。在一开始的时候，大部分法拍屋都是干干净净、整整齐齐的，后来的法拍屋越来越破。当时那套26万美元的法拍屋里面已经破烂不堪，地毯要换，墙要重新刷，厨房油腻不堪，垃圾扔了一屋子，看来上一个住户是极度不负责的。

就在那套26万美元“指数房”标价出售的那一周，市场似乎一下子从昏睡中醒了过来，很多买家蜂拥出现。我的报价很快就淹没在其他报价的“大海”里了。

我没有抢到这套房子，于是我开始诚心诚意地报价。市面上在法拍的房子非常多，一个小区里10%的房子都在走法拍程序，总共有二三十个。但是交易过手速度非常快，成交量也非常大。

我当时看中了两个社区的房子。一个离我住的地方比较远，开车45分钟；另一个离我住的地方比较近，开车30分钟。我做了非常详细的Excel

表，根据租金、价格、利率、保险、物业费（HOA）、地税，我把能想到的因素都考虑进去了，包括未来可能出现的空置率和维修费用。同时，我还参考历史价格计算了未来可能出现的增值。当时按照保守计算，离我近的房子现金投资年回报率（cash on cash）是 15%，离我远点的房子现金投资年回报率是 20%。

所以，我应该买离我远一点的地方。好在我当时吃过 Excel 的亏，没有书生意气，我两边都同时报价。我当时想的是买到哪个都可以，当然最好是买到回报率高的地方。这么多年过去的结果显示，那个 Excel 表的计算结果完全没有意义。因为最后影响空置率和维修成本的居然是距离，距离远的地方我懒得跑腿和管理。出现需要维修的东西，也懒得去维修，而让客户自己去找更昂贵的维修工。最关键的是，在房租议价上，远的地方没有近的地方那么强有力。往往是好不容易找到租客，想想跑起来太烦，能租个什么价，就租掉算了吧。

当然，那时我还没有想那么多，我考虑的最主要的事情就是尽可能地买到房子。我知道抢房的时候，根本不要挑挑拣拣，哪个都可以。我根本不等上一个报价是否有回复，就抢着出下一个报价。但是过了一个月，我没有一个报价被接纳。我给的基本都是要价（asked price）的报价，我赶紧问相关的中介，到底是什么情况？

中介跟我说，其他人都会加价，加价从 5%~10%不等。而有些短售屋的加价加得太多，超过了银行贷款，业主干脆收回去不卖了！

我的子弹有限，不敢加价太多。8 万美元，按照 20%的首付，满打满算我可以买两套独立屋，如果运气不好，我就只能买一个。我可不想把等了五年的机会就这么错过了，显然我需要去找钱，我需要大量的钱做首付。

可是钱从哪里来呢？这是一个大问题，真让人想破脑袋。

05　克服千难万险也要抢

抢房子遇到的不顺利让我渐渐恢复了理性。又过了两周，我也学乖了，我加的价格比别人更多一点，终于买到了第一套法拍屋。这是一个离我住的地方比较近的一套小小的三居室独立屋。22 万美元成交，我的买入价比 2008 年最高点 65 万美元低了一半还多。

办完交割手续，我立刻就找贷款中介，让他给我再开一个新的贷款预批函（loan pre-approval letter）。房价每天都在涨，我一分钟也等不及，可是贷款中介几乎给了我一个晴天霹雳般的消息，他说："你买不了了，你的条件只能买一套房子。"

我说："为什么我只能买一套房子？"

我没好意思说我的雄心壮志是买 8 套房子。

他说："你们的收入和自己现在有的贷款负担比例太低了。你要买下一套房子也可以，但是必须把已经买到的房子先出租出去。要有半年以上的房租收入证明，这个时候你才可以买下一套房子。如果运气不好，你可能还要一年以上的出租收入证明，才能买下一个房子。"

我心里咯噔了一下，"半年以上？房价每天都在飞涨。我怎么可能等半年？"

我经历过国内的抢房，知道这个时候循规蹈矩是没有用的，需要八仙过海，各显神通。买一套房子可远远不是我的目标，我在心中不断呐喊："我要买 8 套房子。"

虽然我不知道自己怎样才能买到 8 套房子，但我要克服千难万险去买到这 8 套房子。因为那是我的目标，是我写在投资理财博客上，给几十万个读者看过的目标。我有一万个理由要去完成这个目标。在写这篇回忆录的时候，我还能够感觉到自己当时激情澎湃的心脏。

怎么办？换贷款中介！找个不用等那么长时间的。

是的，我只能一个又一个地去寻找各种各样的贷款中介，让他们帮我解决问题。但是，我得到的大部分回答都是"NO"！因为我当时在创业，收入属于自雇收入（self-employment income），而自雇（self-employment）需要多年的收入历史才能够证明自己有稳定的收入。

我需要找到一个贷款中介，在这方面相对宽松一些的。

贷款的问题没有解决，抢房子又抢不过出价更高的人，更糟糕的是钱的问题还是没有解决。买第一套房子首付用掉了 4 万多美元，我最多还能买一个，我上哪儿弄更多的钱呢？

我当时焦急的心态就和玩大富翁游戏时手忙脚乱完成土地置换交易后开始盖房的人一样。那个游戏里砸锅卖铁也要想办法盖房子，但是往往不是有地就可以盖房子，你需要有现金才行。

更多的首付款大概有这么几个来源：一是把中国的房子卖掉，那样可以筹措一些钱；二是从美国自住房里申请一些房屋净值贷款；三是把自己 401K 的钱取出来。

中国的房子当时正在狂涨，我害怕像上次一样偷鸡不成蚀把米。我的自住房的房屋净值贷款可以用，但是我尝试了几个银行最后都不行。因为房价下跌了，我的自住房的价格也下来了，所以我剩下的资产净值没有那么多。次贷危机后，银行吃一堑长一智，对贷款与资产净值之比的要求也特别高。401K 的钱取出来有很多问题，最直接的问题就是罚款。虽然我知道房子的回报会比 401K 更好，但是被罚款却不是我想要的。因为罚款是真金白银，交了就没有了。

当你缺钱的时候，没有人愿意给你钱。不但是我一个人缺钱，当时投资理财论坛上抄底的各路英雄没有一个不缺钱的。我印象中有一个网友甚至开出 15% 的年利率的回报，用房子做抵押，找人借钱，可是还是借不到。

我买的第一个房子空置了一个月之后，勉勉强强出租出去了。但是出租也不是一帆风顺，因为我那个区是非核心地带，经济还没有复苏，来看房的都是一些稀奇古怪的人。我头一次在美国当房东，这些人是不是能交下月的房租，我心里也没有底。

我只能好声好气地伺候着，有求必应。灯泡坏了，我都跑过去帮他们换一下，把房客伺候得像大爷一样，因为我知道这个时候不能有任何闪失。我想起了前一阵子在拉斯韦加斯买房子的那个网友说的话，做了房东后真不知道谁是杨白劳，谁是黄世仁。

06 抢到第二套房

又过了两个月，我终于找到一个贷款中介，他可以帮我办第二套房子的贷款，不用等半年。不过利息要稍微高一些。利息高就高吧，回头再融资时再说，这个时候顾不得那么多了，赶紧抢到房子才是最重要的。

我买的第二套房子是在游轮上买到的，因为发那个报价的时候，正好碰到我们全家去海上坐游轮度假。那时我每周都在不停地报价，几乎所有的报价都石沉大海，成交最大的障碍就是我的银行现金太少，卖家不是很肯定我有足够的能力完成交易。

工作再忙，不能耽误休息。买房再忙，不能耽误度假。我的这个回忆录可能给读者一种错觉，感觉我每天都在忙房子的事情。其实不是，大部分的时间我还是在忙我的工作，照顾孩子。买卖房子的事情，只限于周末和晚上下班。每年再忙，度假也是必不可少的。

当时移动通信还没有这么发达，游轮上完全没有信号。整个游轮只有一个网络端口，按分钟收费。但是没有办法，我也只能一边看着墨西哥湾的落日，一边在游轮上写报价。游轮上没有打印机，所以我只能用带着的计算机把长长的合同每一页截屏截下来，然后在截图上“描上”签字。写完报价，再用邮箱发送出去。轮船在大海上航行，外面是喧闹的人群，我在游泳池边完成了这个工作。当时有种生意人做大买卖的感觉，因为电影里的大富豪们都是在高尔夫球场和游泳池边上把生意做完的。

07 不要相信媒体

2011 年，当房价止跌回升的时候，跳出了很多著名的经济评论家预测未来。这些评论家，每个人都带着吓死人的头衔，包括诺贝尔经济学奖获得者罗伯特·希勒（Robert Shiller）。他号称因为准确地预测了互联网泡沫和次贷危机而获得诺贝尔奖，我是不信这些事后诸葛亮式的吹牛把戏的，无论他有多么大的头衔，因为普通民众可能很少注意到他在 2015 年也预测美国股市泡沫严重，立刻会崩盘，结果被打脸。看空的人永恒看空，吹牛的把戏就是不断地试错，试对一次就扩大宣传，然后拿诺贝尔奖，试错了就默默无语。

当时电视采访他，问他觉得房价会下跌多久，他说可能会下跌 3~5 年的样子。最后又有人问他，你觉得房价什么时候会回升？什么时候会有下一个房地产泡沫？他当时的一句话是："这辈子恐怕再也不会见到了。"

我对他后面这半句话特别不以为然，我甚至认为房价下跌 3~5 年这样的判断也是不靠谱的。至少对于局部地区，比如湾区这样的地方不是这样的，市场反转就在眼前。说美国从此以后再不会有房地产泡沫更是不可能的事情，下跌之后就意味着暴涨。只要是自由市场，有跌就有涨，有涨就有跌。

可是所有的媒体都不这么说，如果你有兴趣回顾 2010—2012 年前后的所有的媒体，没有一家媒体会告诉你房地产价格在下跌之后会暴涨，它们会告诉你，将有大量法拍屋源源不断地进入市场。你今天去查一下 foreclosure second wave 这个关键词，就能看到当时汹涌澎湃而来的报道是多么的错误，当时很多媒体认为第二轮法拍屋浪潮马上就到。

没有一个著名的经济学家，没有任何的股票评论人，至少我没有看到一个公开预测到 2012 年之后的房地产价格狂飙。

然而在我眼里，这简直是"秃子头上的虱子"——明摆着的事情，虽然我也不知道什么时候价格会反转上升，但我知道反转是肯定的，因为过去的历史一次一次都是这样的，而且反转用不了几年就会达到新的高峰。

这一现象又一次印证了我之前的一个观察和理论，就是所有的这些评论人，他们最关心的是如何讨好听众，他们并不关心自己的判断是否正确。他们也许独立思考，但是真正独立思考的人，很少敢在公共媒体上发言，至少媒体不愿意播放和广大民众意见相悖的观点。

做出独立思考而采取行动的人是默默无语的。黑石（Blackstone）这样的对冲基金就在干这件事。它们突破传统思维，直接从银行手里购买法拍屋。据说前后整整买了将近 100 亿美元的法拍屋，最后发了一大笔财。它

们默默买进的时候能够声张吗？当然不能，恐怕还要雇经济学家在媒体上鼓吹泡沫和衰退有多么严重呢。

08 信息不对称的房市

第一年抄底的工作结束，我在文学城博客上写了一篇新年总结的文章。这篇文章是那一年的总结，我告诉大家不要迷信名人和媒体以及各种 Excel 的指标，抢到篮子里的就是菜，不要犹豫，赶紧抢。

我这样做是在提示大家美国房地产的市场底部已经形成，鼓励别人抄底。但是这些鼓励给我自己可能带来了很大的副作用，因为我当时发现买房子的时候，很多和我同样背景的人在和我竞争。我抢房子的时候，发现一多半是中国人、印度人和其他亚裔面孔，似乎美国普通的民众非常的少，至少在湾区是这样的，我感觉这里面可能有很大一部分原因是信息不对称。

大部分中国人和印度人在 IT 领域工作，他们在公司里已经感觉到了经济在复苏。那个时候又是中美的蜜月期，我们作为在美的华人，知道那时还有很多的中国人要到美国来。他们或者是为了子女教育，或者是想换换环境，移民到美国来，就像当年山西的煤老板赚了钱都去北京生活一样。

此外，还有大量的中国中产阶层效仿 20 世纪 70 年代和 80 年代的中国台湾人，把他们的孩子从高中开始就送到美国学习，这些孩子大学毕业的时候，首选的工作也是 IT 领域，最大的可能就是落户在东西海岸人口密集的城市。我认识的聪明的中国家长那个时候已经开始为孩子将来的婚房做准备。婚姻和住房，按照我们东方人特有的习惯，都是需要家长负责到底的事情。这些国际买家的购买力和当地人当下的就业与收入是没有关系的。

美国人也许知道自己家里的事情，但是对于美国以外的事情不是特别了解。在旧金山的房地产历史上出现过好几次这样的例子，20 世纪 90 年代，那些来自中国香港的大批移民，就曾经拯救过旧金山因为经济衰退导致的低迷房市。

人们对于房市底部的判断往往过于悲观。因为人们经常用库存除以销售量来确定房市走出低谷的时间。我曾经阅读过一份 20 世纪 80 年代圣何塞（San Jose）地区房地产衰退时期的报告，当时预计需要 30 年才能消化掉现有库存，可是最后只用了两年的时间就把库存消化掉了。主要原因是销售速度和库存本身都是变化值，人们会根据预期随时调整买入和卖出。

如果有企业在大规模扩张，那么人就会源源不断地进来。2010 年前后，像苹果、谷歌这样的公司渐渐如日中天。它们都有在湾区大举扩张的计划，购买土地，新建更多的办公楼。Facebook 这些原本创业阶段并不在湾区的公司，也在湾区大规模地招聘人员创建企业。当时的特斯拉已经初现规模，湾区一个本来不生产汽车的地方，未来会变成美国汽车制造的重要中心之一。湾区的风险投资在 2012 年开始活跃起来。一大批科技企业在湾区开始孵化，包括后来鼎鼎有名的 Uber 等。

这些 IT 产业信息及亚洲买家的信息，美国普通民众特别是传统行业的普通民众是不知道的，也没有切身的紧迫感。IT 行业的人，印度、中国等新移民知道这些信息，我们比仅受大众媒体影响的普通美国人掌握的信息更多更全面一些。因为这个原因，我看到了大量的亚裔背景的人在那个时候开始抄底买入大量的住房。

房价上涨的时候，基本规律是核心区的房价先涨，然后蔓延到外围。比如在湾区，2012 年湾区最好的学区、最核心地段的房价已经超过了 2008 年时的最高点。然而此时，外围的房价刚刚触底不久开始反弹，还没有达到 2008 年最高点的一半。

用我的“指数房”作为例子。2012 年的时候，那套房子仅仅涨到 36 万美元，而同时核心区的房子已经超过了 2008 年的最高点，房地产价格的区域性很明显。

然而全美的经济学家或者美联储，他们关心的是全国的经济形势，那时大部分人沉浸在大萧条（Great Depression）的痛苦中，我还记得当时我的一位朋友委托我帮他的一位朋友的孩子在美国找工作，还是刚刚从斯坦福大学硕士毕业。这在以前是闭着眼睛就能找到工作的，可是那个时候真的就是找不到。报纸杂志还是各种负面的消息，因为就业率依旧处在低谷。

湾区的房地产投资人群里反而是另外一种声音，就是我们是否在形成一个新泡沫（Are we forming another bubble）？因为房价反弹太快了。不过在我看来，如果因为核心区的房子涨过了2008的最高点，就认为新的泡沫又在形成的想法是很荒唐的。我坚持的一个观点是房价才刚刚开始起步，要涨很漫长的一段时间，也许是5年，也许是10年。因为你看看过去的历史就知道，每次这样大的循环都是以5~10年为一个周期的。

大众媒体很少具有前瞻性。我这么多年对大众媒体的总体观察就是，媒体的反应总体是滞后的。因为一件事情变成热点之后，才会引发媒体关注。而引发媒体关注之后，经过采访和调查，整理成文章，再传到普通人的时候，早已慢了不止半拍，最好的机会已经过去了。媒体擅长做的就是利用这种痛苦，将自己的报纸杂志销量最大化，或者赢得更多的点击率。

我们在做投资决策的时候，首先要想到的就是自己的信息是从哪里来的，自己是不是这个信息的最后一批获取者，我身后是否还有比我更晚知道这件事情的。如果没有，那可能要深思熟虑了。

前瞻式的信息获得只能通过亲力亲为，从处在一线的人手中获得。比如在美国的投资理财论坛里，2012年就充满了各种购买法拍屋的经验帖子。从这些帖子中你能够获得的信息和知识远远超过多数主流媒体。

不过，相当一部分在美华人有一个很大的心病，就是总想融入美国主流社会，远离中国人的社区和媒体。事实上，从主流媒体中我们能够获得的信息总是非常有限的。主流英文媒体，一切似乎都是朦朦胧胧的，总是不具体，说不到关键点上。这不单单是限于投资房地产，包括孩子们的教育、升学、办理移民。你会发现最有用的信息都来自华人自身的中文社交媒体。

我认为房价会进入长期复苏的观点和当时在投资理财论坛上一些勤于笔耕的人基本一致。房价上涨远远还没有到出现泡沫的程度，这只是一个漫长上涨的开始。随着人们工资的升高以及就业率的提高，那时大量的需求才会被真正释放出来。

09　哪里都找不到钱

道理都明白，最后没有抄到底也是一场空。谁可以抄到底，其实就是执行力的问题。我自己非常清楚地知道这点，可是执行层面越来越困难。

我几乎是在历史最低点的时候买入了第一套房子。过了几个月，等我心急火燎买入第二套房子时，房价已经涨了 10%~20%。要买第三套房子却费了老劲了，因为所有的中介都告诉我不能贷款，要等两套房子都有比较长的出租历史才可以。

我可等不到那一天。我要买 8 套房子，我一遍又一遍地给自己加油打气。如果你老老实实，把自己想象成一个人肉皮球，总被其他人踢来踢去，最后你就是什么也做不成。这个时候我只能找审查稍微宽松一点的贷款中介帮我出主意。他的办法就是把我在其他地方的一些咨询收入加进来。因为这些收入并不是有清晰和明确定义的，解释的空间有很大的余地。

贷款解决了，可是我的首付问题依旧没有解决。买两套房子已经耗尽我手上所有的现金。一有风吹草动，恐怕就要动用信用卡过日子了。机会放在这里，杠杆我也能拿到，可是我没有撬动这个杠杆的金钥匙。

当时我有几个选择，一个办法是把我买的第一套上海中心城区的房子卖掉，那个时候这套房子的价格已经超过了 100 万美元，如果把它卖掉，我就用这笔钱做首付，一套独立屋只需要 5 万美元，那么我可以购买 20 套住房，总市价 500 万~600 万美元。这 20 套住房价格涨一倍，回到 2008 年次贷危机前最高点，那么我“普通人家十年一千万”的理财目标就实现了，能够实现这样的目标该是多么令人开心的事情啊。

然而明明知道这是正确的投资决定，可是我不敢，因为我担心那些理论计算以外的不确定性因素。落实这件事其实非常困难，我可能要交一些资产增值税。当时我已经持有绿卡了。这套房子我在中国按照比较低的价格买进，比较高的价格卖出，我可能要补交大量的税费。交多少税，怎么交，这点我不是很明确。

我当时咨询了一些会计师1031交易①（1031 Exchange）的办法。我说可不可以把中国的房子卖出，作为互换（Exchange）买美国的房子，这样我可以延税。会计师给我的答复是否定的，他们说中美两国的房子很难说明是同类或者相似的房子。我说，都是住宅啊，很相似啊。会计师依旧直摇头。当然会计师的答复都是偏保守的，他们不想承担更多的责任，但不管怎么说让我对这个问题产生了一些疑虑。

还有就是这么一大笔钱进入美国，会不会有其他问题？我没有做过100万美元以上的国际汇款。大额美元汇入美国，可能需要向税务部门甚至联邦调查局（FBI）解释这笔钱的来龙去脉。虽然我是守法公民，但是被别人调查的感觉非常不好。尤其是当时中国外汇管控已经变严格了，一人一年5万美元的限额。问题是即使我在中国那边想办法汇出了钱，我在美国这边说得清楚吗？他们能理解我找人代我汇款这事吗？我有证据吗？我能说明这不是洗钱和非法交易吗？调查你的税务官员，他们能明白中国那边关于外汇管制的一些措施吗？你雇用律师和会计师说明白这些事情代价有多大？

很多人对美国的金融管制很反感，让人感觉普通人其实没有多少自由。当然我理解可能这些管制一开始的出发点是好的，防止有人逃税或者防止恐怖分子和毒贩洗钱。但是副作用也是明显的，普通人用钱是战战兢兢的，生怕政府把自己当成坏人。

在美国，你没有办法把几万块钱随便借给朋友。因为你担心会有政府找你要证据，找你要赠予税。所以，你或你父母在中国卖掉房产的钱也不太敢拿回美国来，倒不是因为你说不清楚，而是因为被调查本身就是一件很痛苦的事情。

只是想想这些事情，都让我头大。另外一方面让我担心的就是上一次在中国置换房产的经验教训。当时我也是想一个换四个，但最后的结果是

① 在房地产领域，1031交易指的是将一处投资房产与另一处投资房产进行互换，从而可以延期缴纳资本利得税。

还不如什么都不做。我对未来的趋势能够把握得那么准吗？所以我放弃了卖掉中国的房子，把钱拿到美国投资的想法。中美之间的投资还是各管各的吧。

现在回顾往事，看看当时我的这些担心，也许是我把风险想象得太大了。因为在投资理财论坛上的确也有人把中国的房子卖掉，拿到美国来投资的，也没有出什么太多的问题。比如当时就有一个投资理财的网友，咨询我在圣何塞买多户住宅（multi-family house）是不是个好主意。她是一个 2012 年到美国的新移民，她算了一下圣荷西的回报率，认为比上海的回报率高太多了。我告诉她在美国管理房屋跟中国是很不一样的，要负责维修。如果是一个多户住宅，甚至还要处理邻居的关系。最后我并不知道她是否买到了，但我衷心祝她好运。我唯一清楚的是，她的确做到了从中国汇款上百万美元到美国这件事。

让我最终下决心不卖中国的房子，最终起作用的其实是信誉。2011 年的时候，我把上海的第一套房子租给了一对年轻夫妻。他们带着家里的老人，一起搬了过来。因为老人的年纪比较大，所以他在搬过来的时候一再跟我确定，他希望长住这个房子，所以当时签了一个五年的合同。

当然我也可以撕毁这个合同，撕毁合同也就是赔偿他们一个月的房租而已。可是签约的时候他们和我说得非常恳切，说宁愿房租高一点，也希望找一个稳定的地方。因为他们的父母当时已经 70 多岁了，不想也不能再折腾。而且这个家庭从来都是准时准点付的房租，从来没有给我找过任何的麻烦，甚至房租每次都是在约定支付日期前三天付给我。房屋的维修也都是他们自己去办理，在征求我意见之后把账单寄给我，从房租里扣除。

我这么多年跟房客打交道的经验是，如果你为别人着想，为房东省下了金钱和精力，最终这些好处都能反馈到你自己身上。房东可能会在房租上给你更多的优惠，可能在你搬出的时候给你更多的宽松日期。然而很多房客不明白这一点，尤其是美国的大多数房客，他们不知道房东付出的所有劳动，每一个修缮，每一个看似合理的要求，最终羊毛都出在羊身上。而房东的小时工资往往远比房客的小时工资要高很多，所以房客麻烦房东是一件很傻的事情。

因为我不想撕毁合同，所以我没有把房子卖掉，把他们赶走。这是我十几年投资的一个基本原则，就是我极其在意自己的信用。维持信用记录不仅仅是保证我有较高的信用分值，可以帮我获得贷款，我还总觉得冥冥之中，人世间一切都是环环相扣、紧密相连的。一个人如果做到又诚实又守信，上天总是会用各种方式来奖赏你。一个人如果言而无信、出尔反尔，那么也许他可以占一些小便宜，但是命运总是会想办法把这些小便宜成倍地从他身上夺走。也许是通过某种阴错阳差，也许仅仅是因为你内心的不安导致你犯错。

既然这样不行，那样不行，我只有最后一个办法了，那就是从 401K 里头贷款。401K 明明是自己的存款，但是此刻只能走贷款程序，把钱取出来。

美国政府又何必多此一举呢？让人们自己管好自己的钱不是很好吗？何必养活那么多中间人。401K 的一个好处就是利息还是付给自己，所以利息再高也不是什么损失。但是 401K 的贷款金额是有限的，如果你换了工作，延期付款（rollover）那部分是没有办法贷款的。你只能用在当下公司工作期间的定期缴款（contribution）抵押做贷款。也不知道当初为什么制定这些荒唐的规矩，对自己的钱设定那么多的管理规则。

因为这个原因，所以虽然我们当时的 401K 退休金有几十万美元，但是我能贷出来的钱非常少，只有 5 万多美元。但不管怎么说，这笔钱够我做第三套房子的首付了。于是每个周末我又开始不断地去看房子，抄底的“挖掘机”继续推进。正当我满腔热情地疯狂报价时，另一个灾难又发生了。

上帝总有各种办法磨炼一个人的心智。

10 抢到第三个投资房

这次是我生病了。

就在这个最重要的节骨眼上，我生病了，而且病得很严重。我运动的时候，一个不当心，腰椎受伤了。一开始是隐隐约约地疼痛，后来是钻心的疼痛，最后我只能躺在床上了，一动不能动。医生说只能静养，别无他法。我问需要多久能恢复？医生说，他也不知道，少则几个月，多则半年一年。

人休息躺在床上，可是房价还在噌噌地上涨，我心急火燎也没有用。

当时房价不能一步涨到位的原因其实是银行。很多房子即使再加 10%的价格也是卖得出去的，因为一套房子经常收到十几个报价，但是银行的贷款估价限制了房价的快速攀升。比如当时一套 40 万美元的房子，报价 40 万~45 万美元不等。虽然卖家希望卖到最高价 45 万美元，但是 45 万的报价没有办法成交，因为银行贷款评估的时候并不认可这个价格。此时银行在批准贷款时吸取了次贷危机的教训，变得极其小心。它们只会根据最近几次交易的价格，也许稍稍有一点浮动来决定这套房子的合理价格。即使合同是 45 万美元，最后也要根据银行评估重新商量。

因为有银行贷款这一关做最后的保险，所以我后来胆子变得越来越大，给出的报价也越来越高。加 10%~20%都不在话下，卖家想卖多少钱都行。签了合同再说，后面银行估价下来再慢慢谈。如果我给出的价格没有排在第一名，那么后面压根没有再谈价格的可能性。

我只能躺在床上带病坚持工作。躺在床上，并不妨碍我给他们报价；躺在床上，我依旧可以打电话给中介。但是躺在床上让我没有办法去看房子，其实很多房子我也不需要看，因为通过照片和地图我大概知道这套房子的价格是多少，以及是否有更好的升值空间。

最大的问题是我不去看房子，卖家总觉得我没有诚意。即使我给出高价，有的时候他也不愿意接受。卖家觉得我可能是胡乱试试的，房子都没有看，没有诚意。因此，我错过了好几个成交机会，我只能直瞪眼、干着急，一点办法也没有。

但是只要你动脑筋，办法总比困难多。我的信用良好，分数很高。我只能用非常规的办法解决这个问题，就是每次我报价的时候，附上自己信用分数报告的截屏。中介告诉我没有人报价的时候会附上自己的信用报告，这样不符合常规。我说因为没人这样，所以我才一定要给。这个办法果然有效，就这样费尽周折，我买到了第三套房子，这时候我又没有钱了。

那个阶段感觉自己的钱就像打游戏时候的血条，好不容易满血复活了，被妖怪几下子就打没了，然后心急火燎地接着等复活。

我像一个残疾人一样躺在床上。没有首付的钱，也不能工作，可我买8套房子的计划才执行了一半不到，怎么办呢？

好在当时我工作的自由度很高，也不需要担心失去工作。因为当时我主要的工作是在创业，经营着一家公司。因为在创业阶段，我没钱给自己发工资，所以我大部分收入来自一些咨询业务。咨询业务稍微停停不要紧，这家公司因为我是老板，所以我不去，问题也不是特别大。

病痛打击的更多是自信心，我不知道自己的脊椎能不能好。在床上整整躺了一个多月之后，我还是几乎下不了床。我不知道以后会怎么样，如果一直像个残疾人一样，我的创业公司该怎么办？我还能不能管理投资房？

11 抢到第四个投资房

大概又过了三个月，这个时候我可以下床活动了，也可以开车到处走一走了。但是我不能站很久，只能坐着或是躺着，或者是快步行走。如果是站着不动，只要一分钟脊椎就会疼得我龇牙咧嘴。我去医院做核磁检查，检查报告显示我有一部分脊髓液外流并压迫神经。医生也没有什么好的办法，只是告诉我，唯一的办法就是尽量恢复，不要让脊椎受力。

那时候房市依旧火热，非常抢手。有的时候中介都见不着，我觉得记忆中最夸张的一次是我们有五六个人同时约好了去看一栋房子，在门口等了一个多小时，中介都没露面。

但是我要买8套房子的目标还在那里，我心中的火焰还在燃烧，我还是要去实现我这个目标。虽然我没有什么首付的钱，虽然我不能站立太久，虽然我几乎无法贷款，但我仍要继续看房子，找机会。

下一个看到的房子是一对老夫妻在卖的短售屋。这是一个在铁路边的房子，真是一个差得不能再差的地点了。这里虽然离铁道不远，但是我知道附近正在规划建设一个大的研发中心，几年后可能会有几千人到这附近工作。

这是一个独栋的房子，短售标价只有 11 万美元。这对老夫妻不打算要这个房子了，我当时觉得很奇怪，因为房子地点虽然很差，但是房屋内部修缮得很好。后来了解到这对老夫妻在这套房子上倾注了大量的心血，次贷危机前，他们申请了房屋净值抵押贷款，把这个房子装修一新。他们把卧室客厅全部重新翻修过，屋顶重新换过，厨房和厨房电器全部都是新的。

他们花了两年的时间去修这个房子，光修房子就花了 15 万美元，但是这 15 万美元都是从银行借来的。这套房子在 2007 年的估价是 45 万美元，当时他们因此贷了 15 万美元。

按理说他们好好地在这套房子里享受自己的生活就好了，慢慢地把贷款还掉，但就是因为房价跌了，跌到只有十几万美元，他们觉得自己背着 15 万美元的贷款实在不合算，于是就想把这套房子短售掉。

在其他正常的社区里，我当时感觉无力和别人抢房子。我一没钱，二行动不便，但是这套房子因为离铁路比较近，后院经常可以听到火车的轰鸣声，所以没有什么人来买。

于是我出价把它买了下来。11 万美元的房子，20%的首付，我只花了两万多美元就把它买了下来，而且没什么人和我抢。这两万美元是我从犄角旮旯里凑出来的，包括 2008 年我以 1 美元的股价买入的 100 股花旗银行股票都卖了，又用了一张一年不付利息的信用卡取了一些现钱，好不容易凑齐了首付。

房屋主人走的时候收拾得特别干净。我去接手的时候，院子里都没有一片落叶，草坪整整齐齐，仿佛可以感觉到前主人对这套房子的深情。他们对房子倾注了那么多的爱，付出了那么多的劳动，但是在最关键的时候，他们却选择了抛弃它。

房子的地点虽然很差，但是房子很好，基本上没有什么修缮工作要做，所以我很容易地就把这套房子出租出去了。房租一个月1500美元，不但足够还房贷，而且还有富余。

虽然这套房子靠近铁路，但是出租反倒很容易。世上总是穷人多，很多人在租房期间只求租金低，并不在意自己的生活质量降低一些，所以在后来的日子里，这套房子没有空置过一天。

现在这套房子的价格早已突破了历史最高点，估价55万美元。如果认真想想，这对老夫妻两年的心血和从银行贷的15万美元基本上等于白送我了。对他们而言，这些本来都是可以避免的，只是因为自己太过于贪婪和算计自己的利益。所以，人在做事情的时候，不能光想着自己，不能只是做一个精致的利己主义者，人还是要有一些诚信和担当的。

12 抢到第五套、第六套投资房

我买第四套房子的时候，房价的趋势已经很明显，一轮一轮上涨。半年之后，我渐渐恢复得可以自由行走了，虽然时不时有些不舒服，但是没有大碍了。但是我实在凑不出更多的钱去买后面的房子，如何实现我8套房子的目标呢？

读者可能会不理解我为什么痴迷于这8套房子的目标。如果没有在文学城上写下自己10年1000万的豪言壮语，可能我也就放弃了。因为自己有这样的承诺，有这样的公开目标，内心深处给自己制造了一些压力，想看一看自己的能力极限在哪里。

可是钱呢，钱从哪里来？每天我看着不断上涨的房价急得直搓手。人可以有各种各样的目标，但是没有钱你一点办法也没有。

常言道：“如果一个人真的想做什么，上帝都会被感动跑过来帮你。”

历经磨难，我的好运气终于也跟着来了。

这个时候我突然接到一个特别古怪的咨询项目。这样的咨询项目，我一辈子也只做过一次。有一个我所在行业的创业公司要上市，它们的核心技术专利需要有人做一下技术评估，目的是证明它们的技术是独一无二的。上市公司的技术负责人，通过很多关系找到了我，让我帮它们做一下技术评估。因为我曾经在这个领域发表过一些期刊论文，它们觉得我比较适合做这方面的技术评估。

你也许会觉得奇怪，为什么这个工作是创业公司自己去找人评估而不是投资银行来找人评估？主要原因是投资银行要对它们的技术做尽职调查，但是投资银行的人根本看不懂这些技术，所以就让创业公司的人给它们推荐专家来做评估。

做这个工作不复杂，只要写一份报告，把相关的技术优点和缺点比对一下就可以。技术内容我很熟悉，差不多一个星期就可以写完。不过我知道投资银行是怎么回事，因为我在那里实习过，所以如果按照小时计算的话，咨询费用不过是 5000 美元左右。可是这个上市过程是一个上亿美元的交易，我就不客气地把自己的要价放大了 10 倍，给了一个 5 万美元的咨询费报价。

创业公司的这位老总对我非常客气，他主动说可能我还是少要了一点，他建议我可以再加一些。他说最关键的是能不能快一点出这份报告。反正钱也不是他出，最终都是投资银行买单。写报告这种事情，我得心应手，我写一本书也不过是几个月的事情，于是我把价格又抬了抬，说干脆就 10 万美元吧。

他看着我微微一笑，觉得我一副不开窍的样子。一家公司在上市的时候，眼睛里看到的都是大钱，对这些小钱完全不在乎，反正这笔钱也不是他出。我感觉他微笑的样子似乎是说可以再加一些。在上市的交易过程中，各种财务报表的最后一位往往是 100 万，100 万以下的报表他们连看都不看。

不过我没有太贪心。过了几天投资银行的人找我，签了合同。我开出的 10 万美元的价格，他们一口就答应下来，压根没有还价，但是只有一个条件，就是这个周末结束前必须把报告给他们。

于是我忙了整整一个周末，那几天几乎没有合眼，把这个报告做好给他们，算是帮助银行做完了尽职调查的一部分。其实大多数公司并购，这些尽职调查只是走一个过场。买卖双方内心深处都很清楚，投资银行这个时候接到这个单子，难道能让这家公司不上市吗？公司努力上市，难道它会找一个人对它们的技术评估说坏话吗？

对我而言，别人雇我做技术评估，难道我能评价他的技术一无是处吗？当然我也会保护自己，我不会说一些违背原则的话。创业公司能够做起来，技术只是一方面的，还靠技术以外的很多东西。独门秘籍一样的技术是不存在的，大部分技术评估有非常大的弹性空间，我不能把黑说成了白，把白说成了黑，但是灰度到底是多少，我的自由度很大。

我自己觉得自己的报告无懈可击。虽然仓促之间完成，但是也没有违背自己的职业道德。这可是雪中送炭、意外横财，我用一个周末就挣了10万美元。

这10万美元对于投资银行的人可能根本不算什么，对我来说却很重要。靠着这笔钱我买入了第五套和第六套房子，离目标还差两套。等我买完第六套房子不久，我的“指数房”已经涨过了45万美元，比最低点几乎要涨了一倍，这个时候抄底的最好机会基本已经过去。我感觉房价肯定会突破新高，现在只是市场进行正常的恢复，远远没有进入泡沫状态。要让市场进入泡沫的状态，需要换一批购房者。曾经历过房地产泡沫的业主，恐怕都会小心谨慎，很难再制造一个泡沫。

13 买到第七套、第八套投资房

这个时候房价稍微稳定了一段时间。一年后，我用平时的积蓄又凑了一些钱，买入了第七套房子，这时候我的“指数房”已经涨到快55万美元了，我实在没有办法再买更多的房子了。

以上就是我在次贷危机之后湾区抄底过程的真实记录。第七套房子买好之后又过了一阵子。我把第一套房子进行了再融资，用提出的现金买入了第八套房子，终于完成了我的心愿。

在整个抄底过程中，房价平均涨了一倍。因为是20%的首付，所以现金回报率是10倍左右。最赚钱的是那套铁路边上的“小黑屋”，三年现金回报率是 20 倍左右。

在整个抄底过程中，我基本上没有特别大的资金投入。当然主要原因是自己是普通人家，没有太多的积蓄。而且自己在创业，没有太高的收入。大部分时候家庭税前收入一年只有 15 万~20 万美元。个别时候有些额外的咨询收入，量也很少。

我对自己在次贷危机之后抄底过程的执行能力是基本满意的。如果再给我一次这样的机会，我几乎想象不出怎么才能比这一次做得更好了。因为我手边可动用的资源就这么多，我给自己的表现打 80 分吧。

第十六章

在美国做房东

01 初试房东

抄底次贷危机过后，我开始了在美国当房东的日子。美国的房东有很多外号，有的时候叫“地主”，有的时候我们老中自嘲为“淘粪工”。“淘粪工”源于投资理财论坛上经常讨论的房东维修房子的事情，包括马桶堵了，都需要房东亲力亲为，所以房东们自嘲为“淘粪工”。当你经营的出租房规模很小的时候，其实大部分时候业主都是淘粪工。经营上规模之后，才会聘请工人长期帮你工作。

我一开始做房东的时候，也觉得很诡异，特别是我急需钱抄底买湾区的房子的时候。一方面，自己是一个博士，创业公司再不济我也管着十来个人；另一方面，每到周末，我却经常要提着工具箱，帮别人修门锁、修开关，但通马桶的事情我的确没有干过，和上下水相关的活儿我都交给了水管工。抄底那几年过去之后，一般的维修我已不再亲自上手，但是有时，活儿太小找不到合适的工人，也只能自己亲力亲为了。

在中国当房东和美国当房东是完全不一样的，过去十年，我同时体会了这两种当房东的感觉，可以对比一下。

在中国当房东是活脱脱的“黄世仁”。因为你只需要管好钱，具体的事情都不用你管。因为人工费不贵，维修的事情有物业去帮你做。另外，因为中国大部分房子是公寓楼，所以没有什么要修的，屋顶不会漏，墙不会漏，窗户不用换。如果让我写中国当房东的故事，可能一千个字就够了。

在美国当房东，特别是小业主当房东，就是活脱脱的“杨白劳”，因为美国的房子大部分是独栋。考虑到租金控制和屋主委员会一物业的管理费，我购买的大部分房子是独栋，因为真正升值的是土地。非独栋住房物业管理费年年上涨，也会对你的利润有很大影响。

美国修房子的人工费很高，然而对于小业主，不单单是人工费的问题。当你房子不是很多的时候，没有稳定的维修工作量，你去找一些陌生的工人来修理，难免要被宰。

唯一的办法就是自己去做修理。我觉得大丈夫能屈能伸，既然中华民族优秀的妇女同志们可以上得了厅堂，下得了厨房，我们这些油腻的大老爷儿们，自然也是上能在《自然》杂志上发论文，下能通得了马桶，四体不勤的男人没啥值得骄傲的。

我自己家的修缮工作大部分是自己做的。无论是之前我说过的自己铺设地板，还是平时空调、暖气、汽车的维修。我感觉给自己家修东西其实是充满了乐趣，尤其是我不忙的时候，周末在家鼓捣一些工程项目都是很有趣的。比如在后院建造一个小孩玩的秋千滑梯，在侧院搭建一个花架子。这些事情在很长一段时间里都是我周末最大的乐趣。我会兴致勃勃地去家得宝①（Home Depot）采购原材料，自己设计，动手完成。最享受的就是每次完成之后，坐下来喝一杯清茶，细细欣赏自己的劳动成果。

给自己家干活永远都是充满了动力，当然最主要的原因是有成就感，所以你能享受其中。这就好像你给家人做了一顿丰美的菜肴，然后看到家人们吃得开心的样子，你会心满意足。哪怕此刻已经累得腰都快直不起来了，你也会很开心。

给自己修房子和给房客修房子的差别，大概就是相当于给自己做饭和在餐厅做饭的区别。给房客修房子，你通常没有心情，只想应付了事，赶紧逃之夭夭，这对每个初期当房东的人都是考验。

---

① 家得宝，美国全球领先的家居建材用品零售商，美国第二大零售商，家得宝遍布美国、加拿大、墨西哥和中国等地区，全球连锁商店数量超过2000家。

02　调整心态

我的体会是，最重要的一条就是调整好自己的心态，控制住自己的傲慢。大部分美国华人受过高等教育，而且往往不可避免地鄙视体力劳动者。其实体力劳动也好，智力劳动也好，并没有什么高低贵贱之分。大部分人很多时候都是在自欺欺人地找感觉。

给你算一笔账，你就会明白。比如投资银行的人是最讲究体面的，一个个西装革履地在高楼大厦里面工作。可是投资银行的总经理也好，副总裁也好，会见客户的时候，不是也要恭恭敬敬、客客气气吗？因为只有对客户恭恭敬敬、客客气气，这单生意年终奖才有可能提成10万~50万美元。即使客户蛮横无理，刁钻找碴儿，看在钱的份儿上，你也忍了。

我在抄底买房子的时候，仔细核算了一下。如果我可以稳住租客继续租住，房价持续涨到年底，那么这几套房子加一起我就可以挣到50万美元左右。我帮助修理一下房屋，通一下马桶，那又和投资银行的工作有什么区别呢？无非在投资银行，你服务的是大老板们。而当一个淘粪工，你服务的是普通民众，甚至是挣扎在温饱线上远不如你的普通民众而已。

都是服务行业，挣到的钱也没有区别，而且老百姓比那些生意场上刁钻的老板容易对付多了。问题往往还是来自你的心态，人本能地不喜欢给低于自己社会阶层的人服务，要是给比尔·盖茨家修个车库门，即使没好处，我看很多房东也会乐于跑一趟去看看富豪家的样子。

我说这些道理是想告诉你，同样做一件事情，有理想和没理想，有长期计划和没有长期计划，是不一样的。明白了这些道理，就会让你在做这些体力劳动的时候充满干劲，不然就会顾影自怜，抱怨人生。

我认识的一个朋友，当我的“指数房”价涨到40万美元左右，在我看来房价还有很大的上涨空间的时候，他受不了做房东之苦，把房子卖掉了。这位朋友也是博士毕业，房客老找他修这个修那个，最后他不堪其烦，毅然把房客赶走，房子卖出。我觉得他没有调整好自己的心态，他总觉得自己一个大博士，去服务于这些文化程度低的人，还被那些人呼来喝去地搞维修，心里多多少少有些不甘。

美国房子的修理工作一点都不难，房客其实自己就可以修。只是大部分房客没有意识到，把房东呼来喝去做这些修理之后给自己带来的后果是什么。我印象中有一个房客，家里有一只蚂蚁，他都会打电话让我去。他说这个房子出问题了，客厅里竟然有蚂蚁，要我帮他把蚂蚁清理掉。对待这种客户最好的办法就是赶紧涨房租让他们滚蛋，爱去哪里去哪里。

其实四体不勤的人，你一眼就可以判断出来。四体不勤的人的共同特征就是不考虑他人，只想着提要求。面谈的时候，会对房东提出各种各样的清洁卫生要求，你问他能修什么的时候，他们说自己什么也干不了。

很快我就找到减少自己维修工作量的办法。每次和房客签合同的时候我都会附加一项专门条款，在已经谈好的房租上，我说可以帮你每个月降50美元，但是如下所有的小事情通通你自己来修理，材料费我来负担。这些小事情包括换灯泡、换门锁、换纱窗、杀臭虫等，我列了长长的一个清单。

如果房客对这些清单有质疑，或者是房客说他自己处理不了这些事情，这样的房客还是直接拒绝为好。事实上，大部分勤劳的房客，还是乐于接受降低50美元房租的好处的。我就用这样的方法显著地降低了我的工作量。

03 选房客

我在美国当了8年的房东，同时管理着8套住宅。我感觉如果想让自己生活舒适一些，最主要的是要找到靠谱的房客。同样的一套房子，一个靠谱的房客和一个不靠谱的房客，给你带来的烦恼，差不多会差10倍的样子，而你每个月的租金收入却差不了多少。

怎样通过短暂接触，了解对方是不是靠谱的房客呢？以下几个基本原则可以供你参考。

1. 信用记录。几乎没有什么东西比信用分数更能预告对方是不是个麻烦制造者了。我曾经有过两个信用分数为 800 分的房客，后期的麻烦少极了。平均一年才来找我一次，一切问题都自己解决。一方面，信用分数高的人为了保护自己的信用分数，不愿意跟房东发生纠纷；另一方面，信用分数高的人往往有好的习惯。这些习惯表现在富有责任心，富有同理心，会替别人着想，而不是只顾自己，言而无信。也是因为这个原因，我后来几乎很少租给 700 分以下的房客，我宁肯房子空着，也不要租给找麻烦的人。

2. 语言原则。当然有的时候你找不到信用记录好的房客。比如我出租的第一套房子，那个时候就业市场还一塌糊涂，根本找不到合适的房客。还有很多不错的房客，由于各种原因没有积累足够的信用分数。如果没有信用记录或信用分数不够的时候，我就会用另外一个原则，“语言原则”。

总的来说，给你写长长的邮件的，给你发长长的短信的，打电话一口气能说上五分钟以上的，都不是好的房客。在美国加州湾区有来自世界各地的移民。我整体的感觉是语言能力越差的，越是好的房客。如果英语基本上不太会说，用翻译机才能和你沟通的，那基本上就是值得你优先考虑的优质房客了。语言能力超强，说得天花乱坠的，往往是劣质房客。

在加州，有时你会碰上不交房租的房客，他们利用法律上对自己的一些保护条款，跟你胡搅蛮缠。这些法律条文说起来好像是保护了房客，其实是破坏了房东和房客的信任关系，变相地提升了租房成本。

在中国出租房屋的时候，你很少担心房客付不出房租，你也不用查对方的信用记录，付一个月的押金就可以了。因为付不出房租就会被赶走，这是天经地义的事情。根本不需要法院或者警察来做什么。不交房租，你去敲敲门赶人，房客主动就走了。

美国有各种法律条文对房客进行保护，本质上是害了房客。他们让那些最需要租房子的低收入人群很难租到房子。因为在美国赶走一个房客需要花很长时间，走法庭程序，走警察流程，往往一拖就是大半年，这期间的损失都要由房东来负担。

我自己曾经有过一次驱逐房客的经历，大约让我损失了半年的房租。

整个过程不胜其扰，付出的律师费就更不用说了。原本很简单的事情，一切都要走漫长的法庭程序。走法庭程序看起来是由房东负担的，但是长远来看，和房租加税并没有什么区别。羊毛出在羊身上，最终所有的负担，都是由全体房客来负担的。也是因为这个原因，没人敢把房子租给低收入的人群。一个佐证就是美国的租售比，同样在人口稠密的大城市，美国的租售比要远比东亚国家高很多，这是因为房东在出租的时候不可避免地要把这些风险通通加到房租上。

如果你学过微观经济学就会明白这些道理。这些貌似保护租房者的法规其实是养肥了一个大的政府机构，而养肥这些政府机构的人，并不是房东，真正的出钱者反而是社会最底层的租房子的人。最后的结果是低收入人群真的很可怜，租不到房子。

3. 不要租给急于要搬进去住的人。我碰到的最糟糕的租客是当时住在汽车旅馆里找房子的人。她谎称是从外州搬来的，其实是被撵得无处可住。我出于同情心，就租给了她。结果住进去后我就再也没有收到过房租，直到大半年后请警察把她驱逐出去。

作为房东，人们都恨不得房子明天就租出去，因为空置一天就是一天的损失。但是如果有房客说他明天就可以搬进来，多半不要租给他。相反，那些未雨绸缪的房客，说他们一个月之后才能搬进来，往往是更加靠谱的房客，虽然你的房子会空置一个月。

4. 总的来说家庭完整的人是好的租客。租客家庭结构健全，有比较小的孩子，如果你的房子又在学校附近，那么他们通常会稳定住很多年。如果是未婚同居，或者很多朋友凑在一起，往往不稳定。有自己事业的租客，也是好租客，因为他们关注自己的事业，不会跟你胡搅蛮缠。

5. 凡事物极必反。信用分数特别高、家庭完整、收入又高的人，不见得是好的租客。他们往往是有购房能力的，通常他们短暂地住一阵子之后就搬走住进自己买的房子了。

6. 尽量不要租给刚刚成为自我雇佣者的人。他们的收入不稳定，即使是很好的人，但是没有钱付房租也没办法。

我买的第三套房子就是租给一个开幼儿园的人。她是一个东欧来的移民，当时就在我买的房子边上开了一家幼儿园。她从外州过来，曾经营了二十几年的幼儿园。她一再和我说没有任何问题，让我不用担心。她当时同时租了我的房子和我边上的一套房子开办幼儿园，并把我的房子作为她的个人住所。

但是她的幼儿园一开张生意就不好。她是一个特别好的人，勤劳而努力，信用记录也非常好。但是幼儿园因为种种原因就是没有生意，最后她经营不下去了就开始拖欠我的房租。

我只能请她搬走。她走的时候把房子打扫得干干净净，然后说欠我的那一个月房租以后有钱了一定会还给我。当然我再也没有见到过她，她也没有还给我房租，我也没有通过讨债公司去索要，给她留下不好的信用记录。我想人活在世上都有遇到困难的时间，能够互相帮助，还是互相帮助一下吧。

7. 最后一条最重要，就是无论是谁都需要走标准流程审查。标准流程就是你永远都要的那三样东西：信用报告、银行账单、工资条。无论什么人都要去查一下信用记录，看看有没有犯罪记录，有没有被驱逐的历史。

理论成千上万，说得再多也没有用，只有你去亲身实践的时候，你才会慢慢积累经验，找到门道。我在湾区的房子基本上都买好了之后，美国的经济开始向好，失业率越来越低。原先把房子扔给银行的人，都要到市场上来租房子。有经济能力的人越来越多地开始买房子。所以房价在涨，房租也在涨，我的日子好极了，每天都看到各种上涨的好消息。每一次换房客，租金都可以上涨一大截。

当我想着可以好好享受一下数钱的日子的时候，又一个灾难发生了。是的，真的又是一个把我打蒙的突发事件。人生就是这样，总不能让你一切顺利。有一阵子好日子，倒霉的事情就来了。持续的坏日子也不会长久，转机往往就在前面。

04　种大麻的老中

这次倒霉的灾难事件，是我的中国同胞给我造成的。我抄底买的第一套投资房，后来租给了一对年轻的中国夫妻。这对夫妻刚从中国来，据他们说，那个女的刚到美国三个月，男的是一个广东人，应该是通过亲属移民过来的。女的是从国内嫁过来的，当时已经怀孕。他们看着是一个令人羡慕的温馨家庭。

他们租我的房子三年，从来不给我找任何麻烦，没有提出过任何修理要求，偶尔有事也都自己修了。每个月房租都是按时付，准确地说每次都是提前一天付。

我还经常心里嘀咕，感觉还是我们老中同胞靠谱。我的第五套房子买到之后，我还打电话问他们有没有亲戚朋友也要租房子。他居然还介绍了他的一个表妹来租我的房子。他们看我的第五套房子很满意，但是阴差阳错，其他人比他们早付了定金订走了，当时我还有些后悔。

所以我对这对夫妻的印象特别好。我房子的邻居是房主协会的主席，有一次我还写邮件问他："我那个房客怎么样？"他说："非常好，他们好像有一个小孩子，经常推着车进进出出的，非常安静，从来不给大家找任何麻烦。"

大约三年之后，因为利率变化的原因，我那个房子需要再融资。银行让我去约一下房客，它们需要进屋做一下评估。我给那对中国夫妻打电话，预约做评估的时间。打过这个电话，这对夫妻就人间蒸发了，我再找不到他们了，邮件不回，电话也不回。

我隐隐约约地感觉不太妙，于是跑到现场去看。房子很安静，我敲门没有回应，门锁已经换掉。我绕到后院去，发现房子所有的窗帘都被遮蔽得严严实实，而且是那种特别小心的严严实实的，找不到一个缝隙看到室内。我试图从二楼的窗户看进去，但是也是一样，完全被遮挡了，什么也看不见。

我心想坏了，最近电视新闻上经常看到有人租房种大麻，会不会被我碰上了。我耳朵贴到门上听，这时候我听见房间里有隐隐约约的嗡嗡声，像是有风扇或者是其他什么电机在转。我心里一凉，我的房子真的变成了大麻屋，被他们种上大麻了。

不过我还是心存侥幸，不太相信那对看起来很正常的夫妻会种大麻。

房子一旦被种上大麻会很麻烦，因为房子的结构会被他们破坏和改造，而且长期种大麻，高温高湿，霉菌滋生，需要更换所有的地毯、石膏板，电路系统也会出问题。

我犹豫再三，只能选择报警。当然现在想想报警不是最好的选择，因为警察不会去保护房东的利益，警察只会秉公办事，按流程走。此外，在警察眼里每个人都有可能是嫌疑人。

警车很快鸣着警笛就来了，我同时约了锁匠来。警察敲门没有人回应，于是警察命令锁匠把门打开，一开门，眼前的景象把我惊呆了。

全是大麻，整个房子像热带雨林一样。每个房间已经分不出功能了，地上全是种大麻的水池，屋顶上各种照明设备和各种稀奇古怪的通风管道，那对小夫妻把房间彻底改造成了大麻屋。

警察做的第一件事不是去找犯罪分子，而是录我的口供，让我把和房客当年签的合同找出来，把房客的所有信息都给他们，包括房客的驾照、银行账号等。当我急忙把这些东西都交给他们之后，警察又说都是假的，没什么用。同时另外一批警察到房间里，先把电源切断，然后拿一个大口袋，把所有的大麻从根部剪掉，把叶子放到大口袋里。

我问能否抓到坏人，他们说这样的案子他们一周能接到好几起，他们会做备案。警察问我房租多少，我实话实说，他说你知不知道他们这些种大麻的人挣了多少钱，光今天剪掉的，就能卖十几万美元。我问哪里可以申请赔偿，警察说你可以民事诉讼告他们，不过警察又说"我可不指望这个（诉讼）。"这基本上就是警察的全部服务，然后警车就呼啸着警笛扬长而去。走的时候还给我留下一句狠话，说以后你出租房子，需要睁大眼睛看清楚点。如果你再有大麻屋事件，你也要被当作嫌疑人接受调查。

警察走了，毒贩留给我的是一个千疮百孔的房子和一屋子种大麻的设备，各种水管水盆，以及数不清的通风管道。

我后悔当时自己的轻率。因为租给中国人，在情感上多了一些信任，二年里都没有想着过来看一下。尤其吓人的是，我甚至傻乎乎地想把自己的第五套投资房也租给他们，那个所谓的"表妹"，应该也是同他们一伙种大麻的。想一想真是有些后怕，当时如果把那套房子也租给他们，警察更有理由怀疑我是他们的同伙了。

后悔归后悔，抱怨归抱怨，眼前面对的是噩梦一场，一副狼藉的摊子，总得我来收拾，承担损失。我买了那么多房子已经弹尽粮绝了，我都不知道这套房子收拾好之后该怎么办？能出租吗？能卖出去吗？而且我的腰伤还没有痊愈，我也不能干重体力活，这下子让我怎么办呢？

05 峰回路转

我在房子里转了几圈，评估了一下自己的损失。折腾了一天，天色已经暗淡下来，房子没电了，很快就漆黑一片。种大麻需要长时间照明，耗电比较高，所以他们采用了偷电的办法。为了绕过电表，他们把主电缆所在的那片墙砸破。在电表前用一个偷电夹夹住进户主电缆，偷电夹有一圈锋利的尖刺，可以刺破厚厚的电缆保护皮，从中偷走电。

因为种大麻必须偷电，电力公司应该很容易识别哪里有人种大麻。它们只要看到某个小区有严重的偷电现象，就可以初步判断这个地区是否有人种大麻。偷电也很容易判断，把一个片区总表用电量和各家各户分表用电量的总和比较一下就知道了，但电力公司似乎对这样的事情也是睁一只眼闭一只眼。警察经常拿着红外线视频摄影器在街道上巡逻，四处拍建筑外立面的温度，来判断是不是有人种大麻。我那套房子是在一个大门封闭小区（Gated Community）里面，警察平时不太容易进去，所以很自然就被毒贩看中了。

应该说这个时候文学城的投资理财论坛还是给了我帮助的，我咨询了一位比较资深的“大地主”，问他这种情况应该怎么处理。他说自己没有直接的经验，不过感觉保险公司应该负责赔偿。我问这应该属于哪一类赔偿，他说这个应该算蓄意破坏（vandalism）。

真是雪中送炭的好建议。我赶紧给保险公司打电话，每年我交了这么多保险费，不能白交。保险公司第二天派了两个人来了，他们特别平静，似乎早已见怪不怪了，来了就拍照、画图和测量。他们告诉我，这样的案例，一周他们要处理好几起。我这才算放下心来，可见加州的大麻屋已经泛滥到什么程度，而警察的放纵又是到了什么程度。他们画完图，做完测量，然后就回去了，说明天给我一个赔偿估价。

保险公司的效率很高，第二天赔偿估价就给了我。我可以有两种选择，一种是拿钱自己修，另一种是保险公司负责给我修。

我看了一下赔偿估价。保险公司给的估价其实是挺慷慨的，包括所有的房间隔断、石膏板、电缆电线的更换。我觉得有些内容其实并不需要，只要换一部分就可以了。电路系统我了解，大部分是好的，不用换。大部分房东看见电路系统就害怕，我不是这样的。我唯一不确定的是大麻味道很重，不知道这种味道能否彻底消散。

保险公司的人走的时候，我问他："这一大堆种大麻的设备应该怎么处理才比较合适？"那个人客气地看了我一眼，欲言又止，最后说："我如果是你的话，估计会放到租赁仓库里去。然后在 Craigslist[①] 上登个广告，谁要来买就可以把全部设备卖给他，这样省得未来有麻烦。"

于是我到街上找了两个墨西哥工人来，把大麻屋里的主要设备放到附近的一个租赁仓库里，然后去登广告开卖。在 Craigslist 上登广告时我才发现这里卖设备的人太多了。加州真是一个大麻泛滥的地方，你根本不用担心卖设备是否犯法。

然后我又找了两个老墨工人，帮我一起干活儿，修理房屋。我们把地毯全部揭掉，把屋顶里面的一些东西拿下来，把通风管道全部拆掉，把石膏板该换的都换掉，把墙上打的很多洞全部封闭，然后重新油漆一遍。

这个工作让我前前后后大概忙了两周的时间，房子很快又焕然一新了，完全看不出种过大麻的痕迹。最麻烦的是电力系统的恢复，报警之后，电力公司把电完全切断了，它们需要检查电路，合格之后才能恢复电力供应。

因为毒贩偷电扎破了主电缆，所以电力公司要跨过一条街，把整条主

---

① Craigslist 是由创始人 Craig Newmark 于 1995 年在美国加利福尼亚州的旧金山湾区地带创立的一个网上大型免费分类广告网站。

电缆全都换掉才可以。其实主电缆上被刺破的孔很小，拿胶带封住就可以，但是电力公司不干，换一根电缆就要花4000美元，前后用了将近两个月的时间。

电力公司和政府差不多，因为都是垄断经营，效率低下，走手续就能走到你断气。5美元能解决的问题，一定要用4000美元去解决。主电缆更换，一个小时都不用的工作，要两个月才帮你解决。

好在保险公司慷慨大方，电力公司的这些费用和房租损失，保险公司也负责。因为房子是我自己请人修的，所以实际费用比保险公司的赔偿要少很多。等一切都弄好了，大麻设备也卖掉了，我算了一下账，最后竟然赚了2万美元。忙了两周挣2万美元，这买卖还不错。

不过，这样的挣钱买卖以后再不敢干了，我还记得警察临走时对我的警告。之后我所有的房客在租住房屋的时候，我都专门写上一条，特别说明我每半年需要入室来检查一下房屋的水管和屋顶，这一条让我再也没有碰到过来种大麻的租客，虽然我从来没有像合同上说的那样去主动检查过水管和屋顶。

06　黑人化的白人

在美国当房东还有一件有乐趣的事情，就是让我有机会更全面地接触美国的社会。应该说之前我在读书和工作的时候只能接触美国社会很小的一面，局限于工程技术领域的人群。因为跟我打交道的大部分是知识分子，是受过良好教育的人。

当房东却让我接触到三教九流、形形色色的人，他们来自不同的国家，拥有不同的族裔背景。这些接触一方面让我感觉到美国的多样性，另一方面也亲身感受到美国的各种社会问题。美国是在一片荒原上建立起来的国家，全世界各种各样的人来到美国，每个人因为不同的文化背景，有人擅长做这些，有人擅长做那些。也正是因为这种多样性，所以才有了美国的那种创造力。

我在美国还观察到另一个现象，平时媒体很少讨论，却是在我眼前真正发生的现象，那就是白人的黑人化。

从前白人试图帮助黑人，让更多的黑人进入中产阶级，像白人一样生活和工作。但是随着经济的发展，贫富差距拉大，有相当一部分比例的白人渐渐沦为低收入阶层。低收入阶层白人的生活方式越来越像黑人，他们的受教育程度、人生态度、家庭结构、子女教育，以及在社会上的竞争力，渐渐变得越来越像黑人，白人的低收入单亲家庭和黑人的低收入单亲家庭似乎都变得越来越多。

在中国，人们经常讨论一件事就是中国会不会掉入中等收入陷阱。现在看来中国可能不太会落入中等收入陷阱，倒是美国有可能落入中等收入陷阱。我接触的低收入阶层，无论是黑人、白人还是来自南美的人，似乎都变得越来越像。做房东之前，我没有意识到有那么多家庭破碎的低收入人口，现在看来，收入阶层的划分渐渐取代了族裔的划分。

在美国当好房东还有一个很重要的经验就是要有大海一样宽阔的心胸，尤其在钱的方面，不要和房客斤斤计较。如前面所说，你收入的主要来源是房地产的四大收入，即增值、抵税、折旧、通胀。房租收入只是让你能够保持现金流打平，持续玩这个游戏。既然如此，就不要太在意房租多一点少一点。我在投资理财论坛上经常看到有人为一些鸡毛蒜皮的事情跟房客闹得不可开交。总的来说，房客在经济上是弱势群体，房东稍微强势一点。得饶人处且饶人，和气才能生财。

过去 10 年里，华人房东跟房客发生口角，被房客一枪打死的事情被新闻报道过两次。作为旁观者，房客杀人是肯定不对的，但房东为一点房租送了性命也是不明智的。我的理想不是做一个超级大地主，房产只是一个让我获得财富的方法，所以不值得为了那点房租那么敬业。这本书里说的所有抄底的故事都是我在业余时间完成的，当房东并不是我生活和工作的全部。现在我花在房地产管理的时间，一年也就一周左右。

07 怎样滚雪球

投资理财论坛上，2006 年曾经有个叫作“石头”的网友很活跃，他是网上公开的第一个实现 1000 万美元资产的人。2006 年，他所在的地区房地产价格涨了 10%，因为他有 1000 万美元的资产，所以那一年他在纸面上至少挣了 100 万美元。他当时感慨地说：“如果用工资去挣这 100 万美元，那要付出多少年辛辛苦苦的努力啊？而用资本挣资本的方式获得这 100 万是多么简单啊！”他这一年什么都没有做，账户上凭空就多了 100 万美元。

我做房东的感觉就是特别像玩大富翁游戏（Monoploy）。在大富翁游戏里，你的工资就是每转一圈银行给你的 200 美元。如果你没有被动收入，200 美元很快就坐吃山空了。上班族就像棋子，永远奔波下去，可是并不富裕，毫无安全感。当你投资拥有一定数量的房子之后，再买更多的房子，让钱生钱，一切就都变得简单了。

用钱生钱，在让自己的房产投资变成一部赚钱的列车滚滚向前的过程中，你会遇到三种情况：

第一种情况，就是在房价比较便宜的地区投资买房。比如购买美国中西部地区的房子，这的的确确会给你带来正现金流的收入，然后你再用这些收入投资购房，就可以买更多的房子。

第二种情况，就是我的情况。对于我所在的湾区，即使我抄到了世纪“大底”，靠租金收入去买下一套房子也是不可能的。随着房产涨价，我每个月有了几千美元的正现金流。这个时候，需要通过不断重新抵押贷款，套现出来投资买房。当然每次买入新的房子，你的现金流又会变成持平或者轻微变负。这不要紧，你的任务是滚动出更多的房子，而不是收取租金。

第三种情况，就是我在中国碰到的情况。现金流永远是负的，但是房价还在上涨，又不能重新抵押贷款，你就只能通过不断的买卖来实现扩张。

无论上面哪种情况，核心的一点其实都是保持自己的杠杆率。杠杆是房地产投资的灵魂，没了这个灵魂就失去了前进的动力。

08　如何还清自住房贷款

大部分正在工作的年轻人的梦想就是还掉房贷，没有房贷一身轻松，他们中的大部分人都是省吃俭用，用辛辛苦苦挣来的工资，一点一点地把自己的房贷付掉。

其实我想跟他们说的是，只有傻瓜才用工资把自己的房贷付掉，聪明的人应该是把自己工资省下来的钱去投资，然后用挣来的钱把自己的房贷付掉。

我在美国也有好几次机会可以把自住房的房贷都付清。第一次机会是上海的房子涨价，2006 年的时候，我在上海买入的第一套房子涨了好几倍。我可以把那个房子卖掉，然后把美国的房贷都付清。也就是说，我可以在刚到湾区五年的时候就把自住房房贷全部付清。

但是我没有选择那样做，因为我相信投资的回报更高。2014 年，当我在次贷危机之后抄完底，买了 8 套投资房之后，我再也不用为自己的房贷担心。因为投资房的被动收入已经足够支付我的自住房房贷，这和房贷都付清又有什么区别呢？

回想起第十章我的那个中国香港同事说的话，他当时语重心长地建议我贷款做 15 年，不要做 30 年。因为一个人很难有 30 年的稳定工作，30 年一直背着房贷，工作的时候忍气吞声。

但事实上你通过投资抓住了一次房地产价格变化的机会，基本上就可以把你的房贷都付清。前提当然是，你平时必须有能力管好自己的财务。要做到按需消费，存下该存的钱。如果你是一个花钱大手大脚且没有毅力的人，那么，我的这位中国香港同事的建议是正确的，房贷做成 15 年的，可以强制你储蓄，早日摆脱房贷给你的精神压力。

房地产市场和股票市场一样，最后的赢家不是那些辛辛苦苦挣工资的人，而是对市场趋势做出正确判断并能抓住机会的人。高楼总是穷人盖，忙碌了一年的民工，工资存款可能连1平方米房子都买不起。遍身罗绮者，不是养蚕人。亘古不变的道理是因为背后的经济学规律，仅仅靠煽动仇富情绪是没有用的。

在美国当房东，特别是在核心一线城市当房东，不抓住历史大机遇，靠平时省吃俭用上车的可能性是不大的。我回顾自己能够抓住历史性的房地产市场的大回转，最主要的原因还是来自计划，如果没有从2006年就开始的计划和前期准备，我不可能紧密观察房地产的动态，也就会错过2010年到2012年的历史最低点。

09 雪球不要停

未来我打算把这8套房子打造成一个自我滚动的机器，就是随着房租上涨，我就用重新贷款的方式去买下一套房子。这样我不需要有新的投入进去，实际上我的第八套房子就是这样买的。第八套房子我自己没有出一分钱，都是通过重新贷款用银行的钱买的。

我需要做的事情就是保证这台机器不要出现负现金流，一直保持稍微正一点的现金流就好。这样我就不用交个人所得税。按照现在的计算，这个机器差不多每年可以增长5%~10%，就是每隔1~2年我就可以增加一套房子。但是这是一个指数增长的机器，预计10年之后，差不多每年可以新增两套房子。

这样的一个滚雪球机器，其本质上是一个打折版的“勤快人理财法”。长期投资最好的办法就是启动一个自己会滚动的雪球。但是房地产和股票不同，在房地产领域启动雪球需要克服一开始的阻力，并且有一定的分量，不然雪球是滚不起来的。雪球一旦过了临界质量，就会自己沿着山坡往下滚，越滚越大。这个时候，你需要做的只是控制运动的方向，并不需要你再往上面添雪和推动了。

大部分人在房地产领域没能形成这样一个雪球，或者是因为一直没有机会形成规模，或者是因为在平地上滚雪球。今天中国的大多数房地产持有者就是这样，他们只是靠历史机遇，稀里糊涂地拥有几套价格不菲的住宅。但是他们中间的大部分人忙着高兴了，无法形成滚动效应。大部分人不知道怎样形成滚动效应，也不明白保持杠杆率的奥秘。

这些年来我在美国做房东的日子越来越轻松。因为随着时间的推移，坏的房客被筛选掉，留下来的渐渐都是优质的房客。另外，我把一些可能经常出问题的房子交给房地产公司去管理。不得不说美国在这个领域的服务还比较差，不像中国有房屋管家这样的包租地产管理公司。未来随着服务业变得越来越发达，房子管理也就会变得非常省心。

完成次贷危机抄底之后，我自己不再靠攒下来的钱进行投资。生活变得非常宽裕，我们挣的钱都花掉了。不再存钱来投资，那个铁路边上的小黑屋后来涨价到 55 万美元。我做了一个重新贷款，套现了一部分美元。2016 年我开始用这笔钱去做一个更大胆的投资，之所以我敢做更大胆的投资，是因为这些钱都不是我的辛苦钱，都是银行的钱，即使全亏掉也不是什么事。

这个更大胆的投资，也让我在投资理财论坛上的所有网友都大跌眼镜、出乎意料。

限于篇幅和我国法律规定，读者如果有兴趣详细了解我在后面做的这个更大胆的投资，以及从 2007 至 2017 年，我这十年的投资理财总结，可以在网络上寻找我的博客查阅。

后记一

一开始网友劝我写这本书的时候，我只想写一些投资理财的道理，给一些初涉社会的年轻人普及一下需要掌握的投资理财常识，特别是供刚刚移民美国不久的中国人做参考。但是后来写着写着，变成了一本记录我和财富之间关系的自传书。

历史记录不可能完全真实，虽然我会尽最大的努力记录清楚，但随着岁月的推移，不得不说很多细节在我的记忆中已经开始变得模糊。人的大脑就像一个巨大的过滤器，过滤网就是自己坚信的那些理念。这个过滤网会把一些有利于自己的证据保留下来，而滤除那些与自己的信条不符的内容，恐怕我自己也不能免俗，虽然我力求真实。

写这本书的时候我的心态是一方面给我自己有个交代，也是给我们这个时代、我们这“洋插队”的一代人一个交代。

另外，我想说的是：我不是财务专家、投资专家，我从来不懂怎样帮其他人理财。

“没有人比你自己更在意你的钱。”这句话从我小时候失去第一个猪崽之后，一直作为我给自己的警言。

读者阅读我博客的过程中，也可以看到我的成长历程。十多年前写的博客中有的细节是幼稚可笑的，或者是自相矛盾的。这都不要紧，我不想把自己伪装成一个未卜先知的财经“算命师”。所以无论今天看来是对的还是错的观点，我都贴上来。但是随着时间的推移，我自己也在慢慢地成长。观点越来越成熟，也越来越成系统。文字能力有了很大的提升，文章越写越长，最终也到了不得不写书的地步。

读这本书很重要的一个原则就是不要试图复制我的经历。每一代人，每一个人的经历都是不可复制的，因为周围的环境不一样。复制他人的人生，哪怕是投资的经历，又有什么意义。读者最好把它当作一个历史故事来看，从我一个小人物看到我们这个时代的历史缩影，并借鉴里面的故事来思考自己的投资方法与原则。

投资理财其实不复杂，概括起来就下面7步。因为我是理工科背景，所以我用流程图的方式来说明。

Start：投资理财最重要的起步还是了解自己。知道自己是一个什么样的人，自己擅长什么，不擅长什么。如果看到不足，那就努力去改变。当你发现无法改变的时候，也要认清形势，做自己擅长的事情。最主要的是确定自己是勤快人，还是懒人。在充分效率的市场，就应该用“懒人投资法”；在非充分效率的市场，那就应该用“勤快人投资法”。

Step 1：牢记在机场接我的老中给我的五条美国理财真经，并付诸行动。这五条理财真经是：提高信用分数、避免超前消费、开二手车、亲自修理、不打官司多运动。

Step 2：勤俭是一种美德。虚荣是需要克服的人性弱点。热爱劳动的人是美的，四体不勤的人是丑陋的，树立积极向上的三观。

争取做一个特立独行的人。端正自己的价值观，不要人云亦云。不要在意别人怎么说、怎么看。人们往往被“心魔”所累。举个例子，祥林嫂辛辛苦苦挣来的钱本来可以吃好穿好用好，但是她为什么要到庙里花那么多钱去捐一个门槛呢？因为她有“心魔”。她不确定人死后会不会变成鬼，当她不确定自己死后，她之前的两个丈夫会不会来抢她的时候，她就会倾其所有去捐一个门槛，寻找一些心灵的慰藉。

今天喜欢买爱马仕、LV的人，能把这个公司的主人变成世界上排名第三的富豪，本质上就是千千万万个患有“心魔”的人“捐款”给他导致的。不同的时代有不同的心魔，现在我们回头看看祥林嫂，觉得她傻得可怜；未来的人看到我们今天省吃俭用购买奢侈品的行为，也会觉得我们傻得可怜。

财富是我们辛苦劳动获得的，我们应该用它去购买自己真正需要的东西。用财富获取生活的自由，而不是满足虚荣心。我自己虽然节俭，但是在我投资很紧张的时候，也无偿捐助过一个在美国的中国留学生。当时他博士学费有难处，我给了他5000美元，不求归还。钱需要用到真正值得用的地方上去。有了正确的三观，你就可以实现古人所说的“不以物喜，不以己悲”，知道自己要干什么，自己需要什么。

Step 3：你永远都是可以把1/3的收入存下来的，因为比你收入低1/3的人活得好好的。不要超前消费，除了房子，不要借债。投资是需要资本的，靠出卖劳动力赚取工资是很难实现财务自由的，想不明白这个道理的人，可以多玩几次“大富翁游戏”。

Step 4：检查自己是否完成了Step 1、Step 2和Step 3。没有完成，回到Start。

投资时不要像“守财奴”一样地守着现金，要勇敢拿存下来的钱去投资，学习“会走路的财富”的基本原理，找到适合你的投资机会。对于普通家庭，首先推荐住宅类房产投资，因为那是政府给你的福利。

学习知识，至少系统地学习微观经济学、宏观经济学、资产管理这三门课。不能只是当评书听听，最好是有作业的那种课。

Step 5：如果你是懒人，请参考“懒人投资法”，寻找充分效率市场，做一些税法优化。请直接前进到“End”。

Step 6：如果你是勤快人，请用“勤快人投资法”，寻找非充分效率市场，继续前进到Step 7。

Step 7：造一个自己能够滚动起来的赚钱机器。可以通过把握住宅市场的“入市”时机实现这点。住宅市场是可以把握住市场机会的，股票市场是不可以的。保持杠杆，用银行的钱去挣钱。

The End

你瞧，就是写成代码也不过才7个步骤。那些理财产品、教育基金、养老保险可以统统不用考虑，因为“没有人比你自己更在意你的钱”。

我的“普通人家10年1000万理财计划”在2018年画上一个完美的句号。历时11年半，我写完了我的故事，有时会有一种幻觉。过去的投资故事，就像在玩一个“大富翁游戏”，这个游戏很多人都玩儿过。一开始的时候你一圈圈地飞奔，逢地就买。这很像我们年轻的时候，年轻力壮，对未来充满期待。等地都买完了，互换地契取得垄断。很快你就面临人生重大抉择，你需要盖房子了。这时候，你有些捉襟见肘，好像我们三十而立，娶妻生子，安定下来需要解决自己的自住房问题了。再过几圈，人到中年，有的人居无定所，不断交房租。有的人房子越来越多，地越买越多。如果你不买房子，不盖房子，最终肯定就是一个输家，因为坐吃山空日子过得没有希望。

如果你选择买房子盖房子，一开始会很辛苦，但到后面就会越来越容易，因为你不断地有收入进来。房子越多收入越多，然后你就有机会买更多的地盖更多的房子。可是等你把台面上所有的房子都“吃进”的时候，打败了所有的对手，最终也是游戏结束，曲终人散。

回首往事，我有时感觉这十几年的经历就像做梦一样，感觉也就像是玩了一场“大富翁游戏”。因为本质上那些街上的房子，跟“大富翁游戏”里的红红绿绿的房子也没有什么区别，反正我也从来不去住。那些美元、人民币和游戏桌上的游戏币又有什么区别呢？反正绝大多数时候我也不用它们，它们永远奔跑在各个银行账户之间。

上述文字难免有些消极，我只是想告诉大家不要在投资理财赚钱的道路上迷失了自己。钱是赚不完的，我更倾向把整个赚钱的过程，当作一个旅程，在过程中看看风景，而不是只求快速到达终点。另外，很多人对投资感到恐惧。其实，如果你不玩“投资理财”这个游戏，那么你肯定是人生输家。如果你玩这个游戏，最多会输掉自己存下来的那一点钱，但是如果赢的话，你就可以赢得很大一片世界。

完成100万美元到1000万美元这段投资理财的人生旅途，我的“迈向一亿美元”的旅途又开始了。

后记二　中产阶层与海外投资

我的故事总体而言是关于美国华人在美国挣钱的故事。这本书在美国出版之后，在与读者互动的环节中，很多读者问我在中国如何更好地投资。

中国中产阶层可能是全世界上最大的中产群体。随着中国的快速崛起，他们也获得了相当大的财富。可是他们中的大部分人都为财富而苦恼，这些苦恼主要来自以下这几个方面：

一、未来的不确定性。中国的新富阶层，好不容易过上好日子了，担心刚到手的幸福就失去，尤其在今天依旧是快速变化和成长的中国。“80后”“90后”的财富开始快速成长，“70后”总是担心被时代抛下列车。因为我们也经常可以看到曾经有钱的人，最后变得没有钱。穷，无商不富；富，无商不穷。“60后”“70后”的有钱人抓住了“穷，无商不富”的机会，早期创业者普遍成功。可是他们现在为“富，无商不穷”感到害怕。

二、财富的传承问题。“60后”“70后”经历过贫困，所以在改革开放后，有很强的动力为财富而奋斗。但是他们的下一代往往失去了上一辈的拼搏精神。富二代的各种负面新闻，也让大家不断思考财富带来的种种影响。不是那些相对有钱的父母不知道这些不好，只是他们不知道如何是好。俗话说“富不过三代”，富人有富人的焦虑，他们不知道怎样培养孩子们的财商，也不知道怎样培养他们艰苦奋斗的精神。

三、中国的中产阶层普遍感到投资渠道单一。在中国似乎唯一能投资的就是房子，除了房子还是房子。中国股市因其自身的特点，大部分投资者失去了长期投资的信心。而投资房子却不是适合每一个人的。事实上从现在往后几十年，投资房子并不是一个好的选择。因为中国的快速增长会渐渐成为历史。未来 10 年和 20 年，中国的房价大概率不再会像以前那样高歌猛进了。

我在写这本书的时候，也是反复一再强调，请大家不要去抄袭我的经验，因为每一个时代的经验只适合于那个时代，在下一个时代周围的环境发生变化了，就不能再做简单的抄袭。

你需要明白的是投资的一些基本原则和原理，然后把这些原则和原理应用到自己熟悉的投资环境中。

中国开始出现中产阶层也就是最近 10 年的事情，一开始是由于房价高涨，很多人从中赚了一笔钱。后来是随着工资水平的提高，中高层管理人员的工资水平渐渐和欧美的工资水平相同，一部分人开始进入中产阶层。

中国的中产阶层，虽然大部分人都意识到投资的重要性，但是很多人并没有意识到投资对财富可以带来多大的影响。大多数人对投资的理解还处在省钱或者创业，对于被动投资，大家不是特别了解，往往被各种理财产品的广告弄晕了。市面上几乎没有什么好的投资渠道，大家在这方面花的心思也比较少。美国有大量被动投资成功的例子，而在中国除了投资房地产外，就几乎没有更合适的渠道了，更多人的投资都是主动投资或者成立企业搞创业。

所以，我们有必要说说中国人未来的被动投资渠道和投资前景了，这里我想分别说一下国内和国外投资。

对于国内投资，靠闭着眼睛投资房子就能挣钱的时代已经渐渐远去。没有意识到这点的人无非再一遍遍地走老路，而现在拥有更多的房子则会带来税务的问题。而很多已经在一线城市拥有住房的人，也会面临投资效益下降的问题。因为房产投资的核心秘密就在于杠杆，失去了杠杆，房地产的投资回报不如其他渠道。

投资深圳特区房地产的人都赚钱了。但是当年改革开放时的四个特区之一——汕头就没有发展起来。所以你不能认为每一个特区都是值得投资的，或者每个红头文件下来之后，都意味着数不清的赚钱机会。每当一个新的特区成立之时，无论是在海南、上海还是在白洋淀，并不见得闭着眼睛就能赚到钱。你可以仔细分析一下，虽然它们都叫特区，但是这个特区和之前的深圳特区有哪些不同之处？

比如投资的一个重要原则就是跟着年轻人走，不要和“旧钱”拼体力。从投资理财的角度看，最关键的是年轻人去不去那里。一个新的工业区也好，特区也好，成立之后如果没有年轻人愿意去，那么那里是没有希望的。

在A股市场上，几乎绝大多数的A股投资者都亏钱了，但机构投资者却也的的确确挣到了钱。因为没有挣到钱，大部分散户都感到迷茫或者绝望，中产阶层中拿出大量收入来投资股市的人比例很低。

经常有人问我，我的“懒人投资法”适不适合中国股市。因为中国股市也有一个指数，像美国的股市一样，那可不可以用懒人投资法定期投资中国的股市呢？

很多东西都有相同的名字，但是它们的本质可能存在巨大差异。中国股票指数虽然也叫指数，甚至加权平均的算法都和美国股票指数的算法一样，但是这个指数和那个指数是不一样的。如果你用“懒人投资法”投资了A股指数，那你可能就是大错特错了。中国股票的指数虽然也叫指数，可是和美国的股票指数所包含的内容则是完全不同的，A股“新陈代谢”的机制还有待完善。

大多数投资品都喜欢把自己包装成已经成功的投资品的样子。比如“人人网”上市的时候叫作中国的Facebook，可惜最后它没有成为中国的Facebook，但是如果你上了自己广告语的圈套，买入了“人人网”的股票，那你可能会吃大亏。大家最好还是了解投资对象背后的真实情况，不要被名词绕晕了。

美国是一个历史并不长的资本主义国家，但无论是资本市场，还是创新能力，都继承了欧洲资本主义最精华的部分。美国的指数股，如果你拿出今天的道琼斯前十名的指数公司和50年前前十名的指数公司对比，你会发现，50年前的那些大公司早已灰飞烟灭了。设想一下，50年前如果有一个人买一只指数股，永远锁定那十个公司的指数，最后能获得高增长吗？

为什么全世界最优秀的公司会选择在美国上市，而不是在本国上市呢？最主要的原因还是这里的游戏规则清晰明确，既照顾了投资人的利益也照顾了公司创业者的利益。因为企业也会货比三家，大家会选择在更成熟、更优秀的资本市场上市。当然这些事情出于地缘政治的原因，最近也有些变化。

对于国外投资，可以分成“懒人投资法”和“勤快人投资法”两个部分。要用懒人投资法，在中国的股民依旧是可以获得高收益的，就是要通过各种办法购买美国的指数股。这些办法现在都已经放开了。具体的游戏规则经常有变化，因为国家有比较严格的外汇监管，但是这个投资渠道是成立的，仔细研究一下都是可以找到的，在这里我就不再赘述。

对于全世界的普通投资人，投资美国的指数股可以获得相对稳定的收益，这一点已经被时间证明，对业余投资人而言，投资美国指数股是最有效的，也几乎是唯一的投资方法。你根本不需要去购买什么理财产品，依靠专业的投资人去做这些事情，自己直接去购买即可。

那么如何用“勤快人投资法”在国外投资呢？

总的来说“勤快人投资法”，作为适合投资房地产的一种方法，它需要在一个游戏规则非常清楚明确的地方进行。在法律法规还有待完善的地方，不适合采用“勤快人投资法”，主要有下面两个原因：

第一，对于大部分快速变化的国家而言，因为经济发展迅速，所以各种法律法规也会不断出台并作出调整，比如房产税。对房价影响最多的其实就是各种税收和补贴。房产税是否出台以及如何出台会对房价带来很大的不确定性，尤其在你以后的房产数量成规模之时。

第二点，在走向老龄化社会的国家，投资房地产是不合适的。在老龄化日趋严重的欧洲投资房地产是一件危险的事情。中国绝大多数的年轻人已经汇聚到了一线城市了，而大部分的二线城市包括省会级的城市，多多少少都开始步入老龄化，三、四线城市就更不用说了。按照我们现在这样的建设速度和建设规模，房子肯定会过剩。当然房子过剩并不代表着全面过剩，投资机会还是有的，就是看年轻人在哪里。因为即使国家全面老龄化，也不见得每个地区都老龄化。

从中国来到美国的投资人，如果你不喜欢股票而喜欢房地产的话，你可以选择投资到美国的一些财富快速增长的地区，美国的一线城市其实一直都是房地产投资的好地方。

投资这些城市和地区有这么几个好处，第一个就是游戏规则非常清楚。这些游戏规则甚至几十年都没有什么变化，也不会因为房价涨跌，就突然出台某些政策针对某些投资群体。

在美国投资房地产，你作为外国人一样可以获得贷款。一样可以获得投资的杠杆，当然杠杆率可能会有一些不同，另外盈利的税收可能也会不同。但是无论怎样，游戏规则是清晰的。你可以找到资本回报率在10%的投资对象，最终成为拥有100个住宅单元以上的大地主。

中国人在美国投资，大约是从10年前渐渐兴起的，大部分投资其实一开始是先于房地产和投资移民的。有时我觉得历史老人就是一遍一遍地转圈儿，现在中国人投资美国的房地产，就像当年在美国的华人回到中国投资一样。出于各种原因，中国的中产阶层往往对美国的了解程度超过对中国的了解。

当年海外华人投资中国的时候，主要依托的是国内的亲戚朋友，很多人在一线城市多多少少有一些亲戚同学可以帮忙，他们可以帮你办理在国内买房的一些手续。但是大部分人没有去选择这个投资，因为他们看不到中国的快速发展，他们把自己的自主需求和投资需求也混为一谈。

今天中国的中产阶层投资美国房地产的情况也基本可以参考同样的套路。你可以看到一些电影明星或者名人，在美国拥有一些房产。但是大量普通的中产阶层从来没有认识到这是一个好的投资渠道，其实一个国家、一个地区的经济运行都是有周期规律的。一个地区和国家不太会运气一直都那么好，另外一个地区和国家也不太会运气一直都那么糟。

我这里想说的是，所有的投资都是被动投资或者是准被动投资，中国和美国之间存在着大量的商机，比如股票和房地产投资。精明的投资者需要捕捉这些此消彼长的变化，如果是主动型投资就需要从另外一个角度——创业的角度去考虑。

美国是比中国先成为发达国家的，所以美国的各种企业最终在中国都会有类似的企业落地，比如大量的互联网行业，最早都是模仿了美国的比较成功的企业，当然经过这些年的发展，中国渐渐赶了上来，有了一些原创性的互联网企业。其实在消费品市场领域，不同的行业有大量的商机有待人们开发。比如在美国湖泊比较多的地方，游艇是一个非常大的产业，无论是码头，还是私家游艇的生产企业和使用者。比如在明尼苏达州，几乎家家户户都有船。中国的类似行业发展还需要一些时间，我想最终也是会和美国一样，聪明的商人就可以抓住这样的商机。

创业者中只有极少数可以成功，大部分中产阶层其实能做的也只是被动投资，经营企业的风险很高，多半投资也会血本无归。出于各种原因，本书就不再展开讨论如何在美国进行投资了。

如果你想重复当年中国改革开放初期的一些投资方式，比如生产洗发水、衬衣、肥皂等生活日用品，那你可能需要去东南亚或者是非洲这样的地方去创业。如果你关注的是资本市场的投资，那你应该去美国，毕竟华尔街集中了全世界各地汹涌而至的财富，让美国的中产阶层可以从被动股票投资中受益，那么你又为何不参与其中呢？